国家电网公司
电力科技著作出版项目

柔性直流输电
换流阀与阀控技术

任成林 等 编著

中国电力出版社
CHINA ELECTRIC POWER PRESS

内 容 提 要

本书系统介绍了柔性直流输电换流阀与阀控系统的工作原理及主要功能、选型设计、厂内试验和现场试验，结合工程实际重点阐述了换流阀与阀控系统关键技术及其在工程应用中的典型故障分析与处理，并给出±800kV 特高压柔性直流换流阀工程应用案例。全书共 6 章、1 个附录，内容包括概述、换流阀与阀控系统设计、换流阀与阀控系统试验、换流阀与阀控系统关键技术、换流阀与阀控系统典型故障分析与处理、昆柳龙多端柔性直流工程概况及换流阀基本参数。

本书可供从事柔性直流输电工程建设、运维、检修的技术人员阅读参考，也可作为柔性直流输电换流阀与阀控系统研究、设计和制造人员，以及高等院校电力系统专业师生的学习用书。

图书在版编目（CIP）数据

柔性直流输电换流阀与阀控技术 / 任成林等编著. —北京：中国电力出版社，2024.12
ISBN 978-7-5198-8293-8

Ⅰ. ①柔… Ⅱ. ①任… Ⅲ. ①直流换流站–控制 Ⅳ. ①TM63

中国国家版本馆 CIP 数据核字（2023）第 216914 号

出版发行：中国电力出版社
地　　址：北京市东城区北京站西街 19 号（邮政编码 100005）
网　　址：http://www.cepp.sgcc.com.cn
责任编辑：赵　杨（010-63412287）
责任校对：黄　蓓　于　维
装帧设计：赵丽媛
责任印制：石　雷
印　　刷：北京九天鸿程印刷有限责任公司
版　　次：2024 年 12 月第一版
印　　次：2024 年 12 月北京第一次印刷
开　　本：710 毫米×1000 毫米　16 开本
印　　张：15
字　　数：267 千字
定　　价：95.00 元

《柔性直流输电换流阀与阀控技术》
编著人员

任成林　周竞宇　郝江涛　周月宾　胡雨龙

杨　柳　徐义良　曹琬钰　史尤杰　盛俊毅

韩　坤　余　琼　朱铭炼　田　顸　纪　攀

谢晔源　岳　伟　秦　健　欧阳有鹏　肖　晋

王国强　毕良富　吉攀攀　刘春权　胡兆庆

序　言

柔性直流输电技术自 20 世纪 90 年代问世以来，一直是世界各国竞相研究和发展的前沿热点技术。我国十分重视该技术的发展，自"十二五"开始连续设立国家 863 计划、国家重点研发计划开展技术攻关，依托南澳多端柔性直流输电工程、鲁西背靠背直流异步联网工程等，逐步开展柔性直流输电技术的理论探索和工程实践，特别是随着乌东德电站送电广东广西特高压多端直流示范工程（简称昆柳龙多端柔性直流工程）、张北柔性直流电网试验示范工程、如东海上风电柔性直流输电示范工程、广东电网直流背靠背工程等重大直流工程相继投运，柔性直流输电换流阀及阀控技术取得极大进步，完成了我国柔性直流输电从无到有、输电容量从百兆瓦到千兆瓦、输电电压从百千伏到特高压 ±800kV 的跨越式发展，并实现了新能源并网、大电网柔性互联和远距离大容量输电等应用场景的全覆盖，整体达到国际领先水平。

换流阀是柔性直流输电的"心脏"，是实现电能从交流变换到直流的核心装备。柔性直流换流阀包含电力电子器件、干式金属化膜电容器、旁路开关等十余种一次元件，以及数字采样、高速通信、逻辑处理、存储等上百种二次元件，是一个多学科交叉、多物理场耦合、高速精密控制的复杂电力电子系统。换流阀的发展水平反映了一个国家高端电力电子装备制造业的发展水平。本书作者及其团队长期致力于柔性直流换流阀关键技术研究及工程应用，在柔性直流换流阀的研发、制造、试验、现场调试、试运行方面具有丰富的研究基础和工程经验。本书充分总结柔性直流输电工程长期积累的关键技术成果和现场调试经验，从实际工程应用出发，系统阐述柔性直流换流阀、阀控及冷却系统的工作原理、系统设计、系统试验方法，深入归纳工程现场换流阀与阀控系统典型故障分析与处理方法，全面揭示柔性直流换流阀及其附属设备的关键技术，具有较强的工程实践经验。相信本书可为后续从事柔性直流输电研究的科研人员、工程人员和高校师生提供很好的借鉴。

我有幸见证了中国柔性直流输电技术从萌芽到蓬勃发展的全部过程，并深度参与其中，十分感慨和惊叹于我们的高速发展和取得的成就，也担忧我们的短板。必须清醒地看到，我国柔性直流输电技术发展和产业链还存在一些不足，面临许多困难和问题，其攻克需要持续不断的努力。一方面，"双碳"背景下，大规模新能源基地的开发和利用被提高到国家战略层面，国家多次提出加快发展沙漠、戈壁、荒漠地区的风电和光伏发电，以及深远海的海上风电。而柔性直流输电技术发展之初，就是为了解决新能源送出的问题，这个特点决定了柔性直流输电技术的未来发展前景非常广阔。面对新的应用需求和客观环境，柔性直流换流阀本身还需要继续创新进步，通过新型电力电子器件研发催生新一代柔性直流换流阀，满足更大输送容量、更高技术性能、更高可靠性要求。另一方面，面对国际形势百年未有之大变局，贸易环境日益复杂，我们必须清醒地看到柔性直流换流阀产业链的安全问题。我国柔性直流换流阀的装备集成能力已经取得了长足的发展，但是其核心元部件仍然依赖进口，尤其是电力电子器件、电容器和芯片元件，这需要半导体、化工材料、精密仪器设备、工业软件等诸多产业的协同发展。

　　本书既是对过往历史经验的总结，也是开辟未来发展前景的起点，希望能帮助读者系统了解并掌握柔性直流换流阀及阀控系统的工作原理和关键技术，激发新的奇思妙想。衷心希望本书作者及其团队不为成绩所困，再接再厉，不断取得新的成就，为我国柔性直流输电技术的发展贡献新的力量。

中国工程院院士

2023 年 5 月 10 日

前　　言

柔性直流输电技术是基于全控型电力电子器件构成的电压源换流器的直流输电技术。2020 年，昆柳龙多端柔性直流工程（±800kV/8000MW）投运，该工程是世界上首个特高压多端混合直流工程，也是容量最大的特高压多端直流输电工程。目前，我国在柔性直流输电技术领域已处于世界领先水平。

与常规直流输电技术相比，柔性直流输电技术运行方式灵活、反应速度快、可控性好、不依赖电网换相，适用于可再生能源大规模并网、电网之间的异步互联、向无源网络供电等领域。随着±800kV 特高压柔性直流换流阀的成功应用，柔性直流输电技术在高电压、大容量、远距离输电，以及新型电力系统构建中将发挥十分重要的作用，应用市场前景广阔。

基于模块化多电平换流器的柔性直流输电技术近年来发展迅速，一方面电压等级和容量快速提升，另一方面直流多端系统和柔性直流技术趋于成熟。换流阀作为柔性直流输电的"心脏"，其关键技术的突破和发展直接决定了柔性直流输电技术未来的发展。本书在昆柳龙多端柔性直流工程技术攻关及研究成果基础上，结合当前柔性直流输电技术的现状与发展需求，以工程实用为目的撰写完成。本书系统介绍了柔性直流输电换流阀与阀控系统的工作原理及主要功能、选型设计、厂内试验和现场试验，结合工程实际，重点阐述了换流阀与阀控系统关键技术及其在工程应用中的典型故障分析与处理，并介绍了昆柳龙多端柔性直流工程概况及换流阀基本参数。全书共 6 章、1 个附录，内容包括概述、换流阀与阀控系统设计、换流阀与阀控系统试验、换流阀与阀控系统关键技术、换流阀和阀控系统典型故障分析与处理、昆柳龙多端柔性直流工程概况及换流阀基本参数。

本书可供从事柔性直流输电工程建设、运维、检修的技术人员阅读参考，也可作为柔性直流输电换流阀与阀控系统研究、设计、制造的技术人员，以及高等院校电力系统专业师生的学习用书。

本书第 1 章由任成林、郝江涛、田顾撰写，第 2 章由任成林、周月宾、杨柳、徐义良、曹琬钰、吉攀攀撰写，第 3 章由胡雨龙、郝江涛、韩坤、胡兆庆、毕良富撰写，第 4 章由任成林、周月宾、盛俊毅、余琼、朱铭炼、史尤杰撰写，第 5 章由任成林、周竞宇、肖晋、欧阳有鹏、刘春权、纪攀撰写，第 6 章由任成林、周竞宇、岳伟、谢晔源、王国强、秦健撰写，附录由郝江涛撰写。全书由任成林统稿。

在本书编写过程中，南方电网科学研究院有限责任公司、特变电工新疆新能源股份有限公司、许继集团有限公司、南京南瑞继保工程技术有限公司、荣信汇科电气技术有限责任公司等有关技术人员给予了很大帮助和支持，在此表示衷心感谢。

由于作者时间和水平有限，书中难免有错误和不妥之处，恳请广大读者批评指正。

作　者

2024 年 5 月

目　　录

1 概　　述

1.1　柔性直流输电的概念与特点

在"双碳"目标的大背景下，构建以新能源为主体的新型电力系统成为未来的主流趋势。我国幅员辽阔，以水电、风能、太阳能为代表的可再生能源，具有远离负荷中心、资源分散等特点，使得大规模应用可再生能源必须采用远距离、大容量输电方式。当输电距离较长时，交流输电技术联网的经济性下降，而直流输电技术则显示出明显的技术经济优势。基于全控型电力电子器件构成电压源换流器的柔性直流输电技术，由于其运行方式灵活、系统可控性好、不依赖电网换相，具有有功和无功解耦控制的优良特性，可向无源电网供电，同时，在应对可再生能源发电间歇性带来的电网扰动等方面表现出色，将成为未来电网建设的重要技术选择。

柔性直流输电技术起源于 20 世纪 90 年代初，与常规直流输电技术相比，主要区别在于换流器所使用的电力电子器件类型不同、换流器控制技术不同、交直流滤波器的配置不同、柔性直流变压器与换流变压器不同等。柔性直流输电技术采用全控型电力电子器件，可控制电力电子器件的开通和关断，能够准确、快速地控制与交流电网交换的有功功率和无功功率，为交流电网提供电压支撑，解决了常规直流输电技术中存在的换相失败问题，克服了常规直流受端必须是有源网络的根本缺陷。特别是基于模块化多电平换流器（modular multilevel converter，MMC）的柔性直流输电技术，采用模块化结构，易于达到高电压等级，利用全控型电力电子器件和脉冲宽度调制技术，可输出高质量的电压波形且电压谐波含量少，不需要配置交流滤波器，大大节省了换流站占地面积。

基于上述特点，柔性直流输电技术在清洁能源送出、接入弱交流系统或解决常规直流多馈入系统的换相失败问题、实现电网异步互联、构建多端直流或

1

直流电网等领域具有常规直流输电技术无法比拟的技术优势。±800kV 特高压柔性直流换流阀在设计、制造及试验等关键技术上的突破和工程应用，有效推动了高压大容量柔性直流输电技术的应用和发展，有力支撑了直流电网乃至全球能源互联网建设。

我国的柔性直流输电研究虽然起步较晚，但发展迅速。随着研究水平的不断提高和制造工艺的日趋成熟，我国的柔性直流输电技术正向着高电压、大容量的方向稳步迈进。柔性直流输电工程的建设应用，提高了电网潮流控制能力和运行灵活性，提升了我国柔性直流输变电设备的技术水平和柔性直流工程的建设能力，实现了大容量柔性直流换流阀、阀控系统、控制保护、柔性直流变压器等关键设备的国产化，推进我国全面掌握了特高压大容量柔性直流工程成套设计、施工、调试、运维等关键技术。未来，柔性直流输电技术将在新型电力系统建设、大规模海上风电并网、城市供电和孤岛供电等应用领域发挥更大的优势，为满足我国持续快速增长的能源需求和清洁能源的高效利用发挥更大作用，助力"双碳"目标早日实现。

1.2 换流阀工作原理

1.2.1 半桥功率模块工作原理

MMC 采用模块化设计，具有扩展灵活、维护方便的特点，半桥功率模块（又称子模块）的拓扑结构如图 1-1 所示。半桥功率模块主要元部件有绝缘栅双极型晶体管（insulated gate bipolar transistor，IGBT）（T1、T2）、反并联二极管（D1、D2）、直流电容（C）、旁路保护晶闸管（Q）、旁路开关（K）、均压电阻（R）、取能电源及功率模块控制电子设备等。

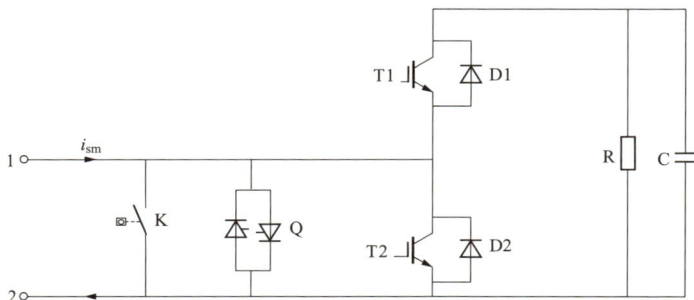

图 1-1 半桥功率模块拓扑结构

半桥功率模块有投入、切除和闭锁三种工作状态，如表 1-1 所示。

表 1-1　　　　　　　　　　　半桥功率模块工作状态

序号	状态	T1	T2	输出电压	充放电状态
1	投入	开通	关断	U_c	$i_{sm}>0$，充电 $i_{sm}<0$，放电
2	切除	关断	开通	0	—
3	闭锁	关断	关断	$i_{sm}>0$ 时，输出 U_c $i_{sm}<0$ 时，输出 0	$i_{sm}>0$，充电 $i_{sm}\leq0$，无充放电

（1）闭锁：上、下两个 IGBT（T1、T2）都处于关断状态，由反并联二极管（D1、D2）的正向导通性决定功率模块的状态。当电流经过二极管 D1 时，电容 C 串联在桥臂中并充电；当电流经过二极管 D2 时，电容 C 被旁路。

（2）投入：T1 开通，T2 关断，不管电流的方向如何，功率模块的输出电压都为电容电压，电流的方向则决定了电容充电还是放电。

（3）切除：T1 关断，T2 开通，电流通过 T2 或 D2，功率模块的电容总是处于被旁路状态，因此模块输出电压为 0。

功率模块正常运行时，工作在投入或者切除状态。当工作在投入状态时，功率模块端口输出电压为电容电压；当工作在切除状态时，功率模块端口输出电压为 0，因此每个功率模块相当于一个受控的两电平电压源。每个桥臂由多个相互独立控制的功率模块串联而成，通过选择投入功率模块的数量可产生不同的电压值，因此每个桥臂都可等效为一个受控的多电平电压源。

1.2.2　全桥功率模块工作原理

全桥功率模块拓扑结构如图 1-2 所示。全桥功率模块主要元部件有 IGBT

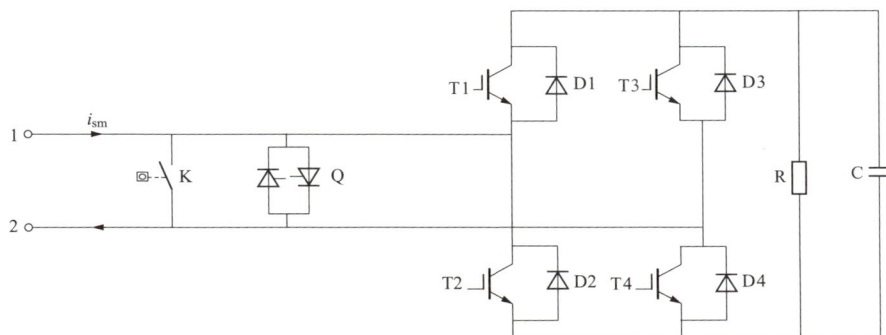

图 1-2　全桥功率模块拓扑结构

（T1～T4）、反并联二极管（D1～D4）、直流电容（C）、旁路保护晶闸管（Q）、旁路开关（K）、均压电阻（R）、取能电源及功率模块控制电子设备等。

全桥功率模块有投入、切除和闭锁三种工作状态，如表 1－2 所示。

表 1－2　　　　　　　　　　全桥功率模块工作状态

序号	状态	T1	T2	T3	T4	输出电压	充放电状态
1	投入	开通	关断	关断	开通	U_c	$i_{sm}>0$，充电 $i_{sm}<0$，放电
2		关断	开通	开通	关断	$-U_c$	$i_{sm}>0$，放电 $i_{sm}<0$，充电
3	切除	开通	关断	开通	关断	0	—
4		关断	开通	关断	开通	0	—
5	闭锁	关断	关断	关断	关断	U_c $-U_c$	$i_{sm}>0$，充电 $i_{sm}<0$，充电

（1）功率模块处于投入状态。投入对应的开关状态有以下两种：

1）当 T1、T4 导通，T2、T3 关断时，功率模块输出正电压 U_c；电流 $i_{sm}>0$ 时，电容充电；电流 $i_{sm}<0$ 时，电容放电。

2）当 T2、T3 导通，T1、T4 关断时，功率模块输出负电压 $-U_c$；电流 $i_{sm}>0$ 时，电容放电；电流 $i_{sm}<0$ 时，电容充电（与输出正电压时相反）。

（2）功率模块处于切除状态。切除对应的开关状态有以下两种：

1）当 T1、T3 导通，T2、T4 关断时，模块输出电压为 0，处于切除状态。

2）当 T2、T4 导通，T1、T3 关断时，模块输出电压为 0，处于切除状态。

（3）功率模块处于闭锁状态。此时 T1、T2、T3、T4 均关断。

1）电流 $i_{sm}>0$ 时，电容充电，模块输出正电压 U_c。

2）电流 $i_{sm}<0$ 时，电容充电，模块输出负电压 $-U_c$。

1.2.3　MMC 输出的波形

为了保证直流电压的稳定，每个相单元中处于投入状态的功率模块数维持在 N 个，通过改变 N 个功率模块在该相上、下桥臂的分配关系拟合出期望的交流电压输出。每个相单元由上、下两个桥臂串联而成，中点连接交流侧，理想情况下控制桥臂电压在交流侧和直流侧实现期望的电压波形。MMC 输出的电压波形如图 1－3 所示，图中虚线表示理想的正弦调制波，实线表示 MMC 实际输出的阶梯波，当电平数足够多时，实际波形将非常逼近理想波形而几乎没有低次谐波。直流电压值可通过控制相单元中导通功率模块的数量进行控制，当功率模块足够多时谐波很小，因此在交流侧和直流侧不需要或者只需要小容量的滤波装置。

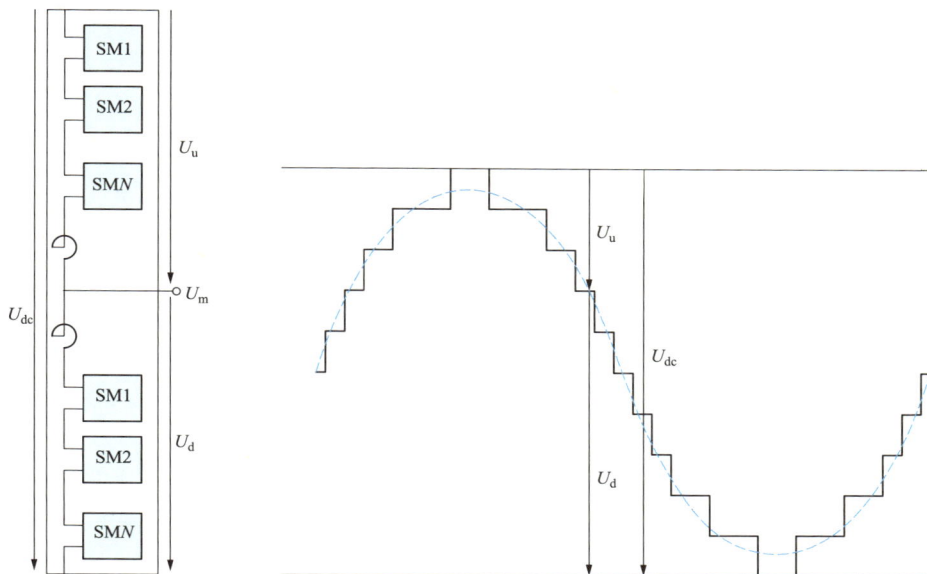

图 1-3　MMC 输出的电压波形

1.3　换流阀的组成与主要功能

1.3.1　换流阀的组成

换流阀是柔性直流输电系统最核心的设备，功能上连接交流系统和直流系统，实现交流和直流能量的相互变换。

模块化多电平换流阀（器）是由一系列模块化多电平换流阀标准组件（功率模块）串联组成的多电平换流阀（器），一般由三个相单元组成，通常将具备完整交流/直流变换功能的换流阀称为换流器，换流阀和换流器通用。MMC 三相主电路拓扑结构如图 1-4 所示，图 1-4（a）为常用的半桥型 MMC 三相主电路拓扑结构，这种技术无法清除直流故障；图 1-4（b）为"全桥+半桥"混合型 MMC 三相主电路拓扑结构，该技术具备直流故障清除能力。

图 1-4 中两种 MMC 拓扑结构均包含 6 个桥臂，每个桥臂由 N 个功率模块 [子模块（submodule）SM] 及一个换流电抗器串联组成。其中相单元是将两个直流端子连接至一个交流端子的设备，上、下两个桥臂单元构成一个相单元。桥臂单元是换流阀的一部分，连接交流相端子和直流极端子。阀段是由若干个功率模块及其他部件构成的用于测试目的的电气成套装置，按比例呈现完整阀的电气性能。功率模块是模块化多电平换流阀（器）标准基本组件，是模块化

多电平换流阀最小的、不可分割的功能单元，是由带有两个端子的独立可控电压源及直流电容器和直属辅助设备组成的组件。半桥功率模块由 2 个 IGBT、2 个反并联二极管及 1 个电容器组成；全桥功率模块由 4 个 IGBT、4 个反并联二极管及 1 个电容器组成。阀塔是由若干个阀段组成，具有独立的支撑结构。桥臂电抗器是串联连接至换流阀桥臂单元的电抗器。

(a)

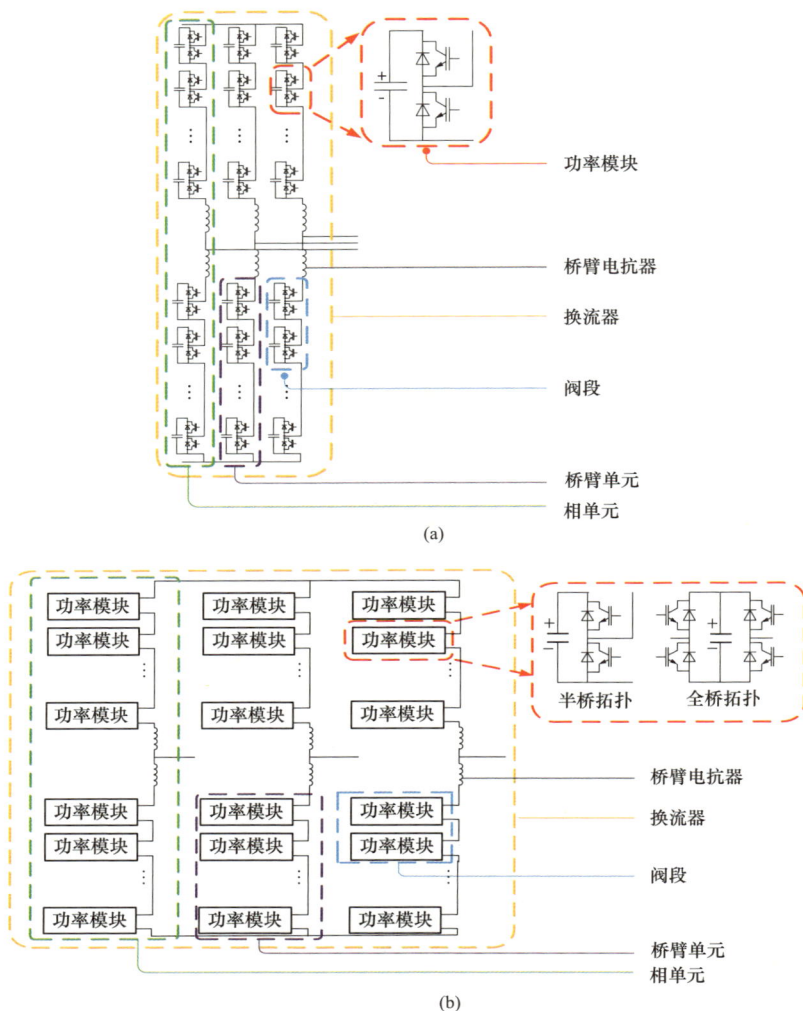

(b)

图 1-4 MMC 三相主电路拓扑结构

（a）半桥型 MMC 拓扑结构；（b）"全桥＋半桥"混合型 MMC 拓扑结构

在换流阀结构形式方面，通常由 5～6 个功率模块串联构成一个阀段，由 30 余个阀段串联构成一个阀塔，由 2 个阀塔串联构成一个桥臂，由 12 个阀塔构成一组换流阀，功率模块、阀段及阀塔结构示意图如图 1—5 所示。

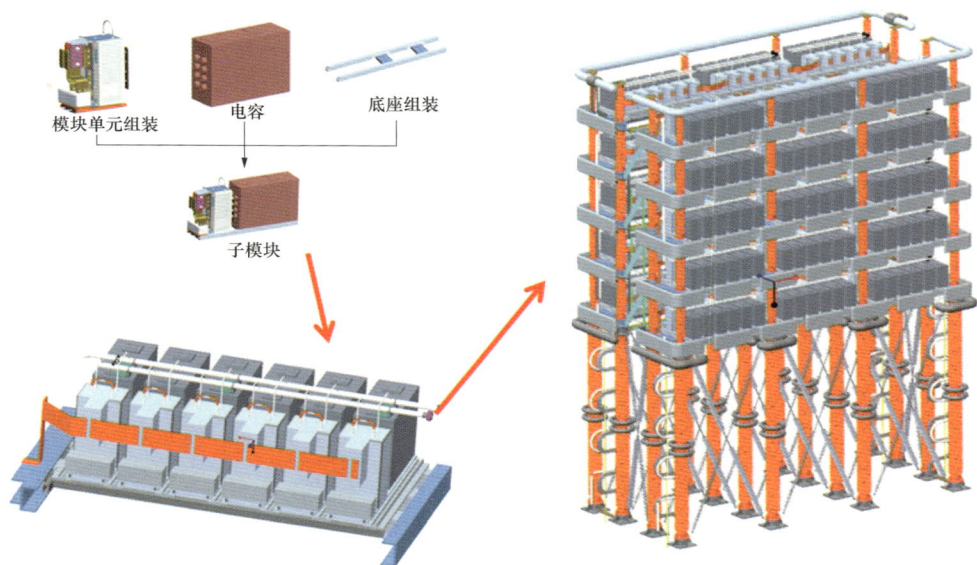

图 1-5　功率模块、阀段及阀塔结构示意图

功率模块是柔性直流换流阀的基本单元，功率模块主要包括以下元件和设备：

（1）IGBT。换流阀的核心器件，通过控制其开通与关断，从而控制功率模块的输出电压。

（2）直流电容。可支撑和稳定功率模块电压，是提供电压源的核心元件。

（3）旁路保护晶闸管。在发生故障造成功率模块过电压时，旁路保护晶闸管凭借自身电压特性启动旁路保护功能，并长期通流，保护系统安全。

（4）取能电源。取能电源一般采用从直流电容直接取能，为功率模块控制电子设备提供控制电源。

（5）旁路开关。采用高速旁路开关，对故障功率模块进行旁路操作，实现功率模块的冗余控制。

（6）均压电阻。均压电阻的作用包括：① 保证换流阀功率模块的自然均压特性。② 为换流阀退出运行后的功率模块提供放电通道，便于换流阀检修与维护。

（7）功率模块控制电子设备。每个功率模块配备一块主控板（中控板），实现对功率模块的触发控制、保护和监视。主控板的核心是复杂可编程逻辑器件（complex programmable logic device，CPLD），其原理框图如图 1—6 所示。任何系统故障都不会影响触发系统按照控制指令动作，如果系统故障导致取能电路供电不足，主控板将闭锁 IGBT 触发脉冲，闭合旁路开关，将该模块旁路，避免影响系统运行。

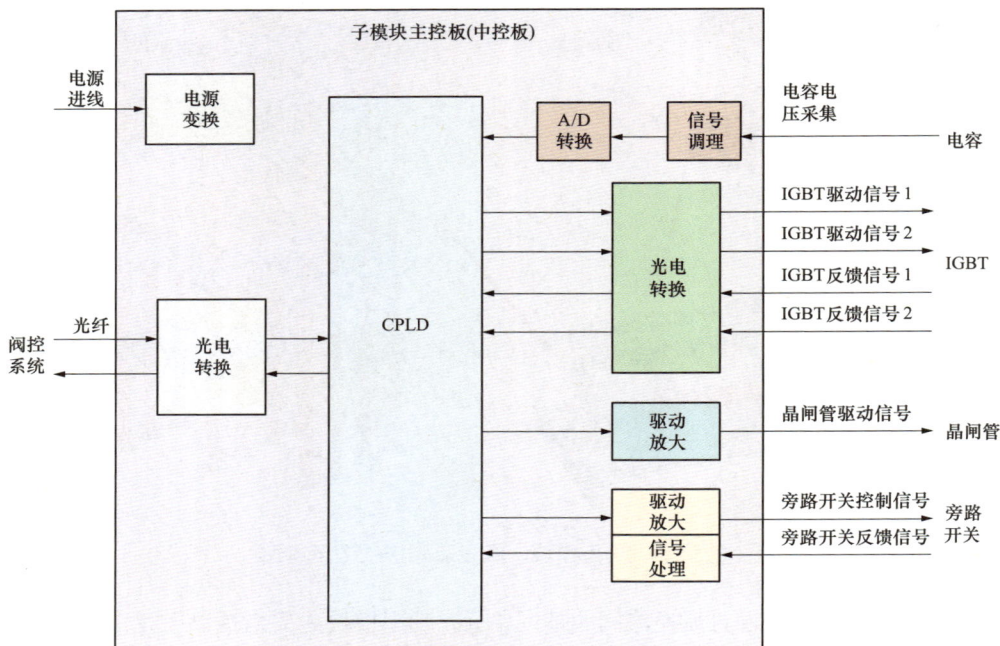

图 1-6　主控板原理框图

主控板具有的功能如下：

1）功率模块运行状态监视。

2）功率模块 IGBT、晶闸管、旁路开关的触发控制。

3）功率模块故障监测及保护动作。

4）对电容电压进行采样，并通过光纤通信发送到阀控系统。

5）通过光纤通信接收阀控设备下发的控制指令和状态信息。

1.3.2　换流阀的主要功能与关键技术

鉴于柔性直流输电技术的优势，使其在发电、输电、变电、配电和用电领域得到了广泛关注。特别是在大规模能源远距离传输、混合直流、交流大电网柔性互联、构建直流电网等应用领域，容量需求越来越大，特高压大容量柔性直流换流阀的研究与应用成为发展趋势。

±800kV/5000MW 特高压柔性直流换流阀目前是世界上电压等级最高、输送容量最大的柔性直流换流阀，采用对称双极和高低阀组设计，基于全桥和半桥混合的模块化多电平拓扑结构，在功能上具备换流阀启动协调均压控制、直流故障自清除、阀组在线投退、换流阀紧急闭锁、在线故障预测和"黑模块"智能检测等多项关键技术。

在特高压柔性直流输电技术应用背景下，柔性直流换流阀具有如下功能与关键技术。

1.3.2.1 特高压柔性直流换流阀的主要功能

特高压柔性直流换流阀电压等级高，导致功率模块数量激增，现有的阀控系统接入功率模块能力和均压排序算法效率等已不能满足要求。此外，特高压柔性直流换流阀主要应用于架空线场景，现有的直流断路器技术尚无法满足±800kV 直流输电线路的故障清除能力，换流阀本身应具备直流故障自清除能力。

对于±800kV 特高压柔性直流换流阀，功率模块选用 4500V/3000A 器件，单极换流阀功率模块数量约 2600 个，对阀控系统接入功率模块数量提出了很大挑战。

针对该问题，可借鉴常规直流换流阀高低阀组的概念，提出基于高低阀组的特高压柔性直流换流阀拓扑结构，基于高低阀组的特高压柔性直流换流阀拓扑结构如图 1—7 所示。

基于该拓扑的±800kV 特高压柔性直流换流阀,其阀控系统接入功率模块数量减半。

特高压柔性直流换流阀如需具备直流故障自清除能力，需在桥臂中串联具有直流故障自清除能力的功率模块。目前，柔性直流换流阀主流的功率模块类型有半桥功率模块、全桥功率模块和钳位双功率模块等三种。其中，半桥功率模块成本最低，但不具备负电平输出能力，因此由其构成的 MMC 不具备直流故障穿越能力；全桥功率模块可输出负电平，但成本较高；钳位双功率模块成本较低，但输出负电平的能力不及全桥功率模块。功率模块类型的选取，需综合考虑直流故障清除和单阀组投退能力，此外，除了兼顾上述功能外还需综合考虑经济性指标。

（1）功能性要求。

1）直流故障穿越要求。特高压柔性直流输电系统通常采用架空线输电方式，但线路故障率较高，同时受特高压直流断路器技术水平及成本限制，要求换流阀具有直流故障穿越能力。考虑通过闭锁换流阀进行直流短路故障穿越的方案，故障后交流系统通过阀组的上、下两个桥臂向直流短路点进行放电。

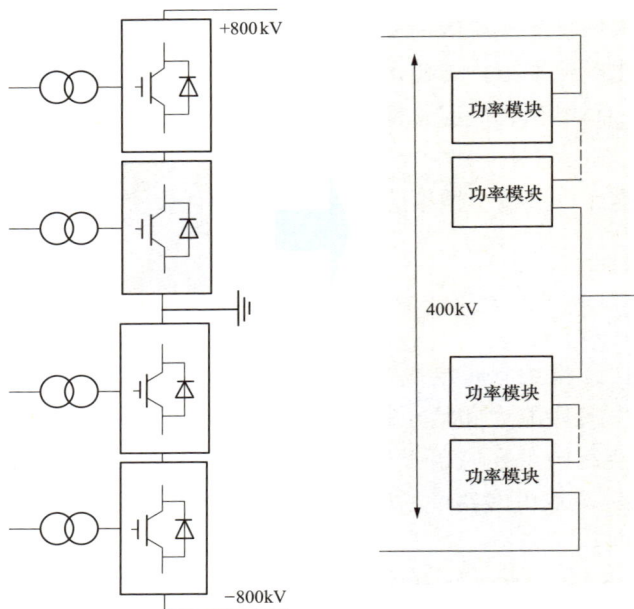

图 1-7 基于高低阀组的特高压柔性直流换流阀拓扑结构

2）直流零电压运行要求。特高压直流系统为了减少由于设备故障造成的功率损失，增加系统运行灵活性和可靠性，要求系统具有单阀组在线投退功能，而为了实现阀组投退过程中直流旁路开关的零电压开断，需要换流阀具有直流零电压运行能力。

3）单阀组在线投退控制要求。单阀组在线投退过程中，待投退的阀组需要运行于高直流电流和零交流电流/低交流电流特殊工况。在此工况下，MMC 阀组的桥臂电流会持续为正（MMC 逆变工况）或持续为负（MMC 整流工况），此时半桥功率模块参与 MMC 调制时必然会出现功率模块电压持续充电或持续放电问题，进而导致功率模块过、欠电压故障。此后，随着输出功率和交流电流的增大，桥臂电流出现过零点，此时电压已经异常的半桥功率模块在排序均压的作用下会快速放电或充电，其电压的骤变必然引起阀侧电压突变，从而造成交流电流、桥臂电流等电流冲击，同样威胁换流阀设备安全。

为此，可通过提高全桥功率模块数目来减少单阀组投入/退出过程中半桥功率模块参与调制的时间，从而降低功率模块电容充、放电程度和电压失衡度，进而降低电流冲击。

（2）经济性指标。全桥功率模块比半桥功率模块所需的 IGBT 器件更多，因而成本更高。因此，特高压柔性直流换流阀应在符合控制功能要求的前提下，尽可能减少全桥功率模块数量，增加半桥功率模块数量，以降低换流阀成本。

此外，也可通过控制手段，在阀组投退过程中人为注入相间环流，创造正、负交替的桥臂电流，从而进一步降低全桥功率模块比例，进而降低换流阀成本。

1.3.2.2　特高压柔性直流换流阀关键技术

1. 换流阀启动关键技术

特高压柔性直流换流阀由于采用了高低阀组的拓扑结构，其启动主要分两个部分：① 单个阀组内部的全桥和半桥功率模块混合级联阀组的启动，该阶段需要避免由于半桥与全桥拓扑不一致导致的充电阶段末尾功率模块电压波动问题。② 特高压柔性直流输电组合式换流器不同阀组的启动，该阶段需要实现基本换流单元内各功率模块间的电压均衡，保障基本换流单元间的协调均压。

2. 换流阀紧急闭锁技术

柔性直流换流阀 IGBT 器件的过电流和过电压能力较弱，要求在故障发生后几百微秒时间内能快速闭锁换流阀。针对该问题，阀控系统需具备紧急闭锁功能，保证在故障发生时，能够在 100μs 内可以闭锁换流阀。紧急闭锁信号由阀控最上层的接口机箱判断产生，直接通过专用的光纤通道发送到阀控最底层的功率模块接口机箱，避免阀控内部各层级之间通信故障而无法闭锁的问题。

3. 换流阀在线故障预测技术

模块化多电平换流器装置规模日趋庞大，具有控制系统复杂化、多变量控制、闭环控制运行的特点，一旦发生故障，会造成巨大的经济损失。因此，需对模块化多电平换流器进行故障检测和诊断，最好的方法是采用在线故障预测，在故障出现的早期就能识别出隐患，以便能提前采取预防措施。

基于对柔性直流换流阀各组成部分的运行特性和故障特性的全面监测分析，根据柔性直流换流阀各部分的状态评价标准，实时进行在线状态评价，实现对柔性直流换流阀的各种故障提前预警，并提供应急预案、故障隔离及自愈等功能，方便运维人员对故障点进行定位。

4. 故障快速检测和恢复技术

特高压柔性直流输电系统具备安全、高效的直流短路故障状态检测方法，能够在直流侧无过电压和过电流、交流侧维持并网及无功补偿的前提下准确判断直流短路故障是否已经清除，为直流电压恢复做好准备。同时，具备柔性直流换流阀稳定快速的直流故障恢复方法，将需要恢复的换流站分为主站模式和从站模式，当选择一个换流站作为主站时，其他换流站作为从站，主站逐渐抬升直流电压至额定值时，从站通过计算直流电流反馈值与直流电流参考值之差，跟踪主站的直流电压，实现直流电压的同步提升。

1.4 阀控系统组成与主要功能

阀控系统由阀控与控制保护系统接口、桥臂控制、脉冲分配三个基本部分组成。由于阀控与控制保护系统接口、桥臂控制、脉冲分配等不同子功能可以通过不同的硬件配置方式来实现，因此对应的阀控系统分层结构也会有所区别。

1.4.1 柔性直流输电分层控制系统

柔性直流输电系统的分层控制主要包括系统级控制、换流器级控制和阀组级（阀控系统）控制三个层级。其中系统级控制可分为多端系统级控制和换流站级控制，换流器级控制可分为有功功率类控制和无功功率类控制，阀组级控制可分为阀级控制和子模块级控制，柔性直流输电分层控制系统架构图如图1-8所示。

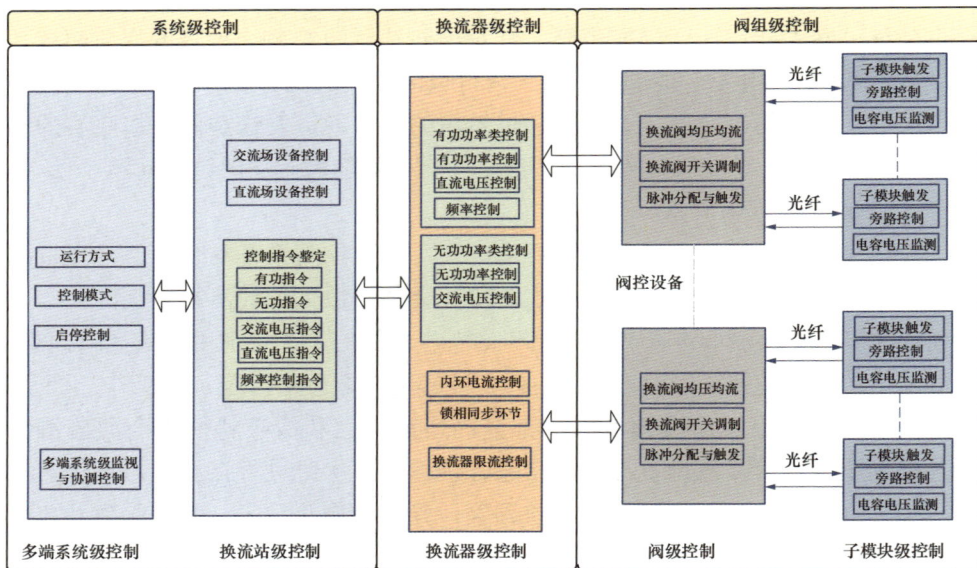

图1-8 柔性直流输电分层控制系统架构图

系统级控制接受电力调度相关指令用于协调优化系统运行，居于控制系统的顶层；换流站级控制主要接受系统级控制指令，并进行指令的整定和下发；换流器级控制则根据上层指令实现有功类和无功类物理量控制，有功类物理量控制包括有功功率、直流电压和频率控制，无功类物理量控制包括无功功率和交流电压等控制；阀组级控制主要进行功率模块均压控制及桥臂环流抑制，并通过特定的调制方式合理分配阀组内各个功率模块的投入、切除或闭锁状态；

功率模块级控制则将功率模块控制状态转为 IGBT 的开通与关断指令，实现功率模块控制。

　　鉴于各层级的功能划分，对于不同拓扑结构及应用场合的柔性直流输电系统而言，换流器级控制差别不大，通常使用双闭环的直接电流矢量控制策略。而系统级和阀组级控制策略则需根据具体的换流阀拓扑及系统应用场合进行调整。例如，当 MMC 采用不同类型功率模块混合拓扑时，阀级控制和功率模块级控制均需调整；当系统为直流电网或多端系统时，系统级控制需包含直流电压协调控制等功能，同时系统的启动控制也应有所调整。总之，柔性直流输电系统采用分层控制架构，一般仅通过修改上层系统级控制和下层阀组级控制即可适应不同场合不同换流阀拓扑的需要。

1.4.2　阀控系统的组成

　　典型的阀控系统为三层架构或两层架构，图 1-9 为三层架构组成的阀控系统，该系统由接口装置（阀中控装置）、桥臂控制装置、阀基接口装置或脉冲分配装置组成。

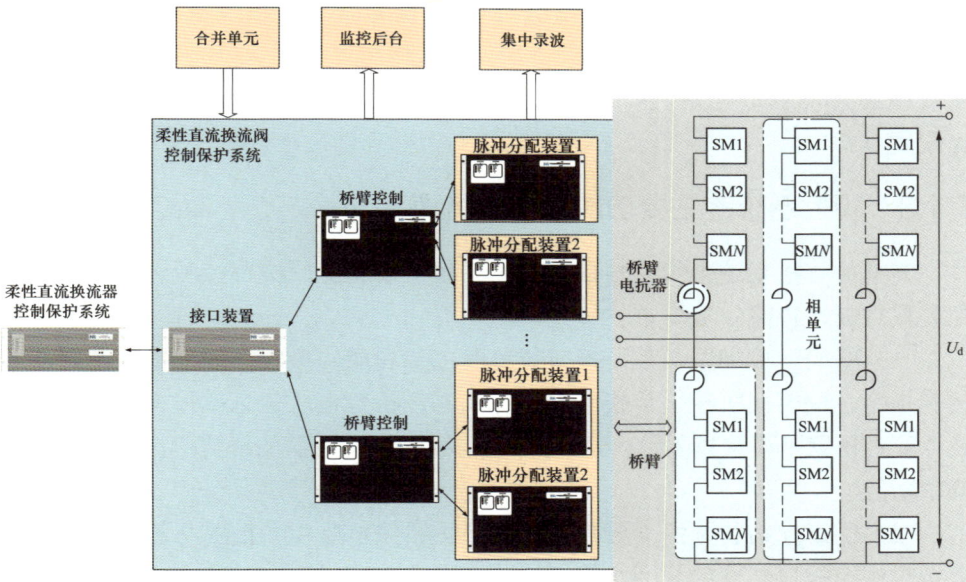

图 1-9　三层架构组成的阀控系统

　　图 1-10 为两层架构组成的阀控系统，该系统由第一层接口装置（阀中控装置）和第二层的脉冲分配装置（阀基控制装置）组成。

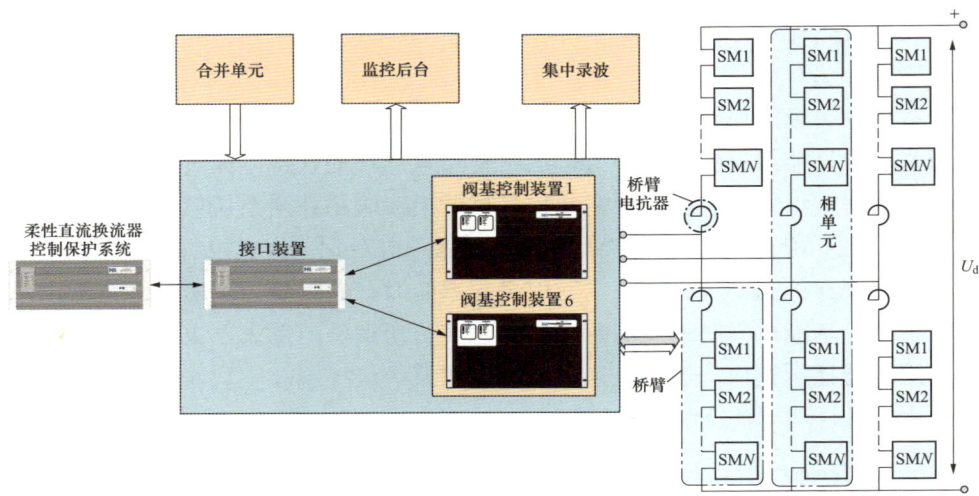

图 1-10　两层架构组成的阀控系统

阀控系统接口装置和桥臂控制装置，以及脉冲分配机箱都是双重化冗余配置，与冗余双重化配置的极控系统之间的信号交换仅在对应的冗余系统之间进行，即极控系统 A 与阀控系统 A 进行信号交换，极控系统 B 与阀控系统 B 进行信号交换。接口装置的冗余双重化系统为两台独立的装置，脉冲分配机箱的冗余双重化系统同装置配置，除脉冲板外的所有环节都是冗余双重化配置。

1.4.3　阀控系统的主要功能与技术特点

典型的阀控系统由阀控与控制保护系统接口装置、桥臂控制装置、脉冲分配装置组成，各部分功能如下：

（1）阀控与控制保护系统接口装置的主要功能。接收极控下发的调制波及控制指令，同时向极控上传换流阀运行状态及桥臂电压信息；根据各桥臂调制波计算各桥臂子模块投入数；从合并单元接收 6 个桥臂的桥臂电流，实现环流抑制功能。

（2）桥臂控制装置的主要功能。阀保护系统自监视、报警与故障处理；对上接收阀控接口装置的导通个数、控制命令并执行，同时对下实现子模块电压平衡控制、子模块触发脉冲分配；与上层阀控接口装置的同步功能；开关频率优化功能；子模块故障监视与处理；桥/阀段故障信息汇总；桥臂级保护功能。

（3）脉冲分配装置主要功能。实现对单个换流器桥臂的子模块控制命令接收与分发，以及子模块状态信息汇总与上送。

1.4.3.1　阀控系统基本功能

（1）阀控单元接收控制保护系统下发的调制波信号及其他一些必需的控制信号，将其转换为控制脉冲后发送给功率模块控制器，同时接收功率模块控制器的回报信号，经过整理后上送给控制保护系统，基本功能如下：

1）脉冲调制分配功能。

2）模块均压功能。

3）模块冗余控制功能。

4）交流侧和直流侧可控充电功能。

5）换流阀解锁条件自检功能。

6）换流阀基本保护功能。

7）暂停触发再解锁功能。

8）状态监视及录波功能。

9）人机交互功能。

10）检修试验功能。

11）阀控设计独立的硬接线跳闸回路，并将跳闸信号上送控制保护系统。

12）阀控系统能配合控制保护系统完成高低阀组在线投退、直流侧故障自清除等功能。

（2）阀控主机采用双重化配置，任一系统发生故障或系统维护时，不影响正常系统的运行，主备套之间通过光纤通信（需冗余）实现备套对主套的跟随。

（3）根据工程经验，阀控装置控制链路延时大小（从收到上层控制调制波到换流阀功率模块执行触发命令之间的时间差，含死区时间）不大于 50μs。阀控装置桥臂过电流保护动作延时（从一次电流过流到换流阀闭锁之间的时间差，不含测量延时）不大于 50μs。

1.4.3.2　阀控系统"黑模块"识别技术

阀控系统在换流阀启动时针对的主要是通信故障导致的"黑模块"进行识别，引起"黑模块"的主要原因有以下两个方面：

（1）功率模块控制板故障。

（2）功率模块取能电源故障。

上述故障会引起换流阀启动时阀控检测到上行通信故障，阀控设备中脉冲板针对该上行通信故障进行判断，经过 DSP 软件对该故障的若干个运行周期进行防抖处理后，如果依然检测到"上行通道故障"，阀控即判断为：上行通道故障，随即开启故障处理策略：投旁路开关，遥信报警，同时该模块被识别为"黑模块"。

柔性直流换流阀功率模块在出现故障时需旁路开关闭合，从而把故障功率模块旁路，但在出现"黑模块"等情况下，旁路开关可能无法闭合从而导致功率模块的功率器件损坏等恶劣问题。

柔性直流换流阀需具备"黑模块"识别技术。每次停机时，后台保存当前"黑模块"和旁路模块位置；进行检修后，可人为取消故障模块或设置已旁路的故障模块；系统上电后，阀控监测到功率模块平均电压达到一定值时，判断未上传功率模块信息的故障位置。连续判断一段时间（如 1s），如果与后台设定的已旁路模块位置不一致，则发出"黑模块"报警事件；如果阀控监测到功率模块在充电过程中上报过旁路开关闭合状态，则认为该模块已旁路，不对该模块进行"黑模块"的判断。运行人员发现"黑模块"报警事件后，可根据情况考虑是否进行继续充电解锁操作。

1.4.3.3 阀控系统链路延时技术

（1）控制链路延时。控制链路延时定义为从收到上层控制调制波到换流阀功率模块执行触发命令的时间，包含功率模块死区时间，阀控系统控制链路延时示意图如图 1-11 所示，控制系统内部都是同步的，不存在异步系统带来的不确定延时。

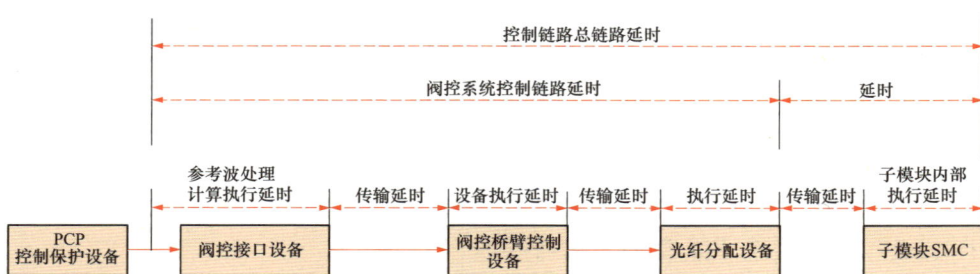

图 1-11 阀控系统控制链路延时示意图

根据工程经验，通常情况下阀控装置控制链路延时大小（从收到上层控制参考波计算执行延时到换流阀子模块执行触发命令之间的时间差，含死区时间）应不大于 $50\mu s$。

考虑测量和控制保护的总延时，极控系统控制链路延时示意图如图 1-12 所示，包括测量延时、传输延时、控制保护侧电流环（或者电压环计算）延时、阀控传输延时、阀控系统控制链路延时。

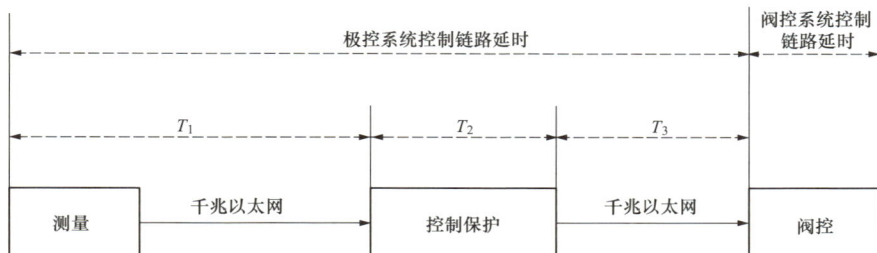

图 1-12　极控系统控制链路延时示意图

（2）保护链路延时。阀控系统过电流保护的延时定义为阀控检测到过电流到换流阀闭锁之间的时间差，不包含测量延时。以过电流闭锁为例进行说明，保护链路延时主要由以下几部分构成：

1）阀控判断延时。对于暂时性过电流闭锁、桥臂快速过电流保护，为防止误判，阀控的判断延时设置为 N 个采样点过电流（例如 $N=3$），桥臂电流测量光学电流互感器的采样周期为 100k；对于桥臂电流上升率保护，为防止误判，阀控的判断延时设置连续 N 个（例如 $N=3$）斜率超限。因此保护链路延时中包括阀控判断延时。

2）阀控保护装置内部执行延时。

3）阀控保护装置内三取二板卡通信接收和三取二裁决执行延时。

4）脉冲板通信接收和脉冲板装置内部执行闭锁延时。

5）功率模块接收通信延时，执行闭锁延时。

1.4.3.4　全半桥识别技术

阀控设备对全半桥识别是通过读取模块上送拓扑类别信息 bit 位实现的，分为以下两步：

（1）在换流阀刚充电启动开始，将换流阀桥臂中全半桥所有模块当作全桥模块开通 T4，给半桥升压充电，启动半桥模块正常工作。

（2）全半桥均正常工作后，通过读取模块上送拓扑类别信息 bit 位实现全半桥模块拓扑识别，例如按照预先设定，该 bit 位为 0 表示全桥，为 1 表示半桥，读取每个模块中对应这一位数值可以正确识别全半桥拓扑类型。

1.4.3.5　全半桥充电策略

阀组充电分为交流侧充电和直流侧短路充电两种方式。

（1）交流侧充电。阀组交流侧充电时序和控制保护配合时序如图 1-13 所示，以阀组模块电压上升至最终电压 2000V 为例。

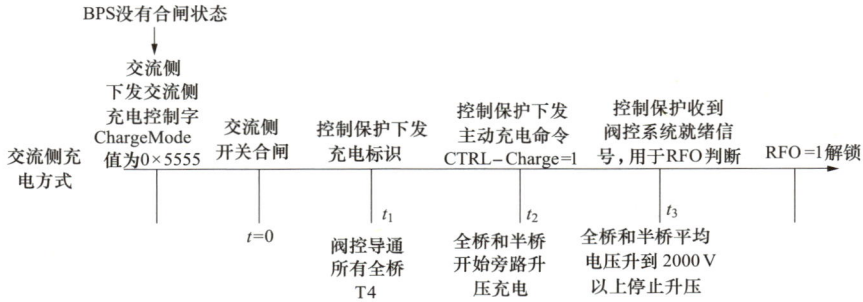

图 1-13　阀组交流侧充电时序和控制保护配合时序

注：BPS（by pass switch）为旁路开关；RFO（ready for operation）为准备解锁操作。

图 1-13 中 t_2 时刻具体升压充电策略为：全桥和半桥子模块取能成功后，半桥电压最高的 N_1 个子模块开通下管，其余闭锁，全桥电压最高的 N_2 个子模块开通 T2、T4 旁路，其余保持 T4 开通，逐渐增加 N_1、N_2，控制每个桥臂的整体子模块电压达到 2000V 以上后保持当前状态。

由于半桥模块在不控充电阶段 t_1 阶段充电缓慢，会导致无法正常工作，阀控需要根据半桥的充电进展进行故障判断，采用适当延时和扫描半桥模块故障状态之后再进入半桥模块的故障判断逻辑，避免误判故障。

（2）直流侧短路充电。阀组直流侧短路充电时序和控制保护配合时序如图 1-14 所示。

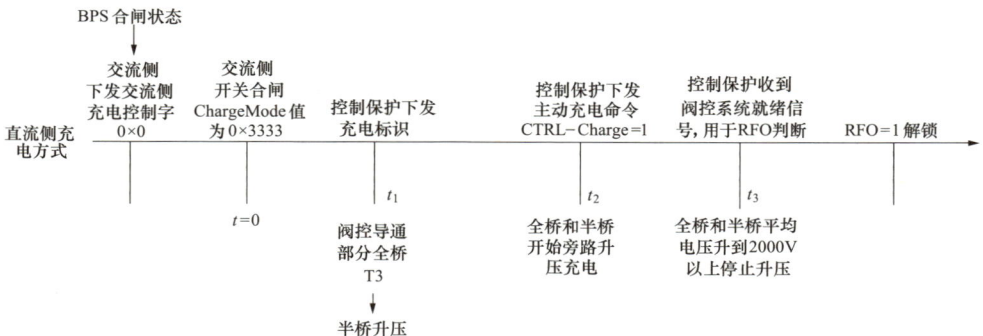

图 1-14　阀组直流侧短路充电时序和控制保护配合时序

图 1-14 中 t_2 时刻具体升压充电策略为：全桥和半桥子模块均取能成功后，半桥电压最高的 N_1 个子模块开通 T2，其余闭锁，全桥电压最高的 N_2 个子模块开通 T3 旁路，其余保持闭锁状态，逐渐增加 N_1、N_2，控制每个桥臂的整体子模块电压达到 2000V 以上后保持当前状态。

2 换流阀与阀控系统设计

换流阀是柔性直流输电工程的"心脏"，是实现电能交直流变换的核心。换流阀、换流阀冷却系统、阀控系统的选型设计是柔性直流输电工程实施的前提条件和决定性因素。本章主要介绍柔性直流输电工程换流阀与阀控系统主要参数，换流阀电气及结构设计，换流阀冷却系统设计，阀控系统结构、功能及冗余设计等相关内容。

2.1 换流阀与阀控系统主要参数

2.1.1 换流阀主要参数

柔性直流输电工程换流阀主要参数有系统级运行参数和元部件主要参数，其中系统级运行参数主要有额定直流电压、额定直流电流、功率输出、交直流侧电流、绝缘水平等，具体如表 2−1 所示；换流阀元部件主要有功率模块、IGBT、反并联二极管、直流电容等，其主要参数如表 2−2 所示。换流阀系统级运行参数和元部件主要参数具体值根据工程系统条件确定。

表 2−1　　　　　　　　　　　换流阀系统级运行参数

序号	参数
1	额定直流电压
2	80%直流降压运行电压
3	额定直流电流
4	额定功率下最大无功输出
5	采用 STATCOM[①]方式下无功输出范围
6	直流最高持续运行电压
7	直流最低持续运行电压

序号	参数
8	换流阀直流端间操作冲击耐受水平
9	换流阀端对地操作冲击耐受水平
10	换流阀桥臂端间操作冲击耐受水平
11	换流阀直流端间雷电冲击耐受水平
12	换流阀端对地雷电冲击耐受水平
13	换流阀桥臂端间雷电冲击耐受水平

① STATCOM（static synchronous compensator）为静止同步补偿器。

表 2-2　　　　　　　　　　换流阀元部件主要参数

主要元部件	电气参数
功率模块	额定电压
	运行电流
	额定电流
IGBT	U_{CE}
	I_c（有效值）
反并联二极管	反向阻断电压
	最大通态电流有效值
直流电容	额定电容值
	额定电压
	额定电流
放电电阻	阻值
	额定电压
	放电时间
机械式旁路开关	额定电压
	额定电流
旁路保护晶闸管	额定电压
	额定电流

2.1.2　阀控系统主要参数

柔性直流输电换流阀阀控系统的主要参数大致分为 13 类，包括链路延时、过电流保护定值、过电压保护定值、IGBT 器件开关频率、环流抑制度等，依据工程经验，阀控系统主要参数及指标要求如表 2-3 所示。

表 2-3　　　　　　　　　　　阀控系统主要参数及指标要求

序号	主要参数	指标要求
1	调制波下发链路延时	从阀控收到调制波到功率模块收到驱动脉冲，不超过 50μs
2	保护通道链路延时	保护动作延时小于 50μs
3	电容电压上传链路延时	不超过 100μs
4	过电流保护定值	由系统条件确定
5	电流上升率保护定值	由系统条件确定
6	过电压保护定值	全桥（具体值由系统条件确定）
		半桥（具体值由系统条件确定）
7	就地录波频率	阀控主机录波频率不低于 20kHz
		快速保护部分录波频率不低于 100kHz
8	单次录波时长	单次录波时长不低于 200ms
9	功率模块均度	同一时刻，任意桥臂模块电压最大值（1p.u.运行）
		同一时刻，任意桥臂模块电压最小值（1p.u.运行）
		模块额定电压±10%（1p.u.运行）
10	IGBT 器件开关频率	全桥开关频率（0.1p.u.运行）
		半桥开关频率（0.1p.u.运行）
		全桥开关频率（1p.u.运行）
		半桥开关频率（1p.u.运行）
11	桥臂电流平衡度	6 个桥臂电流（基波有效值）之间最大差值在额定功率时小于 2%
12	环流抑制度	0.5p.u.功率以上时，不大于 2%
13	分配板链接模块数	脉冲分配板（与功率模块直接进行通信的板卡）链接的功率模块数不应大于 7 个

2.2　换流阀设计

2.2.1　电气设计

柔性直流换流阀的电气设计应考虑电压耐受能力和电流耐受能力。

换流阀应具有承受额定电压及各种过电压的能力，应根据可能出现的所有故障工况核算换流阀的过电压，保证换流阀的设计能够覆盖所有可能的故障工况，并具有足够的安全裕度。换流阀须保证在交流系统运行方式变化、直流系统运行方式变化、交流系统故障和直流线路故障等暂态工况下安全可靠运行。

换流阀应具有承受额定电流及各种暂态过电流冲击的能力，换流阀的电流耐受能力设计应考虑阀的元部件（功率器件、电容器等）承受正常运行电流和暂态过电流的水平，包括幅值、持续时间、周期数、电流上升率等，同时还应考虑足够的安全裕度。阀的暂态过电流与故障类型、交流系统短路容量、直流系统电压、模块化多电平换流器标准组件的数量、直流电容值及桥臂电抗值等有关。

柔性直流换流阀电气设计主要是围绕换流阀的核心元部件开展，包括 IGBT 器件、直流电容器、旁路保护晶闸管、机械旁路开关、功率模块主控板、IGBT 驱动板、高位取能电源等。

2.2.1.1 IGBT 器件

（1）主要功能。IGBT 器件是柔性直流换流阀功率模块最核心的功率变换器件，通过控制其开通、关断可以完成能量的传输和电容的充放电功能。

（2）选型设计。IGBT 器件的选型设计对系统的稳定运行尤为关键，选型主要从封装、电压和电流参数、浪涌电流能力、关断能力，以及发热等几个方面考虑。

封装选型。大功率器件常见封装型式有焊接式封装和压接式封装两种，其中，压接式封装又分为气密压接式封装和非气密压接式封装两种。三类常见封装型式如图 2-1 所示，图 2-1（a）为焊接式封装，IGBT 壳体为塑料，内部填充硅胶，图 2-1（b）为非气密压接式封装，内部含柔性部件，芯片与空气接触，图 2-1（c）为气密压接式封装，有平面栅和平面栅/沟槽栅两种形式，芯片密封在充满惰性气体的壳体内，不与空气接触。

平面栅/沟槽栅	平面栅	平面栅	平面栅/沟槽栅
(a)	(b)		(c)

图 2-1 三类常见封装型式
（a）焊接式封装；（b）非气密压接式封装；（c）气密压接式封装

电压参数确定。功率器件的电压参数主要由功率模块的工作电压决定，包括模块的长期稳态直流电压、解锁及闭锁态电压，以及各种过电压工况，而模块的电压值由系统运行的工况确定。系统的保护装置需根据模块（功率器件）的运行能力标定保护值。

电流参数确定。器件的电流一般指在可以使用的结温范围流过集射极的最大直流电流或交流半波有效值。因此，在满足可靠关断的前提下，理论上只需满足发热要求即可。

反并联二极管的选择考虑三种情况：① 对于短路电流被有效抑制的情况（如直流线路中设有直流断路器，故障时依靠直流断路器隔离故障），可依据选择 IGBT 的方法来选择二极管。② 对于短路电流限制有限（如直流故障时通过跳开交流侧断路器的方式隔离故障），且 IGBT 内部不含二极管的情况，功率模块下二极管的选择需考虑其单独承担短路电流的能力，包括短路电流峰值及 I^2t 数据。③ 对于短路电流限制有限，且 IGBT 内部含有二极管的情况，二极管通常无法单独承担直流故障时的短路电流，此时需要增加旁路晶闸管为其分流。

IGBT 器件的安全工作区域（safe operation area，SOA）限定了各种临界的不至于导致器件损坏的运行状态。反偏安全工作区（reverse biased SOA，RBSOA）限定了周期性关断的运行状态（可以理解为正常运行状态）时的安全工作区域。器件的续流二极管同样存在安全工作区域，除电压和电流边界曲线外，主要受到反向恢复能量的限制，因此称为反向恢复安全工作区（reverse recovery SOA，RRSOA）。IGBT 厂家均会提供 RBSOA、短路安全工作区（short circuit SOA，SCSOA）和 RRSOA 的曲线，IGBT 的工作范围不允许超出这 3 条曲线的范围。在运行过程中需要保证 IGBT 器件的结温在允许的范围内。

2.2.1.2 直流电容器

（1）主要功能。换流阀功率模块的电容器是换流阀的储能元件，具有为换流阀提供直流电压支撑、存储能量、抑制电压波动等作用，通过功率模块电容器充电、放电控制来满足系统功率交换的需求。电容器采用干式金属氧化膜电容器，其电性能优良，具有介电强度高、杂散电感低、损耗角正切值小、耐腐蚀等优点，具有自愈能力和较长的寿命周期。在已投运或在建柔性直流输电工程中，干式金属氧化膜电容器得到了广泛应用。

（2）选型设计。直流电容器采用干式金属氧化膜电容器，杂散电感低、耐腐蚀、具有自愈能力、寿命周期长。设计选型原则如下：

功率模块电容的选取需要兼顾功率模块稳态情况下电压的波动、暂态电压波动、直流系统动态响应特性及直流双极短路时的设备安全裕度等多方面因素考虑。

电容值选取需满足：在稳态下，抑制功率模块电容电压波动的工程经验值一般不超过±10%；当直流系统的有功功率定值发生变化时，功率模块电容值需满足系统有功功率调节动态响应要求；交流系统发生不对称故障时，换流器中出现负序分量导致功率模块电容电压波动增大，如果要求换流阀和直流系统继续运行，必须选择合适的功率模块电容值，使功率模块电压不超过允许值；发生直流双极短路故障时，功率模块电容迅速放电，为了使保护动作前功率模块元件不致损坏，功率模块电容和桥臂电感值应合理配合，使桥臂电流上升到上限的时间大于保护动作时间。

基于抑制功率模块稳态电压波动考虑，1 个频率内功率模块电容电压波动 ε 与功率模块电容的容值 C 满足

$$C \geqslant \frac{U_{dc}S_N}{2\sqrt{6}U_N\omega n\varepsilon U_0^2}[1-(M\cos\varphi/2)^2]^{3/2} \qquad (2-1)$$

式中：U_{dc} 为直流侧电压值；S_N 为系统容量；U_N 为交流公共连接母线线电压有效值；ω 为基波角频率；n 为桥臂模块数；M 为调制比；U_0 为功率模块电容电压；$\cos\varphi$ 为交流公共连接母线功率因数。

如果采用单体电容方案，电容体积、质量会很大，不利于电容散热、生产、运输和维护，则可采用多只电容并联方案。对于电容的额定电压，通常与半导体器件推荐工作电压一样，根据换流阀的运行工况和直流电容器参数，能够通过仿真得到电容的纹波电压和纹波电流，而纹波电压要考虑阀内部各功率模块的不平衡度要求。

同时，电容器需具备短时过电压的能力，可参考 GB/T 17702—2021《电力电子电容器》要求，电容器需具备表 2−4 的过电压能力，表中 U_N 为电容器的额定电压。

表 2−4　　　　　　　　电 容 器 过 电 压 能 力

过电压	一天之内的最长持续时间（min）
$1.1U_N$	30%的负荷持续时间
$1.15U_N$	30
$1.2U_N$	5
$1.3U_N$	1

注　在电容器寿命中允许有 $1.5U_N$、历时 30ms 的过电压 1000 次。可以耐受而不显著降低电容器寿命的过电压幅值取决于其持续时间、施加次数和电容器温度。另外，这些值是假设当电容器的内部温度低于 0℃但仍在温度类别之内时可能出现的过电压。平均施加电压不得高于规定电压。

损耗：电容器内被耗散的有功功率，包括电阻损耗和介质损耗两部分。在获取电容器的稳态运行电流后，可以通过规范书给定的等效阻抗，估算损耗。

$$P_{CDC} = I_r^2 R_{esr} \qquad (2-2)$$

式中：P_{CDC} 为电容器的发热功率；I_r 为纹波电流值；R_{esr} 为等效串联电阻。

一般情况下，电容器通过空气自然散热，在环境温度一定时，电容器的温升指内部最热芯子温度。电容器的温升计算式为

$$\Delta T = P_{CDC} R_{th} \qquad\qquad (2-3)$$

式中：ΔT 为电容器内部芯子的温升；R_{th} 为等效热阻。

2.2.1.3 旁路保护晶闸管

（1）主要功能。旁路保护晶闸管主要起两个作用：① 与下管二极管并联分担换流阀故障时的短路电流，具有对下管二极管过电流保护的作用。② 当系统发生极端故障无法触发旁路开关合闸时，晶闸管反向击穿，形成备用的通流路径。为了提高系统运行安全可靠性，避免因单一模块故障造成系统跳闸，可使用旁路晶闸管保护技术。在发生故障造成功率模块过电压时，旁路保护晶闸管凭借自身电压特性启动旁路保护功能，并长期通流，保护系统安全。

旁路保护晶闸管具备精准转折击穿电压控制能力，元件设计时要考虑温度等外部因素影响，确保转折击穿电压带宽准确控制在一定范围内。

旁路保护晶闸管具备一次性烧蚀击穿能力，器件击穿后，具备长期通流能力。

旁路保护晶闸管具备良好的抗爆能力，具备可靠的防误触发措施（du/dt 耐受能力保证一倍以上安全裕量）。

（2）选型设计。旁路保护晶闸管不仅严格要求击穿电压下限以确保可靠稳定工作，还要对击穿电压上限提出严格指标要求以确保在达到预设电压时可靠动作，这就对芯片的参数设计及工艺过程提出严酷苛刻的要求。要克服单晶硅材料的本征特性和温度特性所固有的问题，把元件转折电压控制在要求的带宽范围内，元件生产制造难度极大。为了达到工程要求，在元件工艺参数协调设计上采用特种设计和差异化补偿技术，借助计算机仿真和大量的工艺试验验证，选择适配的电阻率、扩散结深及掺杂浓度分布、长基区宽度，严格控制和协调几个参数之间的匹配关系，达到元件体内穿通设计及温度补偿目标，通过调整长基区宽度与空间电荷区扩展宽度之间的关系，使旁路晶闸管在设计的温度区间内确保安全正常阻断和可靠转折击穿功能。器件承受正向电压时空间电荷区展宽示意图如图 2-2 所示。

器件转折电压分为体内转折电压和表面转折电压，分别用 U_{BO} 和 U_{BS} 表示，元件实际的转折电压由两者之间较小的一个决定。U_{BS} 主要取决于硅片电阻率及表面造型，而 U_{BO} 会随着长基区宽度增加而增加，逐渐接近 PN 结雪崩击穿电压 U_B。转折电压由体内转折电压决定的元件称之为体特性元件。转折特性由表面转折电压决定的元件称为表面限制元件。为了使元件综合性能更好，电压更容易控制，要使元件结构为体特性元件。在设计时，必须选择合适的电阻率、硅片厚度、扩散结深、掺杂浓度分布，以及优良的台面造型和保护技术，确保 U_{BO} 小于 U_{BS}，使元件成为体特性元件。

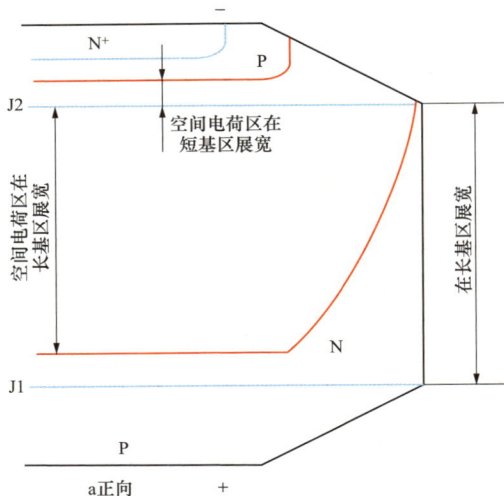

图 2-2　器件承受正向电压时空间电荷区展宽示意图

如图 2-2 所示，当元件承受正向电压时，空间电荷区在 J2 结两侧分别向长基区和短基区扩展，在工艺中控制硅片厚度及长基区宽度，使空间电荷区展宽受到长基区宽度限制，器件成为穿通型器件，元件转折电压主要由穿通电压 U_{PT} 决定，U_{PT} 指当空间电荷区扩展充满长基区时元件承受的电压。图 2-3 是穿通型器件掺杂分布曲线和击穿时的电场强度分布。

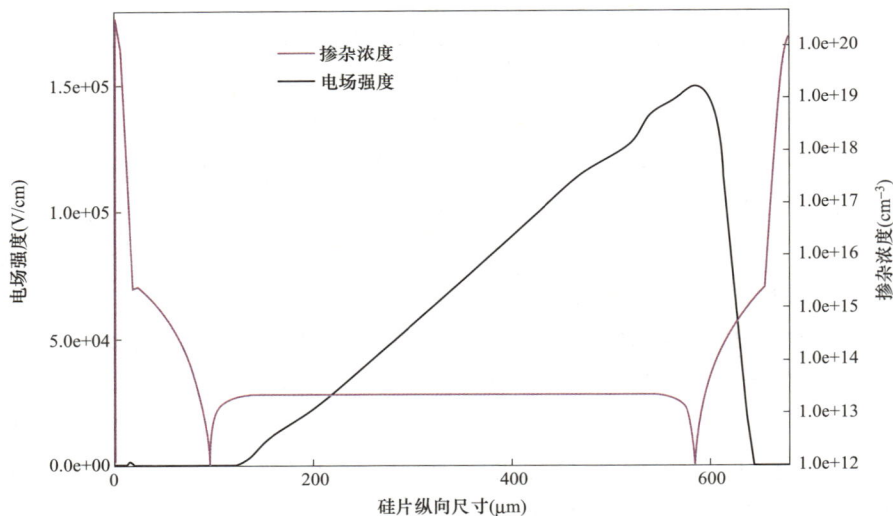

图 2-3　穿通型器件掺杂分布曲线和击穿时的电场强度分布

2.2.1.4　机械式旁路开关

（1）主要功能。功率模块发生故障时，旁路开关合闸形成长期可靠稳定的通路，将故障模块从系统中切除而不影响系统继续运行。

机械式旁路开关主要组成包括绝缘壳体、静端铜排、动端铜排、真空灭弧室、超程绝缘子、永磁机构、辅助开关、手动分闸机构、分合闸指示。

机械式旁路开关的工作原理：在分闸状态时（如图2-4所示），永磁机构内部永磁体产生的磁场在动铁芯、静铁芯、导磁环间形成磁回路，动铁芯受到向右的电磁吸力与静铁芯牢牢吸合，从而克服合闸弹簧的反力和真空灭弧室的自闭力，可靠保持在分闸位置，辅助开关触点处于断开状态。

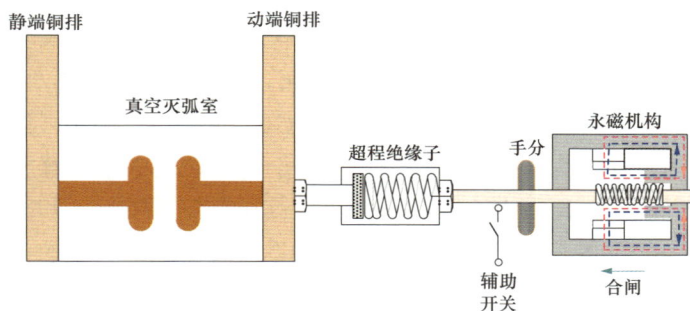

图2-4　旁路开关分闸状态

旁路开关触发板接收控制板合闸命令后，触发板的储能电容向旁路开关的线圈放电并产生脉冲电流，该脉冲电流产生的电磁场与永磁机构磁场方向相反，从而使得动铁芯受到的电磁吸力减少。当合闸弹簧的反力和灭弧室自闭力的合力大于动铁芯上的电磁吸力时，动铁芯和静铁芯开始分离，动铁芯带动真空灭弧室的动触头朝合闸方向运动，直至动触头与静触头接触时，主回路导通。此时，被联动机构带动的辅助开关触点也会动作，产生合闸指示信号。旁路开关合闸状态如图2-5所示。

（2）选型设计。旁路开关的设计选型需要考虑额定电压、额定电流、合闸时间、绝缘耐压能力、防误动、防拒动、防火设计等多方面因素。

旁路开关并联在功率模块端口，在分闸状态下，需要承受功率模块端口的直流脉冲电压，因此在选取旁路开关额定电压时，需要综合考虑功率模块的额定工作电压、软件过电压保护定值等电压耐受特性，在留有一定裕量的前提下，最终确定旁路开关的额定工作电压。

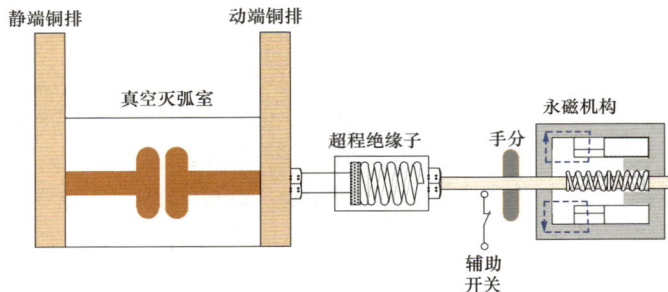

图 2-5　旁路开关合闸状态

功率模块故障旁路后，旁路开关需要长期流通换流阀桥臂电流，因此旁路开关额定电流的选取需要考虑换流阀单桥臂最大持续运行电流，并留一定裕量。

功率模块故障后，将闭锁功率模块并触发旁路开关合闸，在旁路开关合闸的过程中，功率模块因闭锁而处于不控充电状态，为避免功率模块电压升高而造成过电压损坏，旁路开关需尽可能快速合闸，合闸时间一般须小于 5ms。

旁路开关的绝缘耐压能力设计，可参照 GB 14048.4—2020《低压开关设备和控制设备 第 4-1 部分：接触器和电动机起动器 机电式接触器和电动机起动器（含电动机保护器）》和 GB 11022—2020《高压交流开关设备和控制设备标准的共用技术要求 》的相关规定，同时结合功率模块实际运行中的电压耐受工况进行综合考虑。

旁路开关应具备防误动和防拒动措施，保证换流阀正常运行过程中旁路开关可靠正确动作，同时旁路开关应具有电动后的机械保持功能和手动分合功能，可多次重复使用。

2.2.1.5　功率模块主控板

（1）主要功能。功率模块主控板通过光纤接收上层阀控装置下发的命令，解析后给驱动板发出相应的 IGBT 驱动控制信号，并接收驱动板返回的状态信号。

主控板还可以采集功率模块模拟信号与数字信号，编码后通过光纤发送至上层阀控装置。主控板功能具体包括功率模块电容电压采样、散热板温度检测、取能电源状态检测、机械旁路开关状态检测等，主控板功能框图如图 2-6 所示。

（2）选型设计。为了提高功率模块主控板的可靠性，在选型设计时应充分考虑以下要求：

1）主控板元器件选型应尽可能提高设计的集成度，主控板中现场可编程门阵列（field programmable gate array，FPGA）的 Flash 存储模块须采用内置式。

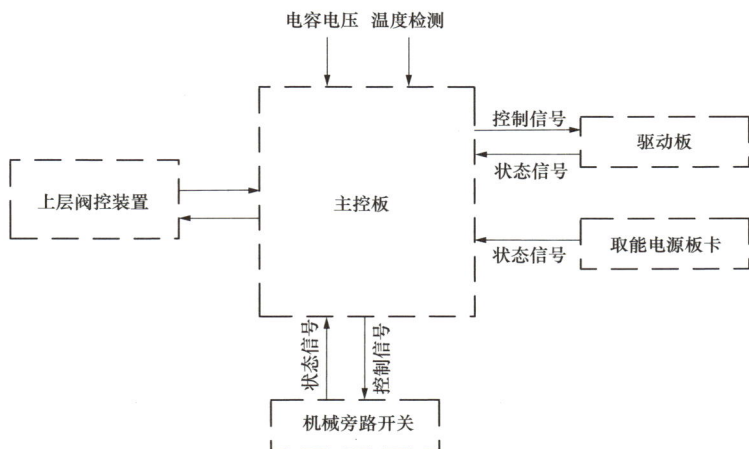

图 2-6　主控板功能框图

2）高压采样电阻在主控板上焊接固定时，应严格控制引脚长度，消除锡尖等可能引起尖端放电的缺陷。

3）功率模块电容电压采样回路应与功率模块外框架进行等电位接线设计。

4）主控板上的光收发器、表贴式元器件等应确保牢固，避免脱落。

5）在阀厅环境温度条件下（长期温度 45℃，极限 2h 温度 50℃），主控板满载工作状态下元件表面温度不应超过 70℃。

6）主控板中的功率模块过电压保护应考虑软件保护失效的情况，在软件保护失效后应能可靠旁路，如采用硬件实现，应进行防误设计，防止单一元件故障误旁路功率模块。

7）主控板应采取相关措施避免其热胀冷缩效应，引起元部件破坏。在 0.2～1.5p.u.电压范围内，功率模块电压测量精度在 0.5%以内。1p.u.电压是指功率模块额定运行电压。采样回路根据需要添加滤波环节。功率模块上送功率模块电压至上层控制保护所需的链路延时不应大于 100μs。

8）主控板严禁采用可调电阻，避免阻值偏差影响板卡运行性能。

9）主控板上的 FPGA 上电至稳定输出期间需设置闭锁信号。

10）主控板通信系统应考虑适当的容错机制和策略。

11）功率器件驱动如果设置过电流保护，则定值应准确可靠，检测逻辑应配置合理，防止一些正常工况下（比如启动阶段）的电流快速变化过程。

12）功率器件驱动应采用内置的隔离电源模块。

13）主控板的端子排应为阻燃、防潮型。接线端子、正负电源端子之间及与其他端子间均应留有一个空端子，或采用其他隔离措施，以免引起短接。

2.2.1.6 IGBT 驱动板

（1）主要功能。IGBT 驱动板的主要作用：从主控板接收 IGBT 开关命令，通过控制门极电压，实现 IGBT 的导通、关断；对 IGBT 的故障进行检测和保护，并上报给主控板。IGBT 驱动板的功能框图如图 2-7 所示。

图 2-7 IGBT 驱动板的功能框图

IGBT 驱动板主要电路功能如下：

1）触发电路。触发电路主要功能是接收主控板的命令开通或关断 IGBT，并反馈当前状态，由驱动信号和反馈信号实现，二者为光纤接口，实现信号隔离。

信号处理电路对信号进行滤波、转换等初步处理送至核心单元，当信号为开通信号时，核心单元使能开通回路，由正电压通过开通电阻触发 IGBT 开通；当信号为关断信号时，核心单元使能关断回路，由负电压通过关断电阻关断 IGBT。在整个过程中，核心单元随时监视驱动板状态并由反馈通道传输至主控板。

2）电源及其监测电路。电源电路主要功能是实现电源隔离和转换，为驱动板所有电路供电。电源隔离通过变压器磁隔离实现二次板卡和一次主回路的隔离。电源转换主要是将驱动板输入的 15V 电压转换为正负电源为触发电路供电。电源监测电路可实现门极驱动电源的实时监测，当出现欠电压时，随时报出故障并反馈至主控板，主控板及时采取相应措施防止故障范围扩大。

3）有源钳位电路。IGBT 关断过程中由于回路杂散电感会产生电压尖峰，当关断电流较大时，过高的电压尖峰超出器件耐压会击穿器件，采用有源钳位电路可抑制过高的电压尖峰。有源钳位电路通过串联多个反并联瞬态电压抑制二极管（transient voltage suppressor，TVS）实时监视器件集电极电压，当电压超出阈值时，TVS 动作，产生的漏电流进入器件门极起到抬升门极电压的作用，从而延缓器件关断达到减小电压尖峰的作用。

4）保护电路。驱动板保护电路主要包括短路保护和门极钳位保护。当 IGBT 发生直通短路时，会产生巨大的短路电流，达到一定阈值后，会使器件进入退饱和状态，此时器件集射极电压会抬升。短路保护电路通过监测该电压抬升判断器件发生短路，从而及时关断器件并上报状态，避免器件过热损坏。门极钳位保护电路通过钳位二极管连接门极和正电源，发生门极过电压时，将门极电压钳位至 15.5V，防止门极击穿。

为了便于驱动板故障诊断和原因查找，增加了驱动板故障分类诊断功能：驱动板与功率模块控制板的通信，由一根接收光纤和一根发射光纤完成，接收光纤传输 IGBT 开关命令，发射光纤传输驱动板的状态反馈。无故障时，会在开通命令的上升沿和下降沿后，反馈应答信号，驱动板正常工况反馈信号如图 2-8 所示。图中 U_{GE} 为栅极与发射极之间的电压差。

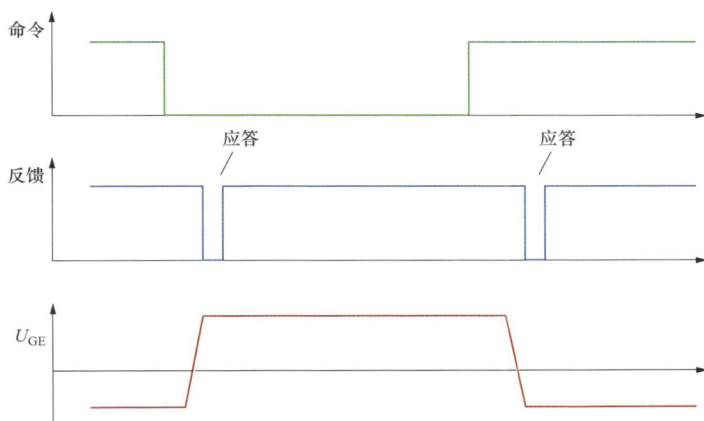

图 2-8　驱动板正常工况反馈信号

根据反馈波形，可对各类故障进行如下分类：

1）驱动命令光纤故障。当光纤断开，或者光收发器失效会报出故障，主控板可通过检测反馈光纤的应答状态，做出相应判断。

2）短路故障。当 IGBT 在开通时，如发生短路退饱和现象，驱动板会报出故障，主控板可通过故障反馈出现的时刻及故障信号的宽度进行判定，驱动板短路故障反馈波形如图 2-9 所示。

3）可恢复的电源故障。当隔离电源一次侧电路输出出现欠电压，或二次侧电路出现短路或过载，包括 IGBT 门极发生短路现象时，会报出电源故障。反馈光纤会较长时间的熄灭，驱动板电源故障反馈波形如图 2-10 所示。

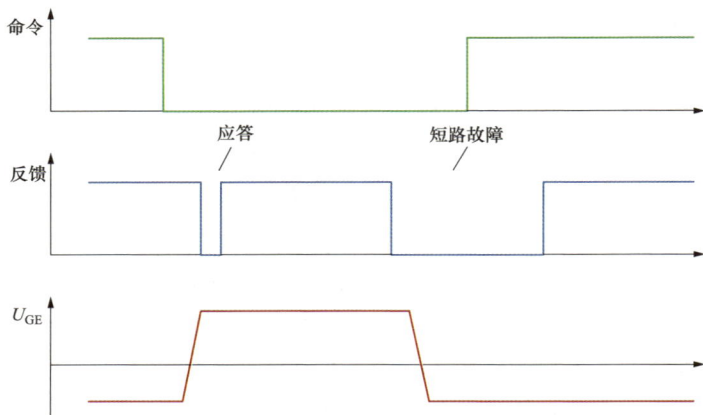

图 2-9　驱动板短路故障反馈波形

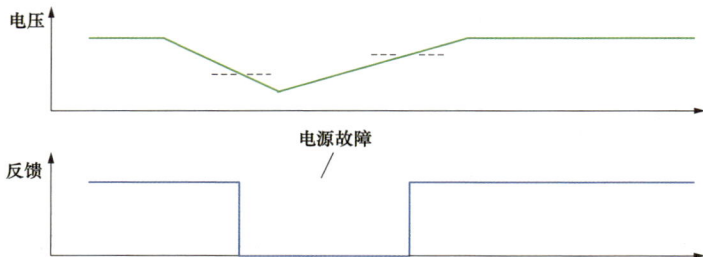

图 2-10　驱动板电源故障反馈波形

4）反馈光纤故障及不可恢复电源故障。当光纤断开，或者光收发器失效会报出此故障。驱动板在上电后，反馈光纤保持常亮状态。如出现此故障，反馈光纤会长时间熄灭。当驱动一次侧或二次侧电源出现永久性损坏后，反馈光纤也会长时间熄灭，不可恢复。

（2）选型设计。为了提高 IGBT 驱动板的可靠性，在选型设计时应充分考虑以下要求：

1）驱动及反馈信号使用光纤通信，隔离电压高，抗干扰能力强。

2）驱动电源隔离变压器原二次侧寄生电容小于 10pF，可有效抑制原二次侧高低电位变化和产生的电流。

3）驱动电路中，在模拟信号电路输入前，进行滤波处理。

4）驱动板底层与内电层等电位铺铜，在相应的区域起到磁屏蔽的作用，可有效降低外部磁场的影响。

5）高压电位变化的区域铺铜不重叠。

6）驱动板外围采用铝板设计，屏蔽干扰。

2.2.1.7 高位取能电源

（1）主要功能。高位取能电源从直流支撑电容器取电，为柔性直流换流阀功率模块主控板、IGBT 驱动板及机械旁路开关提供稳定可靠的供电电源，取能电源板功能框图如图 2－11 所示。

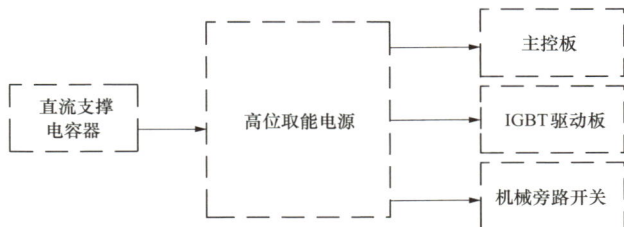

图 2－11　取能电源板功能框图

高位取能电源要求具有宽范围输入电压，一般而言，其最小工作电压（上电电压）不高于功率模块额定运行电压的 20%，最大工作电压不低于功率器件标称电压。

（2）选型设计。为了提高高位取能电源的可靠性，在选型设计时应充分考虑以下要求：

1）高位取能电源高压侧输入回路宜采取过电流熔断措施，确保高位取能电源装置内部短路时迅速隔离，防止引起火灾等恶劣后果。

2）高位取能电源高压输入电压在快速变化时，应充分考虑输出电压的稳定，确保主控板、旁路开关等的可靠工作。

3）高位取能电源高压侧输入端不应装设压敏电阻。

4）高位取能电源内部的变压器需考虑足够的绝缘耐受，确保功率模块在各种过电压的情况下依然能够可靠工作。

5）高位取能电源需考虑每一路电压输出端短路时的电流限制功能，短路消失后能够自恢复工作。

6）高位取能电源内储能电容应考虑足够容量，保证外部电源断开后，维持额定输出时间以确保功率模块能够可靠闭锁、旁路并反馈状态，并留有 1 倍裕量。

7）高位取能电源的额定功率不低于其负载板卡消耗功率的 2 倍。

8）高位取能电源上电电压高于其下电电压至少 30V。

9）高位取能电源阻性负载突变时（50%—150%—50%），高压回路输出电压波动不超过 5%，低压回路输出电压波动不超过 3%。

10）高位取能电源高压、低压输出回路纹波不大于其额定输出电压的 1%。

11）高位取能电源上、下电电压误差不超过 ±10V。

2.2.2 结构设计

2.2.2.1 电磁场仿真

（1）电场仿真分析。对±800kV特高压柔性直流系统，在进行换流阀组件、屏蔽罩、均压环和绝缘子等设计时采取静电场仿真，以校验特高压柔性直流换流阀绝缘设计是否满足技术要求，观察局部位置是否存在电场集中、电场数值过大、发生电晕放电等问题。

1）电场仿真条件。

a. 绝缘试验仿真。可取在某一时刻电压峰值为静电场条件施加参考点，如果在该条件下，阀塔各金具表面无起晕现象，则可以说明在其他任何时刻阀塔各位置均不会有起晕的风险。

对于±800kV的柔性直流阀塔，在进行绝缘型式试验时，试验项目包括阀支架耐压绝缘试验和阀端间交直流耐压绝缘试验两大类。阀支架耐压绝缘试验主要考核绝缘子的耐受能力，其又分为直流耐压试验、交流耐压试验、暂态冲击试验三种型式的试验。阀端间交直流耐压绝缘试验主要是考核阀两端施加交流和直流电压后，阀模块内部续流二极管导通与关断、电容耐压能力等，其分为阀端间交直流耐压试验、湿态交直流耐压试验两种型式试验。

目前采用电磁场仿真分析软件Ansoft，只能是对于静电场开展仿真计算，所以对于阀支架的耐压绝缘试验，须取直流耐压试验的最高试验条件进行静电场的条件加载。

而阀端间交直流耐压试验主要是考察阀模块间的电气绝缘距离是否设置足够，在高电压条件下是否会发生电晕放电的情况，对于800kV的单阀塔来说，阀端间交直流耐压试验10s短时过电压的条件最为苛刻。

b. 正常运行条件下电场仿真。针对功率模块单元，对于4500V的功率器件，其额定运行条件下功率模块电压为2100V，所以对于±800kV阀塔来说，如果考虑最严酷工况，那么阀塔的进线端应按照800kV来考虑，电位依次按照2100V沿着模块等电位递减。

c. 过电压条件下电场仿真。换流阀闭锁状态下，对于4500V的功率器件，单个功率模块能够耐受的最小直流电压不低于3950V，持续时间不低于10s，所以仿真条件按照3950V来进行计算，并查看阀模块在过电压条件下其表面的电场分布情况。

2）电场仿真结果。

a. 绝缘试验仿真。

a）阀支架绝缘试验电场仿真结果。对于±800kV的柔性直流阀塔，其周围空间电位分布如图2－12所示。阀塔周围空间的电位分布呈等势位分布状态，在

阀塔附近存在着很高的空间电位，从图 2-13 所示的阀支架绝缘试验±800kV 阀塔整体电场分布情况来看，阀塔内及金具表面电位最高。随着对外距离的逐渐增加，电位依次逐渐递减，在距阀塔外一定距离后，电位分布基本为 0V。

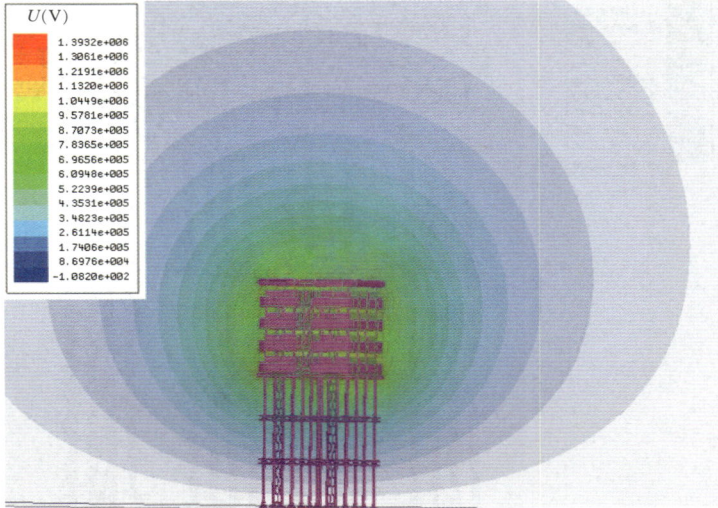

(a)

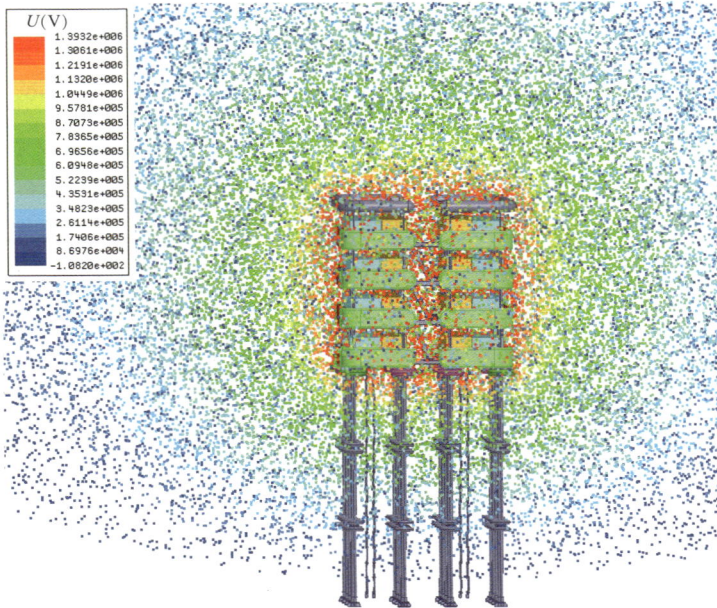

(b)

图 2-12　±800kV 柔性直流阀塔周围空间电位分布

（a）空间电位分布；（b）空间电位云密度

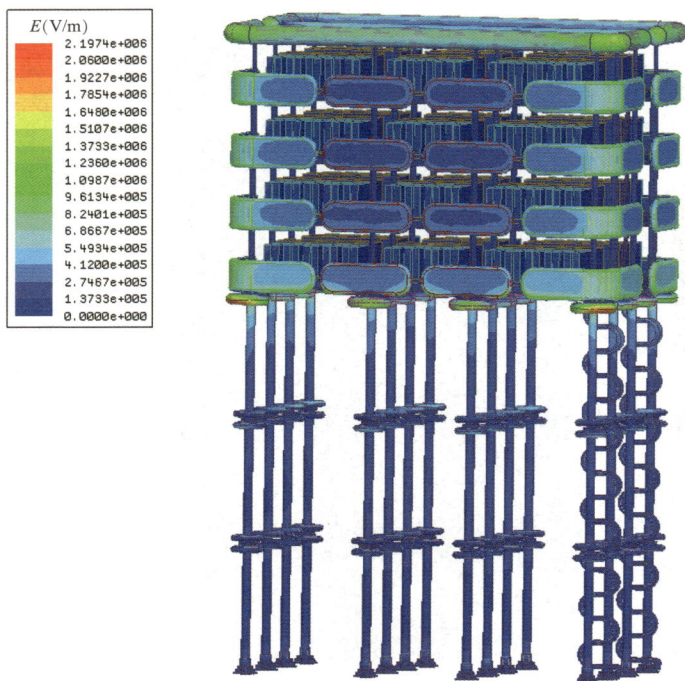

图 2-13 阀支架绝缘试验 ±800kV 阀塔整体电场分布情况

在模块和屏蔽罩、铝梁等金具施加等电位电压 1305.6kV 后，由图 2-13 可知，阀塔金具表面最大电场强度为 2.2×10^6V/m，其红色区域最大电场位置在第一层支撑法兰均压环表面位置，但未达到空气的起晕场强 3kV/mm。

b）阀端间交直流耐压试验电场仿真结果。根据交直流试验规范所施加的载荷激励，查看阀塔各结构件表面的电场强度分布，阀塔上端施加 1305.6kV 电压激励后，整个阀塔最高电场强度为 2.2×10^6V/m，未达到空气的起晕场强 3kV/mm，其 10s 交直流耐压试验电压波形如图 2-14 所示。因 3h 局部放电测量电压要低于该值，即在该试验电压条件下，如果不发生空气的电晕放电，那么对于 3h 测量来说，也不会发生电晕放电情况，由于对阀塔进行交直流耐压试验时，阀端一侧施加的是 50Hz 的工频电压，因此可以将磁场变化所产生的感应电场忽略，将其看成是一静态场。

对于 10s 试验电压来说，其承受的是交直流叠加的情况，所以可以选取某时刻电压峰值来进行电压激励的加载。

阀端间交直流耐压试验 ±800kV 阀塔整体电场分布情况如图 2-15 所示，由图可以看出，阀塔工作在该电压条件下，其最大电场强度为 1.87×10^6V/m，无论是金属组件还是绝缘件表面，整体电场均较小。

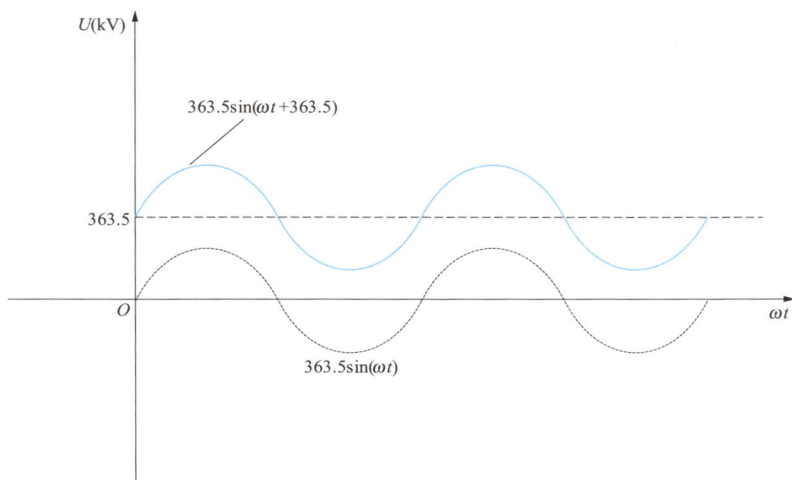

图 2-14　10s 交直流耐压试验电压波形

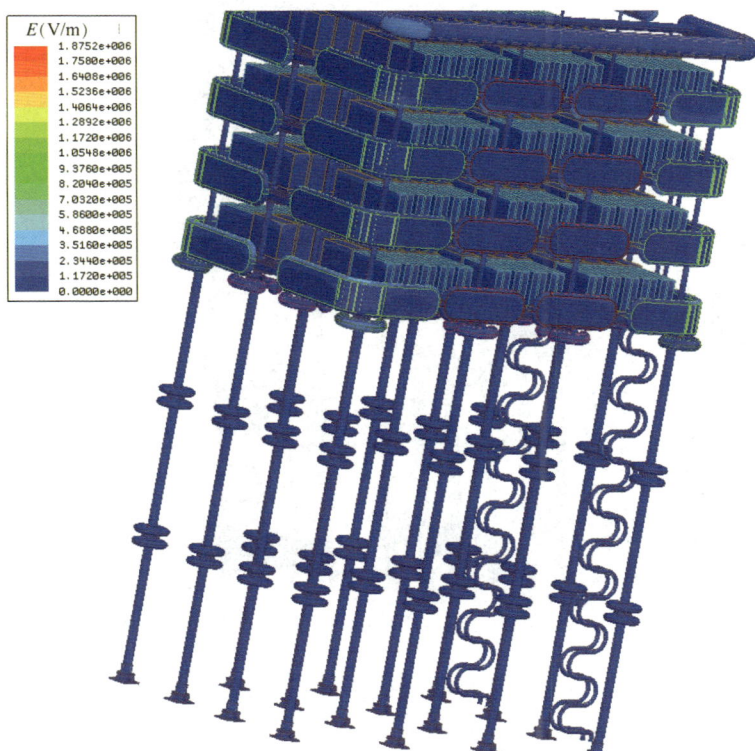

图 2-15　阀端间交直流耐压试验 ±800kV 阀塔整体电场分布情况

b. 正常运行条件下±800kV 阀塔静电场仿真。正常运行条件下，对于 4500V 功率器件，功率模块额定运行电压为 2100V，对于±800kV 柔性直流阀塔来说，最严酷工况是在±800kV 母线进线端，其沿着功率模块呈等电位依次衰减，此时阀塔的功率模块具有最大的电位分布态，即阀塔正常工作条件下的最严酷工况。

图 2-16 为正常运行时±800kV 阀塔整体电场分布情况，最大电场强度为 1.34×10^6V/m，出现在阀塔上端支撑位置的角均压环位置，最大电场强度小于空气的起晕场强 3kV/mm，在该电位分布情况下，底部绝缘子和连接均压环表面电场分布较小。

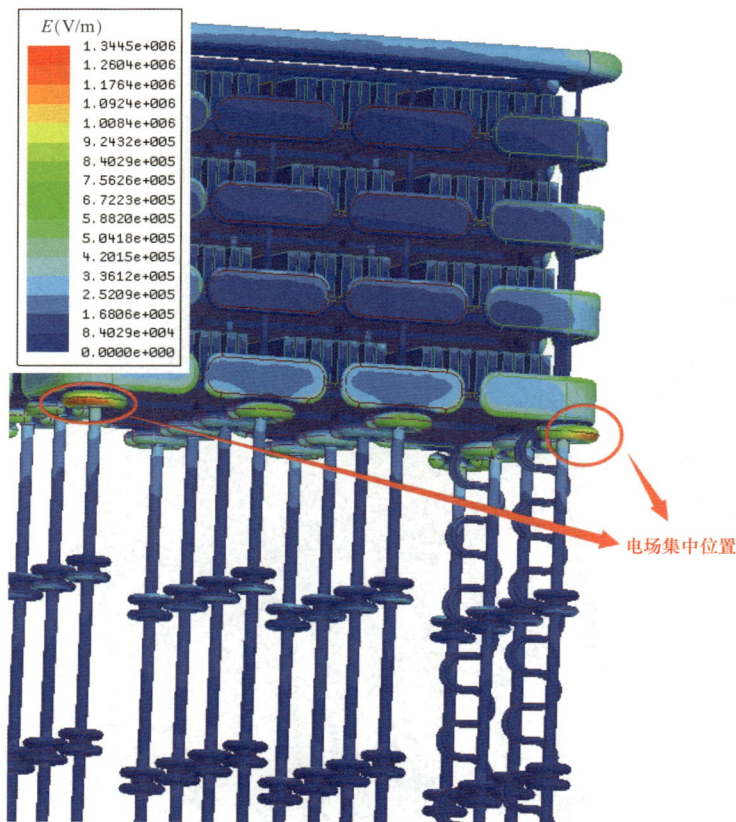

图 2-16　正常运行时±800kV 阀塔整体电场分布情况

图 2-17 为支撑绝缘子与阀段支撑位置的均压环表面电场分布情况，均压环下表面电场分布较大，角均压环表面电场达到最大，为 1.3×10^6V/m，在外围布置的均压环表面都比内部四个均压环电场要高，但最大值仍远小于 3kV/mm。

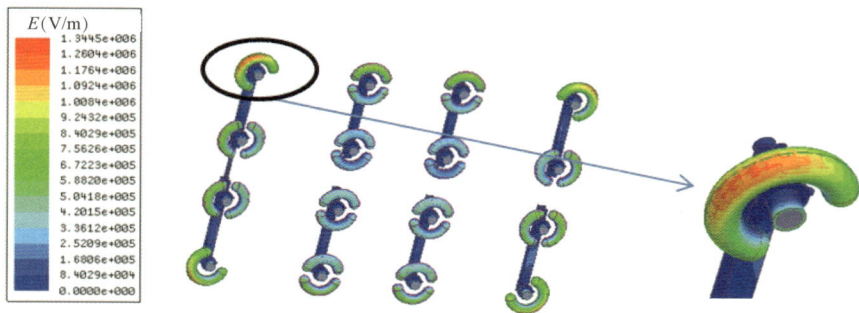

图 2−17　支撑绝缘子与阀段支撑位置的均压环表面电场分布情况

　　c. 过电压运行条件下±800kV 阀塔静电场仿真。换流阀闭锁状态下模块电压按照 3950V 计算，图 2−18 为±800kV 阀塔在过电压条件下的整体电场分布情况，随着阀模块电位的抬高，此时阀塔最大电场强度增加明显，最大值为 2.35×10^6V/m，对于阀基（支撑绝缘子）来说，绝缘距离仍然足够，不会引起阀基的绝缘问题。

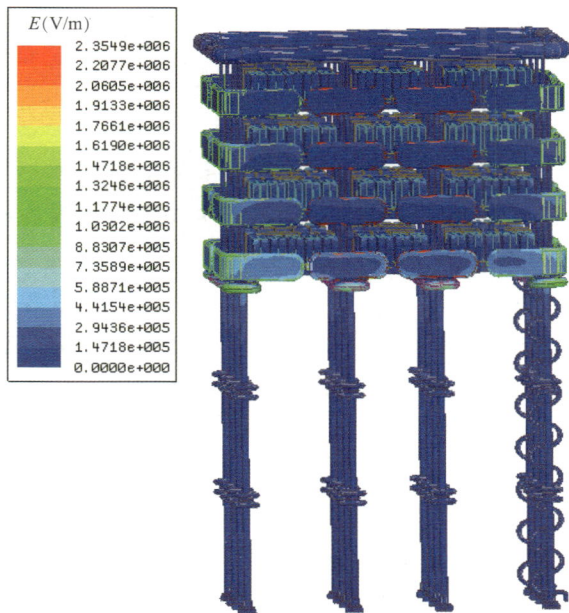

图 2−18　±800kV 阀塔在过电压条件下整体电场分布情况

（2）磁场仿真分析。磁场的分布与电场不同，因电场的分布与电容等参数有关，磁场与电容的参数分布无关。5000MW换流阀正常运行时电流波形如图2-19所示。

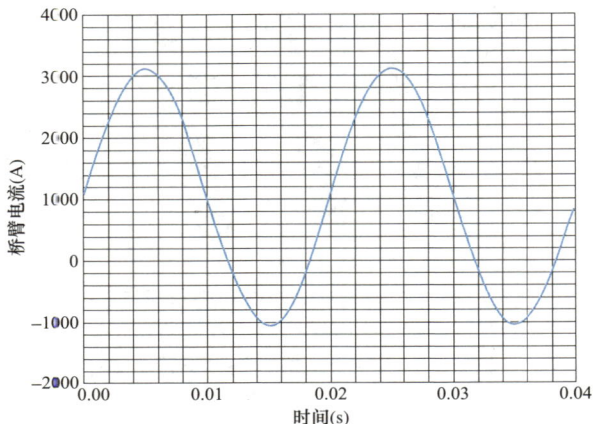

图2-19　5000MW换流阀正常运行时电流波形

不同时刻下阀段及阀层的磁通量分布如图2-20所示。由图可以看出，在不同时刻下，阀组件上基本无磁通分布，磁通密度主要分布在通流母排上，0.002、0.004、0.006s和0.008s时刻其磁通密度最大值分别为0.022、0.029、0.029T和0.022T，可见在通流母排上产生的磁通较小，基本可以忽略不计。

2.2.2.2　绝缘设计与电场计算

换流阀由一系列功率模块串联而成，既要承受直流电压，又要承受交流电压；故障情况下，需要承受操作冲击电压、雷电冲击电压等各种过电压，因此对换流阀阀塔的绝缘设计及电场计算尤为必要。

绝缘强度就是绝缘结构承担电场强度的大小，而电场或者磁场改善的情况也就是屏蔽系统性能的衡量标准，换流阀存在很多金属结构，在换流阀的运行中都带有很高的电压，一些尖端位置附近或者某些空气间隙可能承受很高的电场强度。因此，有必要对阀塔的电场分布进行分析和计算。

通过对换流阀空气间隙中的电场强度和电场分布进行分析，可以研究换流阀空气绝缘的绝缘特性。通过分析换流阀外表面的电场强度和电场分布的均匀程度，可以研究换流阀运行时外表面是否存在电晕放电等绝缘缺陷。

换流阀的电场分布取决于电气载荷、阀塔的结构形式及接线方式，对阀塔不同工况下的载荷情况进行计算分析，从中找出最不利情况加以校核，并根据计算结果校核绝缘设计。

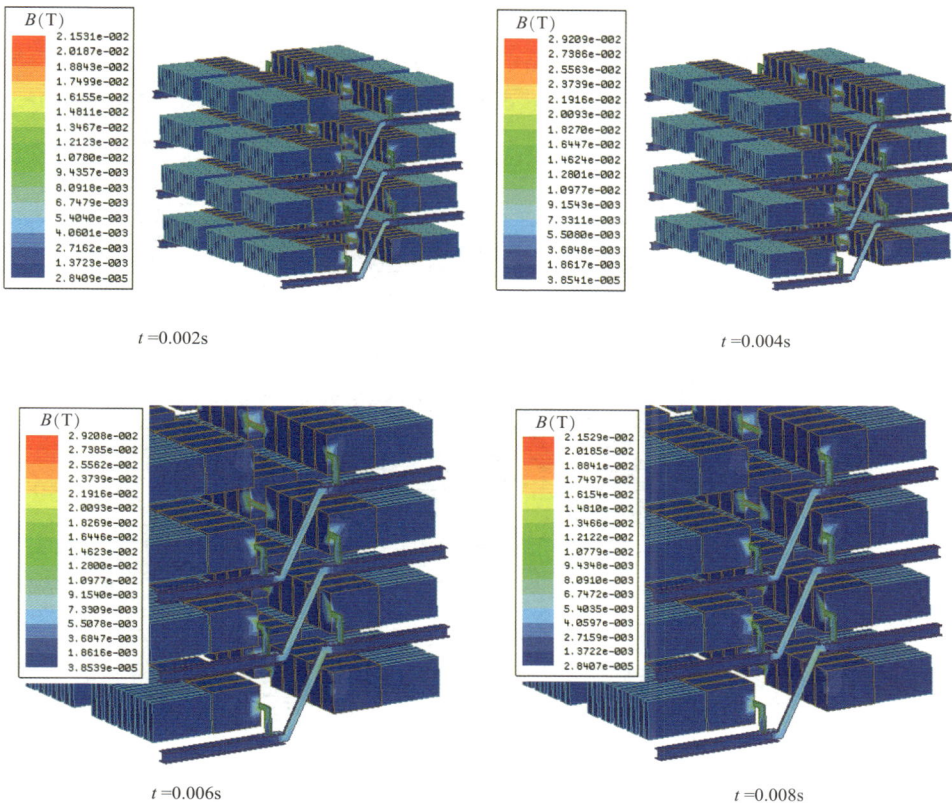

$t=0.002\mathrm{s}$　　　　　　　　　　　　　　$t=0.004\mathrm{s}$

$t=0.006\mathrm{s}$　　　　　　　　　　　　　　$t=0.008\mathrm{s}$

图 2-20　不同时刻下阀段及阀层的磁通量分布

　　阀塔最外围构件为屏蔽罩，屏蔽罩安装于各层绝缘子金属法兰部位、支撑母线的绝缘子高压端法兰部位及管形母线金具端头，以均匀电场分布。

　　电场计算关注的是阀塔屏蔽罩和均压环上的表面电场，关注阀塔对地支撑绝缘子。保留阀塔外围顶部均压管形母线、底部均压管形母线、屏蔽罩、均压环和子模块及支撑绝缘子。

　　采用有限元方法来分析换流阀的电场时，主要分为以下步骤：

　　（1）对实际模型简化处理，在 Ansoft 软件中建立阀塔的有限元计算模型，同时按照实际模型的材料给计算模型分配材料。

　　（2）激励源的设置，例如在稳态条件下、极端条件下、过电压条件下等各种工况，按照相应条件下换流阀各金属部件的对地电压即电位进行设置。

　　（3）边界条件的设置，按照计算工况的实际情况，例如在法拉第笼中或者阀厅中，外边界都是接地的，因此在计算过程中将法拉第笼或阀厅的求解域的六个面都设置为第一类边界来表示接地。

（4）计算和后处理，得到需要的参数。

在操作冲击电压下，屏蔽罩表面电场分布如图 2-21 所示。由于采用了屏蔽设计，换流阀的电场分布比较均匀，换流阀的结构设计合理，电气距离充分，无空气击穿、电离风险。

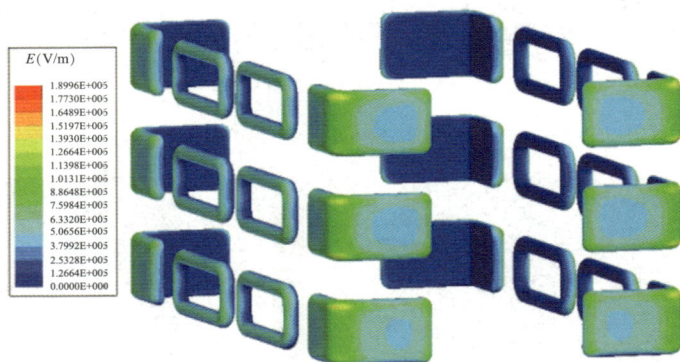

图 2-21　屏蔽罩表面电场分布

换流阀具有承受额定电压及各种过电压的能力，对于运行中的任何故障所造成的过电压，保证换流阀的设计能够覆盖工程所有可能的故障工况，并具有足够的安全裕度，保证在交流系统运行方式变化、直流系统运行方式变化、交流系统故障和直流线路故障等暂态工况下安全可靠运行。

在换流阀解锁运行状态下，对于 4500V 的功率器件，保证单个功率模块允许的最大运行电压的瞬时值不低于 3050V，即在功率模块电压小于或等于 3050V 的情况下，功率模块不允许因为电压升高而闭锁或旁路。对于 ±800kV 柔性直流换流阀来说，当多个功率模块相互串联构成一个桥臂后，该桥臂（不包含冗余功率模块）的直流电压耐受能力大于 550kV。

在换流阀闭锁状态下，对于 4500V 的功率器件，保证单个功率模块能够耐受的最小直流电压不低于 3950V，持续时间不低于 10s。对于 ±800kV 柔性直流来说，当多个功率模块相互串联构成一个桥臂后，该桥臂（不包含冗余功率模块）的直流电压耐受能力大于 727kV。

±800kV 换流阀绝缘水平要求如表 2-5 所示。

表 2-5　　　　　　　　　±800kV 换流阀绝缘水平要求　　　　　　　　　kV

序号	名称	要求值
1	换流阀直流端间操作冲击耐受水平	高端阀组≥1050 低端阀组≥1050
2	换流阀端对地操作冲击耐受水平	高端阀组≥1600 低端阀组≥1050
3	换流阀桥臂端间操作冲击耐受水平	高端阀组≥850 低端阀组≥850
4	换流阀直流端间雷电冲击耐受水平	高端阀组≥1300 低端阀组≥1300
5	换流阀端对地雷电冲击耐受水平	高端阀组≥1950 低端阀组≥1300
6	换流阀桥臂端间雷电冲击耐受水平	高端阀组≥850 低端阀组≥850
7	换流阀桥臂（解锁）直流电压耐受水平	高端阀组≥550 低端阀组≥550
8	换流阀桥臂（闭锁）直流电压耐受水平	高端阀组≥727 低端阀组≥727

2.2.2.3　机械应力与抗震设计

±800kV 柔性直流阀塔采用分层双列支撑式结构，与单列式阀塔结构相比，长宽比更加合理、协调，增强了阀塔的抗震性能；阀塔抗震设计采用结构频率分布控制技术，有效避免阀塔各部件和地震波发生共振，可满足 8 度抗震烈度设计要求。

依据 GB 50260—2013《电力设施抗震设计规范》的要求，变电站场地为Ⅱ类场地，按照最不利抗震分组将场地特征周期定为 0.5s，结构阻尼比取 2%，地面水平加速度为 0.2g，三个方向的加速度比为 1:0.85:0.65，根据规范拟合的 8 度抗震烈度反应谱值曲线如图 2-22 所示。

在阀塔的建模中本着最大限度地模拟实际结构和合理简化的思想，采用了网格控制技术，并考虑了质量分布问题和单元约束集问题，图 2-23 为阀塔有限元模型。

抗震分析采用振型分解反应谱法，所取振型数应保证参与质量达到总质量的 90% 以上，故模态分析共计算 80 阶。模态分析计算后得出：X 方向的共振频率为 1.938Hz，Y 方向共振频率为 1.325Hz，Z 方向共振频率为 8.326Hz，各方向的参与质量均达到 90% 以上。

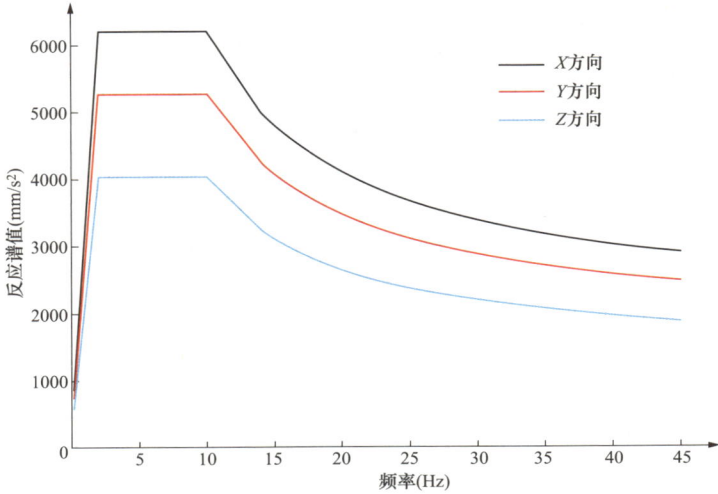

图 2-22 8 度抗震烈度反应谱值曲线

图 2-23 阀塔有限元模型

对阀塔进行反应谱分析，计算后得出阀塔最大位移和关键部件的应力，三个方向位移分别为：X 方向 48.4mm，Y 方向 75.7mm，Z 方向 3.19mm，阀塔关键部件的应力值如表 2-6 所示。

表2-6   阀塔关键部件的应力值

序号	关键部件	计算最大应力（MPa）	许用应力（MPa）	安全系数
1	底部绝缘子	34.1	155	4.54
2	层间绝缘子	84.2	155	1.84
3	支撑铝梁	102.2	198	1.93
4	支撑绝缘梁	34.9	100	2.86

阀塔抗震分析结果表明：阀塔关键部件最小安全系数为 1.84，满足 GB 50260—2013《电力设施抗震设计规范》中安全系数大于 1.67 的要求，阀塔满足 8 度抗震烈度要求。

2.2.2.4 防水设计

换流阀作为高压直流输电系统的核心设备，在运行过程中会产生大量的热量，若阀体温度超过允许的最高结温，将会导致阀体元器件性能恶化甚至损坏，因此需要换流阀冷却系统通过去离子水循环将阀体工作中产生的热量排放到阀体以外。换流阀冷却系统的安全运行是保证换流阀及直流输电系统稳定运行的基础。由于换流阀冷却系统长期受压运行，极易出现接头松动、管道老化等问题，存在阀体漏水的风险。

阀体漏水的原因及风险点主要包括以下几个方面：

（1）密封圈及水管接头老化导致漏水。

（2）水路接头紧固力矩受外界环境影响变小而导致漏水。

（3）水路设计不合理导致漏水。

阀塔的防水设计主要从水管防漏水设计、功率模块防水设计及漏水检测设计等方面考虑。

（1）水管防漏水设计。水管接头应采用优质 O 形密封圈进行密封，通过合理规范的操作工艺控制 O 形密封圈的压缩量，使 O 形密封圈达到最佳密封效果和最大使用寿命，从而使功率模块水管漏水的风险降到最低。

应充分考虑水管变形会使水管接头受力从而导致水管接头漏水等不确定因素，因此在水管路径上容易受力变形的部位应设计水管固定管夹，保证在任何情况下水管接头不会因为受外力而漏水。

功率模块、阀段出厂前应对水管接头的密封性进行严格的质量控制和严格的试验考核，功率模块、阀段在出厂前必须进行气压测试和冷热水循环交变测试，测试考核通过才能出厂，从而在质量控制上使功率模块、阀段的漏水风险降到最低。

（2）功率模块防水设计。在功率模块内部水路的布置上应充分考虑水路和电路的功能区分，当功率模块内部漏水，水不会喷溅到控制板卡及其他电气元件上，在功率模块内部实现水电分离。

功率模块内应设有导流槽，当功率模块内部漏水，泄漏出的水会自动沿导流槽流出，离开带电部件，不会造成任何元器件的损坏。

功率模块上方及侧面安装全封闭防水挡板，侧板上设置防水通风孔，当功率模块外部漏水时，防水挡板可防止泄漏出的水进入功率模块内部。

（3）漏水检测设计。在阀塔底部应设置漏水检测装置，漏水检测装置主要由集水装置、泄漏检测传感器、泄漏检测转接板等组成，如图 2-24 所示。为保障检测的准确性及可靠性，检测方式采用三取二原则。该方案具有检测可靠、寿命周期长、应用方便等优点。阀塔内水管漏水后滴至底部接水槽，底部接水槽内任意位置的水最后均流至漏水检测传感器所在位置，达到一定水量将上传报警信号。

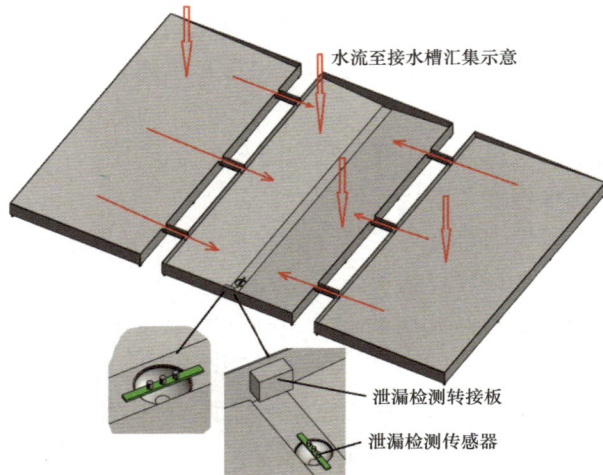

水流至接水槽汇集示意

泄漏检测转接板

泄漏检测传感器

图 2-24　阀塔底部漏水检测装置

2.2.2.5　防火设计

换流阀设计应充分考虑功率模块、支撑框架、水管、光缆等部件的防火性能。

（1）功率模块防火设计。功率模块如图 2-25 所示，功率模块由核心单元、直流电容、底座构成。

图 2-25　功率模块

核心单元：主要由晶闸管单元、叠层母排、放电电阻、IGBT、散热器、旁路开关、主控板等组成。晶闸管及 IGBT 元件压接成阀串，板卡通过无卤环氧板固定。晶闸管由金属外壳和陶瓷封装，没有起火的可能性，无卤环氧板阻燃等级达到 UL94—V0 级；叠层母排由 T2 纯铜和绝缘纸压接而成，绝缘纸阻燃等级达到 UL94—V0 级；放电电阻和 IGBT 电气绝缘采用的是聚酯材料，外部壳体符合 UL94—V0 材料等级；散热器为铝合金制造，没有燃烧的可能性；SCE 板、电源板等控制板只有小电流通过，封装在功率模块前端两侧的铝壳内，几乎没有起火的可能；旁路开关外壳采用聚酯材料，阻燃等级 UL94—V0；导线、光纤及其附件采用的均为阻燃等级 UL94—V0 的材料。

直流电容：采用金属封闭焊接壳体，端子采用阻燃等级为 UL94—V0 的绝缘材料，消除了起火的可能性。

底座：均为不锈钢材质，没有燃烧的可能性。

（2）阀段防火设计。阀段主要包括两侧的铝支撑梁、中部绝缘支撑梁、5～6 个功率模块、积水盘、功率模块连接导电铜排、功率模块绝缘支撑导轨、冷却水管（阀段主水管和分支主水管）等。

阀段如图 2-26 所示，阀段上放置的功率模块连接采用铜排+螺栓连接，连接铜排采用双排搭接，满足功率模块及阀段运行载流要求。

（3）阀塔防火设计。阀塔的电流方向设计成螺旋形结构，减少电气连接的数量。

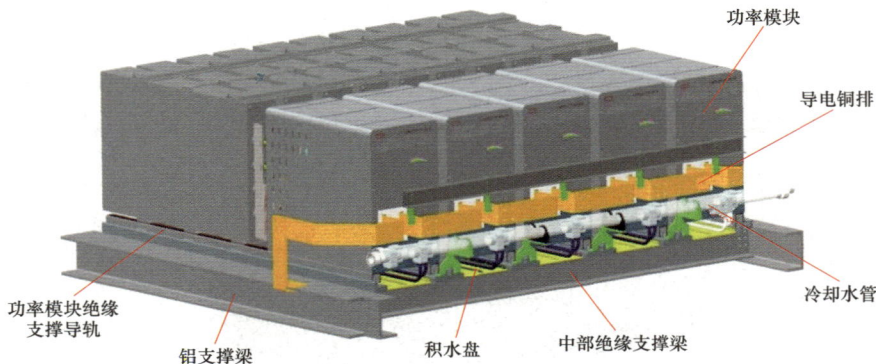

图 2-26　阀段

载流回路设计时，铝排的截面积留有足够大的安全系数，确保阀在任何运行条件下都不会产生过热。

阀塔内部的铝排、铜排、金具与管形母线、金具对外铝绞线等电气连接采用螺栓连接结构，确保连接牢固、可靠，避免产生过热和电弧。

尽量减少水管接头的数量；为避免因漏水原因导致的电弧和火灾，在阀塔底部设计有漏水检测装置，对阀塔进行及时保护；为避免因冷却水含杂质原因导致的电弧和火灾，阀塔采用去离子纯净水。为避免因冷却系统腐蚀原因导致的电弧和火灾，阀塔采用均压铂电极、不锈钢、聚偏氟乙烯（polyvinylidene fluoride，PVDF）等耐腐蚀材料构成水冷系统。

整个阀层采用铝型材屏蔽罩，可以阻止火势的蔓延。

（4）光缆部分防火设计。换流阀光缆部分的设计，充分考虑了防火要求，具有优良的防火性能，具体防火措施如下：

全绝缘光缆槽采用片状模塑料（sheet molding compound，SMC）复合材料，其材料工艺设计是通过在 SMC 聚酯纤维中，将氢氧化铝阻燃剂和玻璃纤维预先混合，采用专用设备高压挤压和适当的温度淬火硬化成型，具有足够的硬度，其阻燃等级满足 UL94—V0 级要求；光缆槽的绝缘满足使用工况要求，且具有良好的电气绝缘特性。

光缆表皮采用乙烯—四氟乙烯共聚物，光缆内芯采用玻璃纤维，选材均满足 UL94—V0 阻燃等级要求。

光缆槽采用 S 形设计，满足层间爬距设计要求，且层间光缆槽对接处安装铝质光缆绑扎固定板，可以有效固定光缆槽及光缆的电位，防止在运行中产生电荷积累而发生放电。

光缆铺设时，光缆槽盒内放置阻燃海绵，可以有效阻止火势扩散蔓延。

光缆走线沿阀段下边缘，从光缆槽所处的周围环境看，光缆槽远离火源，即使其他地方着火，也不会影响到光缆槽。

固定光缆的扎带，绑扎牢固、不易断裂、使用寿命长，材料阻燃等级满足 UL94—V0 级要求。

2.2.2.6 电磁屏蔽设计

换流阀屏蔽系统的绝缘设计可靠性直接影响到整个换流阀的运行稳定性以及整个直流输电系统的可靠程度。因此，针对换流阀屏蔽结构的电场分析及优化设计对于换流阀系统的规划设计和建设具有重要指导意义。为了有效降低阀塔在运行时发生闪络的概率，确保阀塔对地呈现均匀的电场分布，一般加装顶均压环和底均压环，这种均压环是为特高压直流工程开发的，有分段环和整体环之分，整体环通流方便，分段环安装方便。

（1）阀塔屏蔽结构形式。换流阀阀塔的外形结构与屏蔽设计尚无统一标准，不同厂家生产的阀塔的屏蔽装置形态各异。除了设计阀塔顶部、底部屏蔽结构，也需要设计阀模块屏蔽结构。根据阀模块屏蔽结构，柔性直流换流阀塔的屏蔽结构主要有纯板式结构（顶端与底端均压环除外）、板式与环式混合、纯环式结构三种形式。每种设计各有其独特之处，阀塔屏蔽结构主要形式对比如图 2−27 所示。

每种屏蔽结构在设计时有不同的关注点，电场仿真分析时电场强度最大点出现的位置也不同。纯板式屏蔽结构，大平面屏蔽效果非常好，但在边角位置电场比较集中，电场强度大，需要进行优化；纯环式屏蔽结构，既美观大方，又以圆弧化设计有效解决了阀模块框架尖端存在的潜在放电问题，电场强度最大值一般出现在拐弯处，需要优化弯角。不同屏蔽形式电场强度最大值出现位置如图 2−28 所示。在屏蔽罩结构设计时，应确保表面光洁平整、无毛刺和凸出部分。

（2）阀塔屏蔽结构电场分布畸变点的处理与控制。在阀塔的电场仿真计算中，如屏蔽结构设置不合理，或电极个别位置有尖点且无屏蔽措施，或网格划分过于粗糙等，均有可能出现电场强度畸变点，需要对电场强度畸变部位进行处理。

在出现电场强度畸变点时，首先应分析产生畸变的原因，确定畸变位置是模型本身产生的还是由于网格划分造成的。对于由网格划分产生的畸变，如果此部位是不需关注的部分，可以不必处理，如果是重点关注的部位，需要细化网格，或采用子模型技术，进行局部分析。如果可以确定场强畸变并非由网格

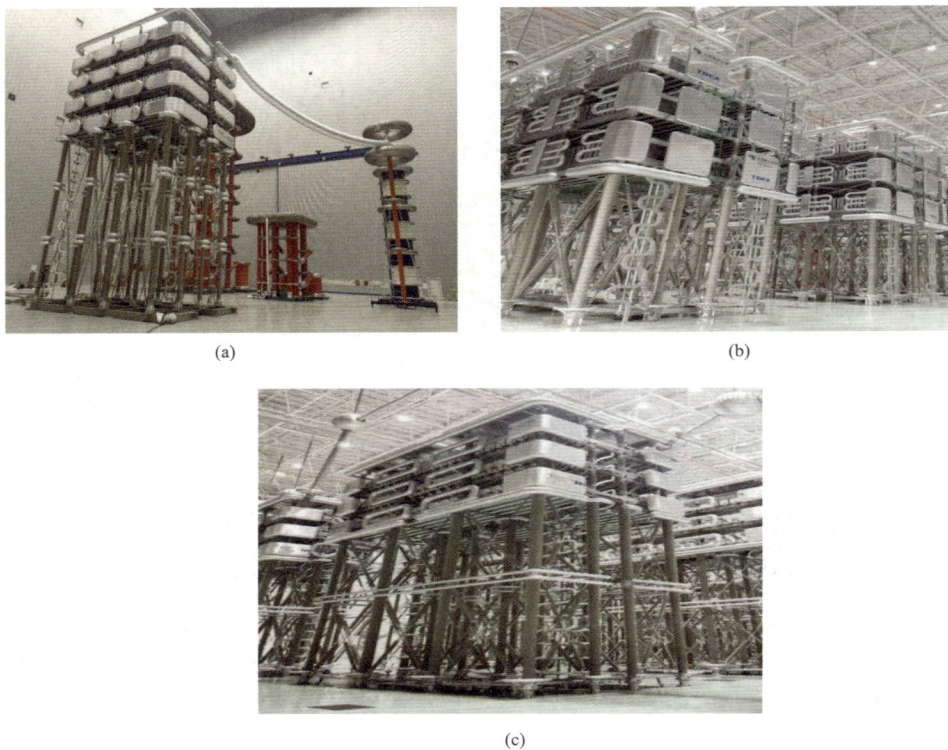

图 2-27　阀塔屏蔽结构主要形式对比

（a）纯板式结构阀塔；（b）板式与环式混合结构阀塔；

（c）纯环式结构阀塔

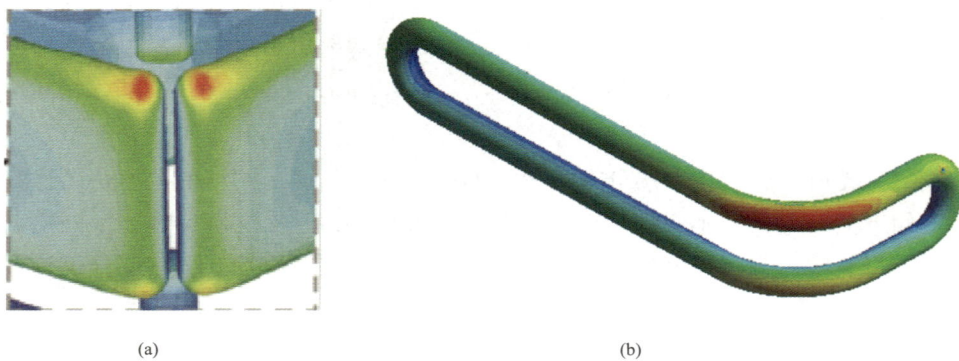

图 2-28　不同屏蔽形式电场强度最大值出现位置

（a）板式屏蔽电场强度最大值出现位置；（b）环式屏蔽电场强度最大值出现位置

设置引起，而是由器件自身形状引起，则需要对器件形状进行优化。可选择的优化方法如下：

1）对金属框架、绝缘子法兰等尖端电极进行屏蔽。

2）增大拐角处的电极曲率半径，优化电场强度畸变点。

3）改善电极边缘，消除相对尖端。

4）曲率半径大的电极屏蔽曲率半径小的电极。

5）对同电位电极，调整屏蔽距离。

对于均压环的处理需要增加均压环环径、增大转弯处的曲率半径、将表面处理光滑等，确保均压环表面场强分布均匀。

2.3　换流阀冷却系统设计

柔性直流输电工程每组换流阀通常配置两套独立的冷却能力相同的水冷却系统，每套水冷却系统承担一组换流阀 50%设备元件的散热任务。换流阀冷却系统（简称阀冷系统）包括内冷却系统和外冷却系统两个部分，内冷却系统采用密闭式去离子循环水系统，外冷散热设备采用闭式冷却塔，采用开式喷淋循环水系统。每组换流阀两套水冷却系统共设一套喷淋水补水及水处理系统。

2.3.1　功能与配置

（1）阀冷系统的组成。阀冷系统由内冷却系统和外冷却系统组成，根据工艺可分为水（内冷却水）—水（喷淋水）冷却、水（内冷却水）—风（室外空气）冷却方式等。

换流阀内冷却系统主要设备包括（但不限于）闭式冷却塔、去离子装置、主循环水泵、除气罐（脱气罐）、膨胀定压罐（或高位膨胀定压水箱）、机械式过滤器、内冷补充水装置、阀门、管道、管件、配电及控制设备等。

换流阀外冷却系统主要设备包括（但不限于）喷淋泵、砂滤器、碳滤器、反渗透处理装置、软水装置、加药装置、自循环过滤装置、管道、配电及控制设备等。

换流阀内冷却系统的主循环水泵、去离子装置、机械式过滤器、内冷水补水泵、补水箱等主要设备与外冷却系统的喷淋泵、砂滤器、加药装置等设备布置在一个阀冷设备间，每个阀冷设备间的泵坑应设置地面排水系统，主要设备包括（但不限于）潜水排污泵、阀门、管道、管件、配电及控制设备等。为了保证冷却塔喷淋水系统的正常运行，需要在室外设置一个起缓冲作用的喷淋水池。为降低换流阀组承压，提高阀组的运行安全，冷却水回路应将阀组布置在循环水泵入口端。喷淋水处理设备布置在综合水泵房，喷淋水加药装置、喷淋水泵等布置在阀冷设备间。

（2）阀冷系统的功能。换流阀内冷却水恒速循环流过换流阀后被加热，随后回流至主循环泵入口，经过主循环泵提升压力后，进入室外闭式冷却塔内的换热盘管，喷淋泵从室外地下水池抽取喷淋水均匀喷洒到冷却塔的换热盘管表面，在此处将换流阀产生的热量在室外冷却塔内进行热交换，喷淋水吸热后蒸发成水蒸气通过风机排至大气。在此过程中，换热盘管内的水将得到冷却，降温后的内冷却水再送至换流阀，如此周而复始地循环。

阀冷系统控制功能主要包括（但不限于）主循环水泵控制、喷淋水泵控制、内冷却水温度控制、阀门控制等；保护功能主要包括（但不限于）内冷却水温度异常保护、内冷却水流量异常保护、内冷却水回路漏水保护、内冷却水回路低水位保护、主循环水泵过热保护等；监视功能主要包括（但不限于）温度监视、流量监视、电导率监视、压力监视、水位监视、排污水量监视、冷却风扇监视、可控阀门监视、录波功能等。

阀冷系统设置就地控制，中央监控采用 PLC 控制器，对冷却水的水温、电导率、水压、流量、液位等参数将进行监测、显示和自动调节，控制系统的电源、传感器、I/O 模块、处理器、接口及通信模块等所有设备均应双重化或采用可靠性更高的配置。阀冷系统中各机电单元及传感器由控制装置自动监控运行，并通过操作面板的友好界面实现人机的即时交流。阀冷系统的运行参数和报警信息条即时传输至主控制器，并可通过主控制器远程操控阀冷系统。

（3）阀冷系统的性能要求。在室外气温较高的情况下，为了保证稳定的水温，每套喷淋水系统的冷却塔全部运行，如果其中一台发生故障或停机检修时，则其余冷却塔满负荷运行即可保证冷却系统的出力。内冷却水温度的控制和调节主要通过调节冷却塔变频调速风机的转速实现。在室外气温降低或换流阀负荷较小的情况下，可以首先调节冷却塔运行台数，再通过调节冷却塔变频调速风机的转速来实现对水温的控制。为了防止换流阀元件表面结露，其进水温度不宜低于 20℃。

为了控制进入换流阀内冷却水的电导率，阀冷系统设计有去离子水处理回路，并联在主循环回路上，预设定总流量的一部分内冷却水流经离子交换器，不断净化管路中可能析出的离子。去离子水处理回路通过膨胀罐与主循环回路冷却介质在主循环泵进口合流。与离子交换器连接的补液装置和与膨胀罐连接的氮气恒压系统保持系统管路中内冷却水的充满及空气隔绝。系统运行时，部分内冷却水将从主循环回路旁通进入水处理装置进行去离子处理，去离子后的内冷却水的电导率将会降低，处理后的内冷却水再回至主循环回路。通过水处理装置连续不断的运行，内冷却水的电导率将会被控制在换流阀所要求的范围内。

闭式冷却塔、水处理装置、膨胀罐、水泵、管道及阀门等设备中一切与内冷却水接触的物质均采用不锈钢材料，系统内还设有过滤器（不锈钢芯体）过滤杂质，从而保证内冷却水有很高的洁净度。

内冷却水回路的稳压和补水由补水泵保证，如高位定压水箱的水位低于设定值，则补水泵启动向回路补水。

阀冷系统室外换热设备即闭式冷却塔内的换热盘管在运行时表面温度为50～60℃，为防止长期喷水而在热交换盘管外表面产生结垢现象，需要对喷淋水进行处理，喷淋补给水进入水池之前先进行处理，包括砂滤、活性炭过滤、反渗透处理或其他水处理方式，此外喷淋水系统还将进行加药及旁通过滤处理。冷却塔运行时，喷淋水不断蒸发，水池中水的杂质浓度必然升高，为了改善这种状况，水池内的水进行补充的同时还必须排掉一部分水，通过补充水与存水的不断混合达到降低水中盐分浓度的目的。

（4）阀冷系统的配置。结合现有工程，根据系统冷却容量，通常情况下单套阀冷系统（含内冷却系统和外冷却系统）关键设备的常规配置如表2-7所示。

表2-7　　　单套阀冷系统（含内冷却系统和外冷却系统）关键设备的常规配置

序号	名称	备注
1	主循环泵	1用1备，共2台
2	主过滤器	1用1备，共2台
3	离子交换器	1用1备，共2套
4	补水泵	1用1备，共2台
5	脱气装置	—
6	缓冲膨胀系统	—
7	闭式冷却塔	冗余配置
8	喷淋水泵	冗余配置
9	电加热器	—
10	阀门、管道及管件	—
11	石英砂过滤器	—
12	活性炭过滤器	—
13	反渗透处理装置	—
14	喷淋水自循环处理装置	

续表

序号	名称	备注
15	喷淋水加药装置	—
16	潜水泵	—
17	喷淋水补水泵	冗余配置
18	石英砂过滤器	—
19	控制系统	冗余配置
20	人机界面	操作面板,共2套,冗余配置

2.3.2 主要技术参数

阀冷系统主要技术参数包括进阀温度、内冷水电导率、系统流量和压力等,阀冷系统主要技术参数如表2-8所示,表中部分参数具体值需根据系统要求确定。

表2-8　　　　　　　　　　阀冷系统主要技术参数

序号	名称	参数	备注
1	冷却系统额定冷却容量	—	—
2	进阀温度(设计值)	—	设计值
3	进阀温度高设定值	—	报警
4	进阀温度超高设定值	—	跳闸
5	进阀最低运行温度	—	设计值
6	进阀温度低设定值	—	报警值
7	进出阀温差	—	额定流量下
8	冷却介质	去离子水	—
9	主循环冷却水额定流量	—	—
10	去离子水处理回路额定流量	—	—
11	正常(主循环)电导率值	$\leq 0.3\mu S/cm$	—
12	正常(去离子)电导率值	$\leq 0.2\mu S/cm$	—
13	含氧量	$<200\mu L/L$	—
14	阀体额定流量时压降	—	—
15	阀冷设备设计压力	—	—
16	阀冷设备测试压力	—	—
17	主循环过滤精度	$100\mu m$	—
18	去离子回路过滤精度	$5\mu m$	—

2.3.3 阀冷系统参数计算

2.3.3.1 流速计算

由 $Q = \dfrac{\pi}{4} \cdot d^2 \cdot v$，可得

$$d = \sqrt{\frac{4Q}{\pi v}} = \sqrt{\frac{4 \times 10^6}{3600\pi} \times \frac{Q}{v}} = 18.81\sqrt{\frac{Q}{v}} \qquad (2-4)$$

式中：d 为管道计算内径，mm；Q 为系统额定流量，m³/h；v 为管内流速，m/s。

管内流速一般控制在 2.0～3.0m/s；根据各支路流量及各支路设计流速对所选管径进行核算，得出各支路管的计算管径，再选取标准管径与之对应。

2.3.3.2 水力计算

换流阀冷却管路主要包括内冷系统本体管路、去离子支路管路、阀冷系统外部管路（包括本体与阀塔连接管路和本体与外冷设备连接管路）、换流阀内部管路、外冷设备内部管路。其中，由于去离子支路流量可调，因此该部分管路产生的流阻不做计算。

管路沿程损失为

$$i = 105(Q/C)^{1.85}(d_{\mathrm{j}})^{-4.87} \qquad (2-5)$$

式中：i 为比摩阻，kPa/m；d_{j} 为管道计算内径，mm；C 为海澄威廉系数，不锈钢管 $C = 130$。

管路局部损失为

$$h = \frac{\xi v^2}{2g} \qquad (2-6)$$

式中：ξ 为局部阻力系数；v 为管内流速，m/s；g 为重力加速度。

总水阻为

$$H = H_1 + H_2 + H_3 + H_4 \qquad (2-7)$$

式中：H_1 为系统外部管道水阻；H_2 为阀冷装置内部水阻；H_3 为外部冷却设备水阻；H_4 为换流阀水阻。

主循环水泵流量需满足额定进阀流量和内冷水处理流量之和，扬程至少满足系统总水阻 H，还需再考虑一定的水头安全余量。

2.3.3.3　总水量计算

总水容量为

$$V = V_1 + V_2 + V_3 + V_4 \qquad (2-8)$$

式中：V_1 为冷却系统本体水容量；V_2 为外部冷却系统设备（冷却塔或空冷器）水容量；V_3 为阀冷系统外部管道部分水容量；V_4 为换流阀阀体水容量。

2.3.3.4　损耗计算

以某柔性直流输电工程为例，阀冷系统主要设备的电气负荷如表 2-9 所示，各设备电气负荷为典型工程的用电功率。

表 2-9　　　　某柔性直流输电工程阀冷系统主要设备电气负荷

序号	设备类型	单台负荷（kW）	数量（台）	备注
1	主循环泵	200	2	1 用 1 备
2	电加热器	30	4	可同时运行
3	原水泵	0.55	1	单台运行
4	补水泵	1.5	2	1 用 1 备
5	冷却塔风机	3.0	12	12 台同时运行
6	喷淋泵	15	6	3 用 3 备
7	自循环泵	5.5	2	一用一备（2 套共用）
8	反渗透高压泵	22	2	一用一备（2 套共用）
9	反洗水泵	15	2	一用一备（2 套共用）
10	工业补水泵	11	2	一用一备（2 套共用）
11	潜水泵	1.5	2	一用一备（2 套共用）
12	膜清洗泵	4	1	单台运行（2 套共用）

单套阀冷系统最大用电负荷计算如下：

冷却塔满足 $N+1$ 的配置，实际运行时，外冷设备最多运行 3 台喷淋泵＋8 台冷却塔风机，另外，电加热器与外冷设备不会同时运行。

水冷却系统最大用电负荷 P_{1max} 为 P（主泵×1＋冷却塔风机×8＋喷淋泵×3＋补水泵×1＋原水泵×1）和 P（主泵×1＋电加热器×4＋补水泵×1＋原水泵×1＋潜水泵×2）中较大值。

计算可得 $P_{1max}=325\text{kW}$

水处理系统最大用电负荷 $P_{2max}=P$（自循环泵×1＋反渗透高压泵×1＋工业

补水泵×1＋反洗水泵×1＋潜水泵×1＋膜清洗泵×1）

计算可得 $P_{2\text{max}} = 59\text{kW}$

2.3.4　阀冷系统控制保护设计

阀冷系统控制单元中的 PLC 对各机电单元及传感器进行自动控制与监测，并与换流站控制中心进行即时通信，实现冷却装置与主机的无缝接合。阀冷控制保护系统采用带冗余功能的 CPU 控制单元，电气上按照 A、B 系统冗余配置，并具备自诊断功能。冗余配置的控制单元如有一方发生故障时，可自动进行无缝切换至备用控制单元，切换期间能够继续保持控制输出，且切换期间无信息或报警/中断丢失。阀冷控制系统中的电源模块、I/O 模块、接口模块、通信模块等装置均采用冗余配置。阀冷控制系统通信网络采用冗余设计，阀冷控制系统到控制保护系统的通信网络采用冗余配置。

阀冷控制保护单元可实现对水冷系统运行状态的实时监视和控制，主要包括对主泵、风机、喷淋泵等电机设备运行状态进行监视，并根据设备故障状态产生报警事件，实现对各类电机设备和阀门的启停、切换控制。在水冷系统运行期间对温度、压力、流量、液位、电导率等运行指标进行监测，依据定值判别是否超标，产生相应的报警或跳闸。

I/O 单元实现与水冷系统运行有关的温度、压力、流量、液位、电导率等非电量数据采集，以及主泵、风机、喷淋泵等电机设备的工作、故障等运行状态量采集，并将各类数据通过控制器局域网（controller area network，CAN）总线上送至阀冷控制保护。接收阀冷控制保护发出的各类电机设备和阀门的分、合指令，以及三通阀、变频器等设备的角度控制指令，并输出至对应设备。

阀冷控制保护系统与直流控制保护系统通过硬触点进行通信，硬触点开关量信号包括直流控制保护系统下行信号和阀冷上行信号，以及 4～20mA 模拟量信号。阀冷控制保护系统与直流控制保护系统的信号均需交叉通信，即阀冷 A 系统上送 2 路信号到直流控制保护冗余主机，阀冷 B 系统上送 2 路信号到直流控制保护系统冗余主机，下行信号同理。阀冷控制保护系统与换流站操作系统采用 IEC 61850 标准协议通信。

2.4　阀控系统设计

2.4.1　结构设计

阀控系统是柔性直流输电换流阀的控制中枢，起到上承控制保护系统，下接功率模块的作用。阀控系统接收上层控制保护系统的调制波指令，经运算与逻辑处理后，将脉冲信息下发至功率模块，同时接收功率模块和桥臂电流测量装置上传的电压信息、电流信息、状态信息、故障信息等，上述信息传递至阀控后台显示系统及录波系统，部分将转发至上层控制保护及其录波系统。通过上述过程，阀控系统可对换流阀一次设备进行控制、保护、监视。

阀控系统的快速实时性、可靠性对于换流阀的稳定运行起着至关重要的作用。阀控系统在换流阀系统中的位置如图 2-29 所示。

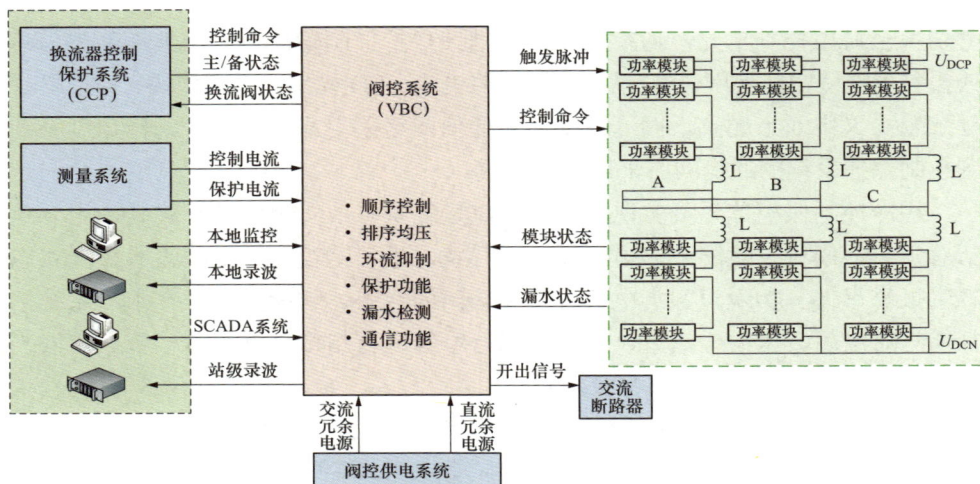

图 2-29　阀控系统在换流阀系统中的位置

阀控系统硬件体系结构如图 2-30 所示，共包含 9 面屏，含 2 面相互冗余的主控制屏、6 面脉冲分配屏及 1 面辅助功能屏，屏柜间主要通过光纤连接通信。

（1）主控制屏。每面主控制屏由 1 台主控制机箱、1 台故障录波器、1 台工控机组成。主控制屏实现环流抑制、排序均压、驱动脉冲信号产生、告警及跳闸保护等主要控制功能，并实现阀控系统与换流器控制保护系统（converter control and protection，CCP）、录波系统、对时系统、漏水检测、测量等系统的通信连接。故障录波器用于本地故障录波，工控机主要用于后台监控显示。

（2）脉冲分配屏。每个脉冲分配屏由 3 台脉冲分配机箱组成，每台脉冲分配机箱与若干个功率模块的通信连接。脉冲分配屏将来自主控制屏驱动信号分配传送给每个功率模块控制板，并将功率模块信息上传给主控制屏。

（3）辅助功能屏。辅助功能屏由 1 台漏水检测机箱、1 台工控机、1 台避雷器计数器和 1 台切换器组成。辅助功能屏中漏水检测机箱主要完成阀塔漏水情况监测，工控机主要用于故障录波显示。

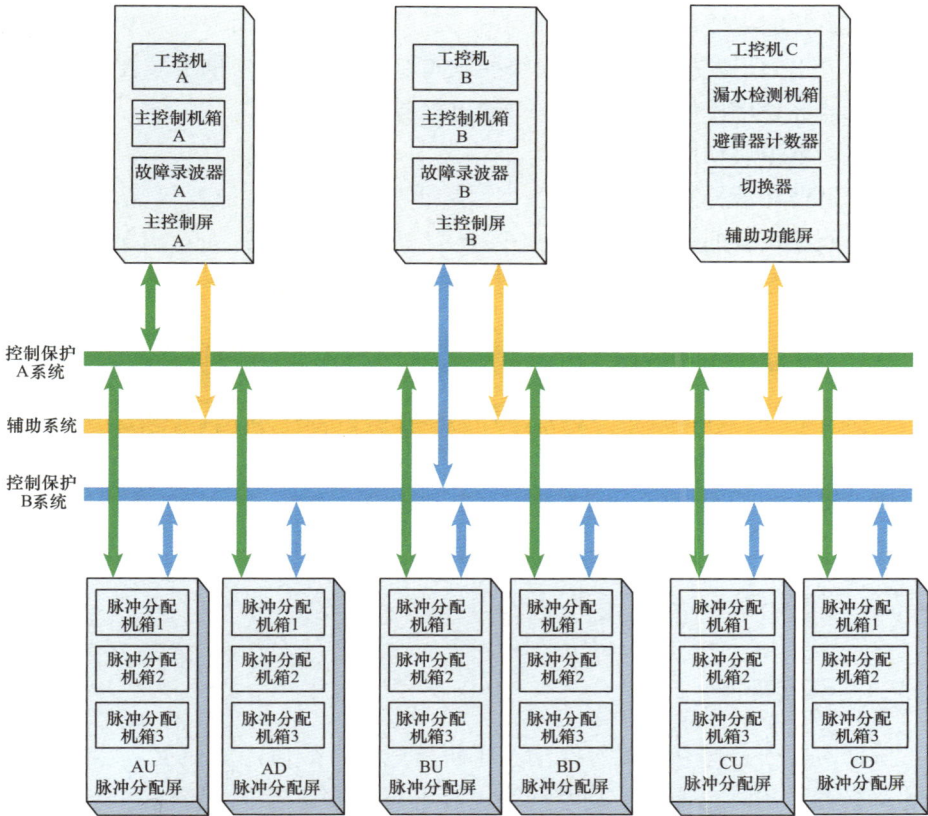

图 2-30 阀控系统硬件体系结构图

阀控系统整体屏柜布置如图 2-31 所示。

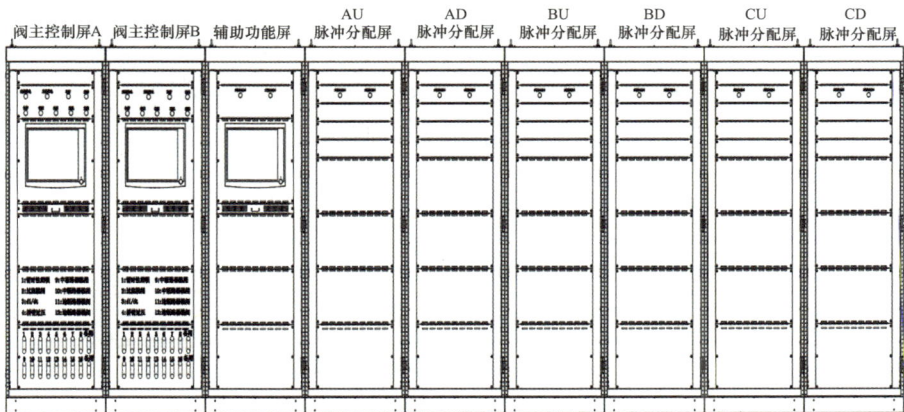

图 2-31 阀控系统整体屏柜布置图

阀控系统的主要功能如下：

（1）产生并下发换流阀功率模块控制指令，完成 IGBT 的触发控制。

（2）监视功率模块的运行状态，输出报警和跳闸信号。

（3）功率模块均压控制。

（4）桥臂环流抑制。

（5）阀控设备的自检。

（6）高速数据录波。

（7）开关频率优化控制。

（8）功率模块冗余控制。

（9）换流阀状态监视及录波、人机交互界面功能。

（10）换流阀基本保护功能包括桥臂过电流保护、暂停触发再解锁、模块平均电压过电压、功率模块冗余不足保护等功能。

（11）阀控检修试验功能、独立的硬接线跳闸回路功能。

2.4.2　功能设计

2.4.2.1　环流抑制

桥臂负序二倍频环流的存在增大了桥臂电流有效值，增加了功率模块器件的功率损耗，同时也增加了功率模块电容电压的波动范围，所以需要对桥臂负序二倍频环流进行抑制。

基于旋转坐标变换的 dq 轴环流抑制控制策略控制框图如图 2－32 所示，对于某一相桥臂环流将上、下桥臂电流相减除以 2，即可得到该相桥臂的环流值，将计算出来的三相桥臂环流值进行 dq 变换，得到 dq 坐标系下的环流值，与目标值 0 相减经两个 PI 环控制，再与 dq 坐标系下环流产生的电压叠加，并经过 dq 反变换，得到可抑制二倍频环流的三相桥臂电压调制波，叠加至换流器控制系统下发的调制信号，作为最终换流阀级的调制信号。

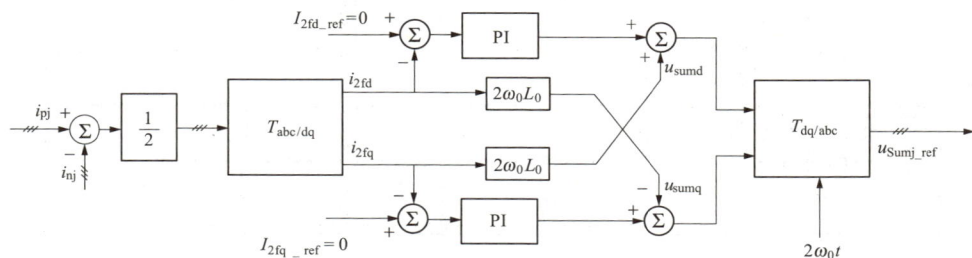

图 2－32　基于旋转坐标变换的 dq 轴环流抑制控制策略控制框图

在暂态故障时，由于桥臂电流畸变有可能导致环流抑制控制器积分输出与正常控制积分输出相比差别较大，为保证换流阀的安全稳定运行，对两个 PI 控制器分别采用了相同的积分限幅和输出限幅，含环流抑制的调制波计算如图 2－33 所示。

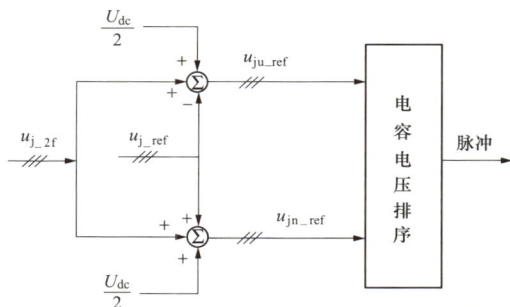

图 2－33　含环流抑制的调制波计算

2.4.2.2　模块均压

子模块在投入时，电流流过电容会造成电容电压波动，在投入时如果不采取平衡控制策略，子模块电容电压必然会不平衡，造成 MMC 无法正常运行，必须对各个子模块直流电容电压进行平衡控制，基于排序的 MMC 子模块电容电压平衡控制得到了较为广泛的应用。

针对全半桥混合型阀组，为了方便统一控制频率和损耗，电容电压平衡控制与半桥几乎一致，只是扩展了一个负电平处理逻辑，使用两个最近电平调制模块（nearest level modulation，NLM）模块，即 NLM_CALC_PL 和 NLM_CALC_NL。

NLM_CALC_PL 为输出正电平的 NLM 算法模块，该模块不区分半桥模块和全桥模块，对所有模块统一进行排序，该模块和半桥工程无区别。

NLM_CALC_NL 为输出负电平的 NLM 算法模块，该模块仅接收全桥的数据输入，对所有全桥模块进行排序，其中进行排序时，和以往半桥工程相比，当输出负电平时其电流方向对排序的影响正好相反。

通过这种方式统一控制（不区分全桥、半桥）电容电压的偏差阈值，可以使模块电容电压不平衡在 ±100V 的情况下实现大幅降损的目标，混合阀组电容电压平衡算法如图 2－34 所示。

正电平处理逻辑 NLM_CALC_PL 和负电平处理逻辑 NLM_CALC_NL 是相互独立的。

受子模块数的限制，有 $0 \leqslant N_{up}$（上桥臂导通模块的个数），N_{down}（下桥臂导通模块的个数）$\leqslant N$。如果调制电压和模块数计算公式算得的 N_{up} 和 N_{down} 总在边界值以内，称 NLM 工作在正常工作区。一旦计算得到的某个 N_{up} 和 N_{down} 超出了边界值，则这时只能取相应的边界值。电容电压平衡控制如图 2－35 所示。

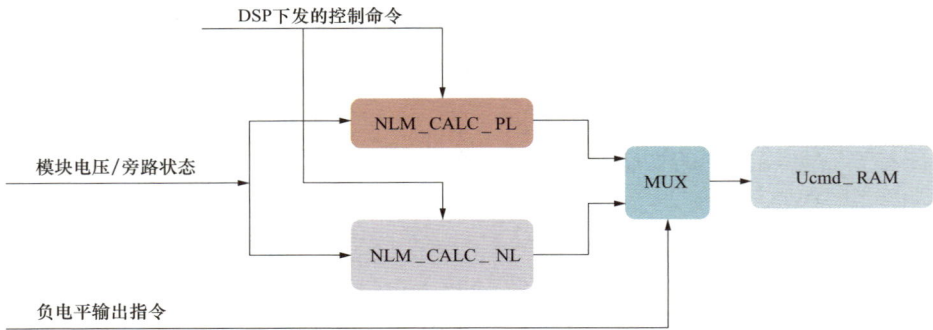

图 2-34　混合阀组电容电压平衡算法

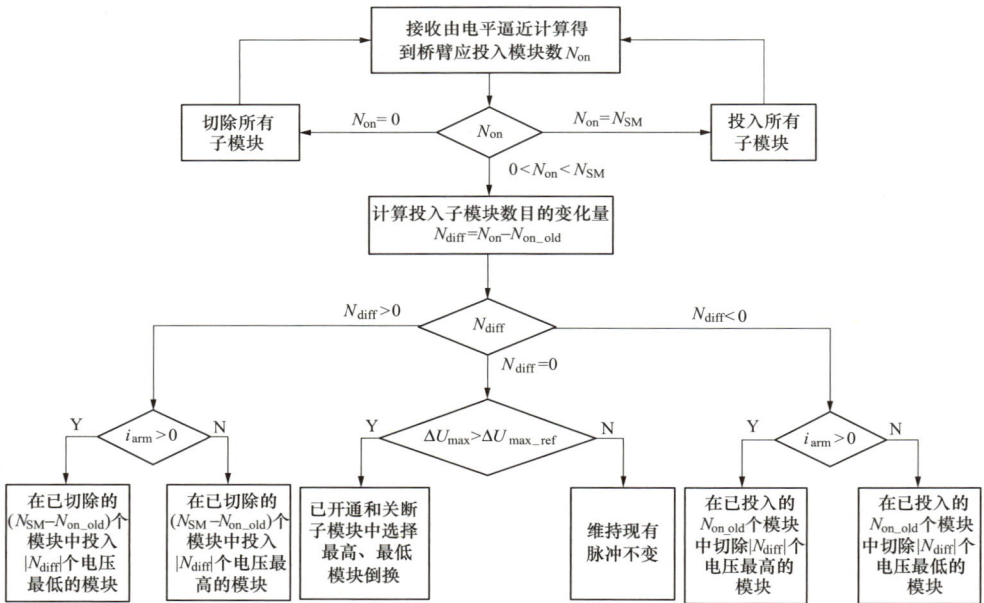

图 2-35　电容电压平衡控制

N_{on}—当前时刻单个桥臂导通模块数目；N_{SM}—单个桥臂模块总数；N_{on_old}—上一时刻单个桥臂导通模块总数；N_{diff}—投入模块数目的变化量；i_{arm}—桥臂电流；ΔU_{max}—单个桥臂内模块电压最大值与最小值的差值；ΔU_{max_ref}—单个桥臂内模块电压最大值与最小值的参考数值

　　同理，负电平平衡控制算法与正电平平衡控制算法相似，在根据电流方向筛选模块时，逻辑会相反。

2.4.3 冗余设计

柔性直流阀控系统设计可实现硬件冗余，阀控 A/B 系统之间硬件互相独立，不存在共用的信号转接单元。

阀控系统（含功率模块接口屏）硬件具备 $N-1$ 冗余能力，即包括主控机箱、桥臂控制机箱、脉冲分配机箱在内的任何单一元件或板卡故障不影响阀控及换流阀的正常运行，也不引起功率模块的旁路，且能够在换流阀不停运的情况下进行在线更换等故障处理。

2.4.3.1 阀控系统与换流器控制保护系统之间的冗余设计

阀控系统与 CCP 或极控（pole control protection，PCP）之间的冗余方案如图 2-36 所示，采用垂直冗余连接方式。值班主控制屏检测到自身功能异常时，将会向 CCP 发送切换请求，CCP 收到切换请求后将当前值班系统切换至备用，当前备用系统切换至值班。因此当一套阀控系统发生故障或系统维护时，不影响换流阀的运行。阀主控制机箱 A 与 B 之间通过两对互为冗余的光纤实现冗余切换数据的跟随。

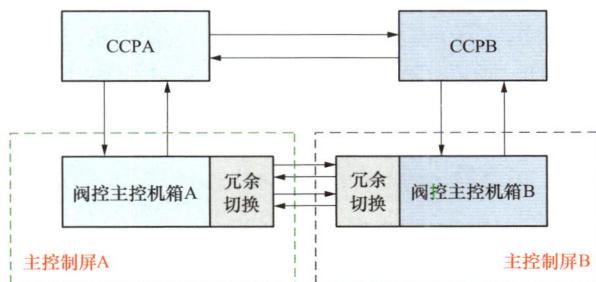

图 2-36　阀控系统与 CCP 或 PCP 之间的冗余方案

2.4.3.2 主控制屏与脉冲分配屏交叉冗余设计

主控制屏与脉冲分配屏交叉冗余设计方案如图 2-37 所示。脉冲分配屏中脉冲分配机箱的切换板 1 和 2 同时接收主控制屏 A、B 发送的控制命令及主备状态，同时切换板 1、2 也给主控制屏 A、B 反馈模块电压、模块状态等信息。切换板仅将处于值班状态的主控制屏控制命令通过脉冲分配板分发到各个功率模块。

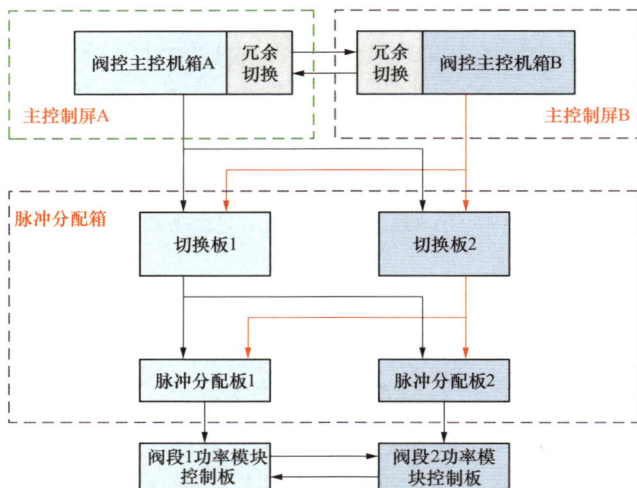

图 2-37　主控制屏与脉冲分配屏交叉冗余设计方案

　　每个脉冲分配箱中的切换板 1、2 同时接收主控制屏的控制命令，并分别通过 2 路背板总线将值班主控制屏的命令信息下发到各个脉冲分配板，可保证切换板 1、2 下发的数据实时保持一致。当两个切换板均正常工作时，脉冲分配板默认将切换板 1 的数据发送到功率模块控制板；当切换板 1 故障、切换板 2 正常工作时，脉冲分配板则将切换板 2 的数据发送到功率模块控制板。

　　脉冲分配箱中切换板支持在线更换维护功能，任一切换板故障均可在阀控系统不停机的状态下对故障切换板进行更换。

2.4.3.3　脉冲分配板与功率模块交叉冗余设计

　　脉冲分配屏由脉冲分配箱组成，阀控系统脉冲分配箱如图 2-38 所示，脉冲分配箱用于接收来自阀控系统的控制指令（模块投入和切除命令、旁路命令），并将指令通过光纤发送至功率模块，同时将自身状态和模块信息上传至阀控柜、故障录波箱、专家系统箱。脉冲分配箱采用双总线控制板（切换板），与阀主控系统连接，两组通信链路互为冗余，提高系统可靠性。

　　阀控系统脉冲分配板的在线更换通过功率模块间交叉通信实现，功率模块间交叉通信设计如下：

　　（1）相邻的奇偶编号的功率模块作为一个节点单元，互相监视通信信息，每个功率模块上送至功率模块脉冲分配板的信息包含自身和同单元的另一个功率模块的通信信息。

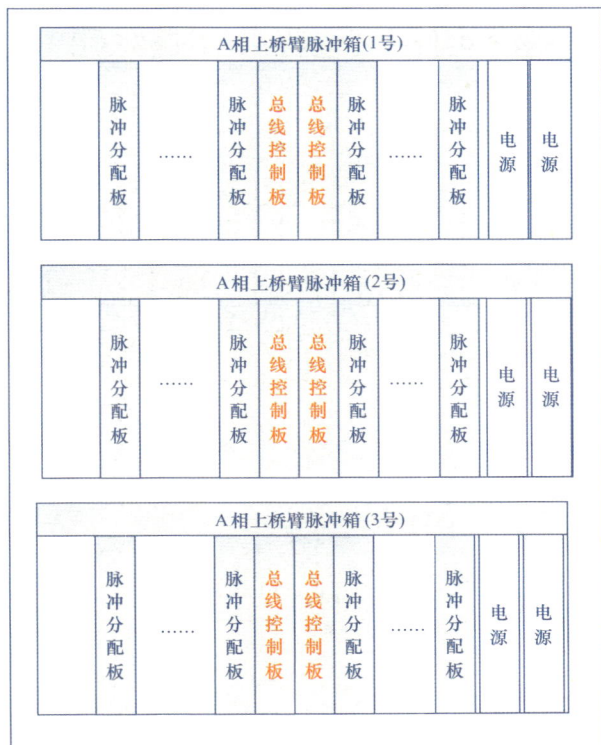

图 2-38　阀控系统脉冲分配箱

（2）同一个节点单元的两个功率模块分别连接至两个冗余脉冲分配箱中的两个功率模块脉冲分配板中，功率模块脉冲分配板中的每一个功率模块光纤接口接收并存储两个功率模块的通信数据（自身及同单元的另一个功率模块）。

（3）通过功率模块间的交叉通信和功率模块与脉冲分配板的交叉冗余通信设计，可实现在不增加功率模块脉冲分配板数量的基础上，实现功率模块脉冲分配板监视通道的冗余配置，进而实现功率模块脉冲分配板的在线更换。

2.4.3.4　三取二保护冗余设计

阀控系统的桥臂过电流保护、桥臂电流上升率保护为基于 FPGA 硬件配置的快速保护，采用三取二的冗余方案。

阀控系统三取二保护冗余方案如图 2-39 所示，三个测量单元（measurement unit，MU）接收板分别接收 6 个桥臂电流测量装置的采样数据，然后各自进行桥臂过电流和桥臂电流上升率的保护判断，将判断结果通过背板通信总线上送到主控板进行三取二逻辑处理。

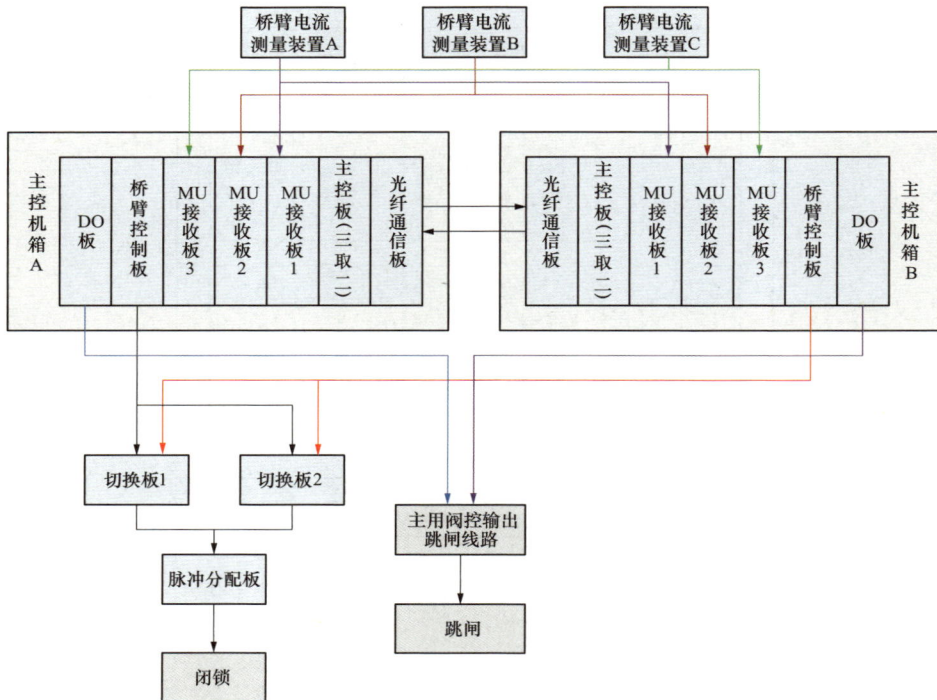

图 2-39　阀控系统三取二保护冗余方案

主、备套阀控系统检测到任意两套同桥臂、同类型保护满足动作条件时，则产生保护动作及跳闸信号，信号同步上送 CCP。但仅值班阀控系统输出跳闸出口，执行交流断路器跳闸命令并闭锁换流阀。

若阀控值班系统的某桥臂出现 1 路测量装置故障，则执行二取一的保护策略。

若阀控值班系统的某桥臂出现 2 路测量装置故障，则执行一取一的保护策略。

若阀控值班系统的某桥臂出现 3 路测量装置故障，则判定该套阀控系统故障并向 CCP 申请系统切换。

3 换流阀与阀控系统试验

试验是检验设备性能的有效方式。换流阀与阀控系统通过选型设计、制造直至现场安装，需开展全方位试验对设备性能进行验证考核，进一步确保换流阀与阀控系统的功能和性能可靠。本章内容涵盖柔性直流输电换流阀、阀冷系统及阀控系统的型式试验、特殊试验、例行试验、现场交接试验等。根据目前柔性直流控制保护闭环测试尚不充分的实际问题，搭建阀控系统全链路试验平台，对阀控系统全链路试验进行介绍。

3.1 换 流 阀 试 验

3.1.1 电气元部件试验

3.1.1.1 IGBT 器件试验

通过控制 IGBT 器件的开通、关断，功率模块可以完成能量的传输和电容的充放电。按照相关规范或标准，如 IEC 60747－9—2007《半导体装置　分立器件　第 9 部分　绝缘栅双极晶体管（IGBTs）》开展 IGBT 器件试验，除完成型式试验和例行试验项目外，还应完成高温反偏试验、饱和电压试验、RBSOA 试验、功率循环试验、热阻试验和特殊试验等可靠性试验项目。

（1）高温反偏试验。

1）试验电路。高温反偏试验电路图如图 3－1 所示。

2）试验步骤。将试验样品压装在散热板上，将被试器件栅射短接，按照试验要求进行试验。

（2）饱和电压试验。

1）试验电路。饱和电压试验电路图如图 3－2 所示。

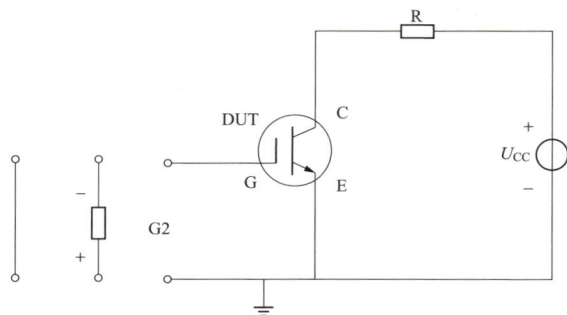

图 3-1 高温反偏试验电路图

DUT—被试 IGBT 部件；U_{CC}—集电极电压源电压；R—限流电阻

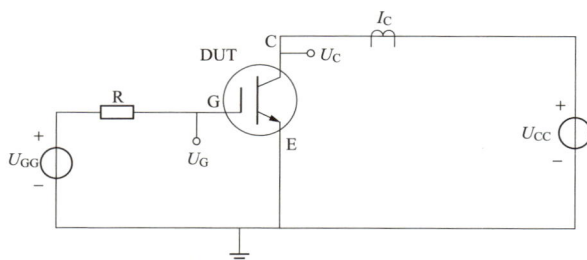

图 3-2 饱和电压试验电路图

DUT—被试 IGBT 器件；U_{GG}—栅极电压源电压；R—限流电阻

2）试验步骤。以 4500V/3000A 压接型 IGBT 为例，设置栅极—发射极电压 U_{GE} 达到 15V；设置集电极电压源电压 U_{CC}，使集电极电流 I_C 达到 3000A。测量被试器件 DUT 两端电压 U_{CE}，即饱和电压 U_{CEsat}。

（3）反偏安全工作区（RBSOA）试验。

1）试验电路及试验波形。RBSOA 试验电路图如图 3-3 所示，关断期间的集电极—发射极电压 U_{CE} 和集电极电流 I_C 波形如图 3-4 所示。

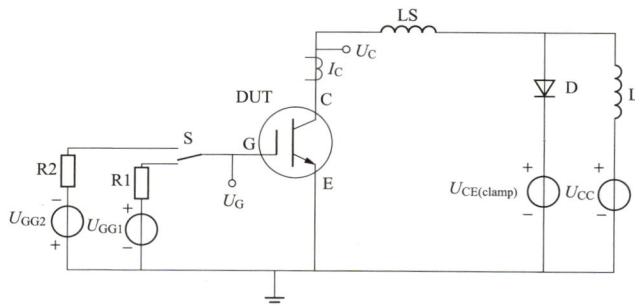

图 3-3 RBSOA 试验电路图

DUT—被试 IGBT 器件；U_{GG1}—正向栅极电压源电压；U_{GG2}—反向栅极电压源电压；
$U_{CE(clamp)}$—钳位电压；R1、R2—限流电阻；L—负载电感；LS—线路中杂散电感

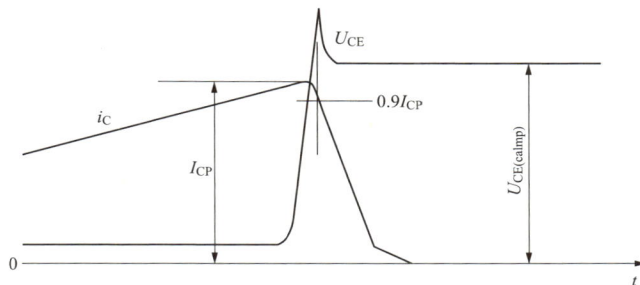

图 3-4　关断期间的集电极—发射极电压 U_{CE} 和集电极电流 i_C 波形

2）试验步骤。以 4500V/3000A 压接型 IGBT 为例，被试器件 DUT 规定在 2 倍集电极电流 I_C 关断，监测 U_{CE} 和 I_C，DUT 必须关断 2 倍 I_C 并承受 $U_{CE} = U_{CE(clamp)} = 2800V$（集电极—发射极峰值电压 $U_{CEM} \leqslant 4500V$）。

（4）功率循环试验。

1）试验电路及试验波形。功率循环试验电路图及试验曲线示意图如图 3-5 所示。

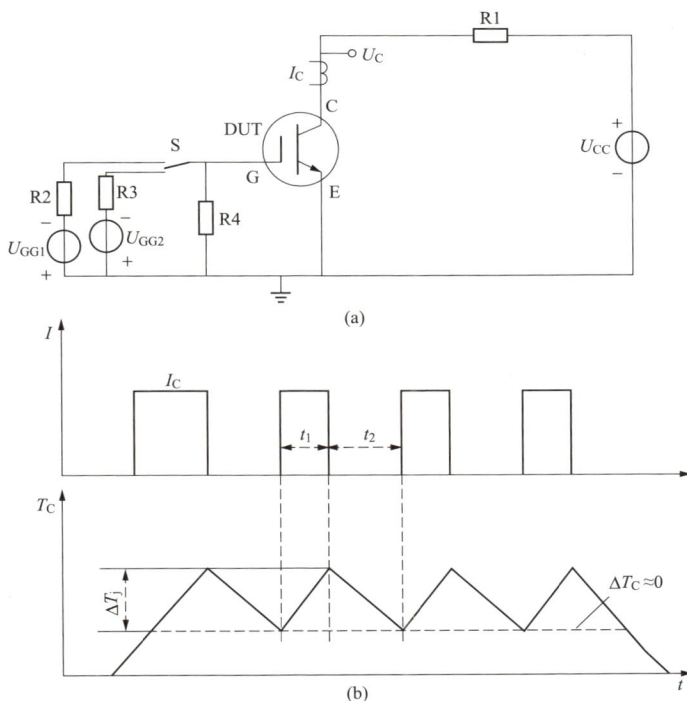

图 3-5　功率循环试验电路图及试验曲线示意图

（a）功率循环试验电路图；（b）试验曲线

T_C—壳温；ΔT_j—结温变化值；ΔT_C—壳温变化值；I_C—集电极—发射极电流；

t_1—加热时间；t_2—冷却时间

2）试验步骤。将试验样品压装在水冷散热板上，通过对试验样品通大电流进行模块内部加热和双面水冷冷却，使模块内部芯片结温在一定温度变化区间内周期性循环。

3.1.1.2 取能电源试验

取能电源用于为功率模块内部控制板卡提供供电电源，取能电源如图 3-6 所示。换流阀功率模块处于高电位，采用自取能方式，而功率模块电容电压范围宽、波动大，因此取能电源需满足输入范围宽、耐受输入电压频繁波动、输入输出耐受电压须与功率器件电压等级匹配等技术要求。

可通过如下试验项目验证取能电源基本功能和性能设计是否满足要求。

（1）最高/最低工作电压试验。取能电源高压侧输入电压在其最低工作电压和最高工作电压之间连续变化，变化的速率应可调（最大电压变化率须不低于 350V/ms），测试取能电源是否能够稳定输出，并验证其输出回路纹波是否满足设计要求。

图 3-6 取能电源

（2）内部短路故障试验。取能电源高压侧输入额定运行电压，模拟板卡短路故障，验证过电流熔断措施的有效性。

（3）输出短路故障试验。取能电源高压侧输入额定运行电压，对每一路输出端进行模拟短路，验证取能电源电流限制功能的有效性，在短路消失后，取能电源能够自恢复工作。

（4）负载突变试验。取能电源高压侧输入额定运行电压，负载在 50%—150%—50%之间突变时，测试高压、低压回路输出电压波动是否满足要求。

（5）断电维持试验。取能电源高压侧输入额定运行电压，在低压输出回路带上所有板卡负载，断开取能电源高压侧输入，验证取能电源维持额定输出的时间是否满足设计要求。

（6）上电、下电试验。调节取能电源高压侧输入电压，上电电压和下电电压持续时间分别为 30s，试验 24h。验证取能电源是否具备频繁上电、下电能力。

（7）绝缘耐受试验。验证取能电源绝缘设计是否满足要求。

（8）电磁兼容试验。电源的设计符合电磁兼容性设计，试验在完整功率模块上进行，可同期进行功率模块板卡的电磁兼容试验，并满足如下标准：

1）静电抗扰度要求。产品应能承受 GB/T 17526.2—2018《电磁兼容　试验和测量技术　静电放电抗扰度试验》第 5 章规定的严酷等级为 4 级的空气静电放电干扰。

2）射频电磁场辐射抗扰度要求。产品应能承受 GB/T 17626.3—2016《电磁兼容　试验和测量技术　射频电磁场辐射抗扰度试验》中第 5 章规定的严酷等级为 4 级辐射电磁场：试验场强 30V/m，扫频范围 80MHz～3GHz；点频：80、160、380、450、900MHz。

3）电快速瞬变脉冲群抗扰度要求。产品输入输出端子应能承受 GB/T 17626.4—2018《电磁兼容　试验和测量技术　电快速瞬变脉冲群抗扰度试验》第 5 章规定的严酷等级为 4 级的快速瞬变脉冲群干扰。

4）浪涌（冲击）抗扰度试验。产品应能承受 GB/T 17626.5—2019《电磁兼容　试验和测量技术　浪涌（冲击）抗扰度试验》规定的要求，严酷等级为 4 级：开路试验电压为 4kV。

5）射频场感应的传导骚扰抗扰度试验。产品应能承受 GB/T 17626.6—2017《电磁兼容　试验和测量技术　射频场感应的传导骚扰抗扰度》规定的要求，严酷等级为 3 级：试验电压为 20V。

6）工频磁场抗扰度试验。产品应能承受 GB/T 17626.8—2006《电磁兼容　试验和测量技术　工频磁场抗扰度试验》中第 5 章规定的试验等级为 5 级的工频磁场抗扰度试验要求。

7）振荡波抗扰度试验。产品应能承受 GB/T 17626.12—2013《电磁兼容　试验和测量技术　振荡波抗扰度试验》规定的要求，严酷等级为 3 级：共模电压为 2kV、差模电压为 1kV；振荡频率分别为 100kHz、1MHz。

8）阻尼振荡磁场抗扰度试验。产品应能承受 GB/T 17626.10—2017《电磁兼容　试验和测量技术　阻尼振荡磁场抗扰度试验》规定的要求，严酷等级为 5 级：阻尼振荡磁场强度为 100A/m；振荡频率分别为 100kHz、1MHz。

9）脉冲磁场抗扰度试验。产品应能承受 GB/T 17626.9—2011《电磁兼容　试验和测量技术　脉冲磁场抗扰度试验》规定的要求，严酷等级为 5 级：脉冲磁场强度为 1000A/m。

（9）环境试验。按照 GB/T 2423《电工电子产品环境试验》系列标准要求开展，包含但不限于表 3-1 的试验项目。

表 3-1 取能电源环境试验项目

项目	要求	合格判据
高温试验	试验温度不低于 70℃、持续时间不低于 24h	
低温试验	试验温度不高于 -10℃、持续时间不低于 24h	试验过程中电压
温度交变试验	高温不低于 70℃，低温不高于 -10℃，暴露持续时间为 3h，温度变化速率暂为 3~5℃/min，循环次数暂为 5 次	输出为 220V±1%，试验结束后可以通过例行试验
交变湿热试验	高温不低于 55℃，低温不高于 25℃，湿度不低于 95%	

3.1.1.3 旁路开关试验

功率模块旁路采用超高速旁路开关，旁路开关如图 3-7 所示，用于对功率模块进行旁路保护。旁路开关主触点与功率模块下管 IGBT 并联连接，正常工作时旁路开关主触点为开路，当功率模块出现故障时，给线圈加电，旁路开关主触点快速闭合，旁路故障功率模块，使系统保持正常运行。

图 3-7 旁路开关

旁路开关的基本功能和性能可通过开展主回路额定耐受交流和直流电压试验、二次回路对地交流耐压试验、温升试验、过载性能试验、额定关合能力试验、电寿命/接通能力试验、短时耐受电流试验、最小合闸电压试验、保持力试验、振动试验、机械寿命试验等试验项目验证。下面介绍旁路开关主要试验项目的试验目的和试验方法。

（1）主回路额定耐受交流电压试验。用于检验旁路开关主回路在短时工频交流电压下的绝缘性能，试验前开关应处于分闸状态。

参照 GB/T 14048.4—2020《低压开关设备和控制设备 第 4-1 部分：接触器和电动机起动器 机电式接触器和电动机起动器（含电动机保护器）》和 GB/T 11022—2020《高压交流开关设备和控制设备标准的共用技术要求》的规定，试验方式符合 GB/T 16927.1—2011《高电压试验技术 第 1 部分：一般定义及试验要求》中 6.3.1 的规定，分别对旁路开关的主回路端子间和端子对地间进行持续 1min 的工频耐压测试，试验过程中应无闪络和击穿发生。

（2）主回路额定耐受直流电压试验。用于检验旁路开关主回路在短时直流电压下的绝缘性能，试验前开关应处于分闸状态。

参照 GB/T 14048.4—2020 和 GB/T 11022—2020 的规定,试验方式符合 GB/T 16927.1—2011 中 6.3.1 的规定,分别对旁路开关的主回路端子间和端子对地间进行持续 1min 的直流耐压测试,试验过程中应无闪络和击穿发生。

(3)二次回路对地交流耐压试验。用于检验旁路开关二次回路在短时工频交流电压下的绝缘性能,试验前开关应处于分闸状态。

参照 GB/T 14048.4—2020 和 GB/T 11022—2020 的规定,试验方式符合 GB/T 16927.1—2011 中 6.3.1 的规定,分别对旁路开关的二次回路线圈对地和辅助触点对地间进行持续 1min 的交流耐压测试,漏电流应小于 1mA,试验过程中应无闪络和击穿发生。

(4)温升试验。用于检验旁路开关在额定连续电流下的长期通流能力,试验前开关应处于合闸状态。

试验方法应符合 GB/T 14808.4—2020 中 6.5 的规定,旁路开关的母排应满足标准中对截面积和长度的要求。试验前应测试主回路接触电阻值和环境温度值并记录。给旁路开关通额定连续电流,每 0.5h 记录一次进线端子和出线端子的温度和环境温度值。当达到温度平衡稳定 2h 后,记录各进线端子和出线端子温度和环境温度值。

待旁路开关冷却后再次进行耐压试验,应合格。待旁路开关冷却后测量旁路开关的主回路电阻值并记录。按照环境温度修正计算各测试点温升值,温升最高值应不大于 65K。试验后旁路开关的回路电阻值与试验前数值相比,测试值偏差若不大于±20%,则判定为合格。

(5)过载性能试验。用于验证旁路开关承载峰值耐受电流和短时耐受电流的能力,试验前开关应处于合闸状态。

试验参照 GB/T 11022—2020 中 6.6 的规定,试验应在偏差为±10% 的额定频率 50Hz 下进行,峰值耐受电流和短时耐受电流的大小及持续时间,根据系统研究结果确定。试验前后分别测试主回路接触电阻值并记录。

试品冷却后再次进行耐压试验,应无击穿、闪络等异常现象。试验后对旁路开关做手动分闸操作,应能正常合、分闸,开关管触头未发生不可分的熔焊,测试旁路开关的主回路接触电阻值,应相对试验前的测试值偏差不大于±20%。

(6)额定关合能力试验。用于验证旁路开关关合承受短路故障电流的能力,试验前开关应处于合闸状态。

试验方式符合 GB/T 14808.4—2020 中 6.102.4 中的规定,试验电流有效值一般至少为 6 倍额定连续电流,通流时间不小于 60ms。关合次数 20 次,采用手动分闸,每次关合间隔 180s,试验前后测试主回路接触电阻值并记录。

试品冷却后再次进行耐压试验,应无击穿、闪络等异常现象。试验后对旁路开关做手动分闸操作，应能正常合、分闸，开关管触头未发生不可分的熔焊，测试旁路开关的主回路接触电阻值，应相对试验前的测试值偏差不大于±20%。

3.1.1.4　直流电容器试验

直流电容器是换流阀的储能元件，为换流阀提供直流电压支撑。直流电容器的主要试验项目包括端子间耐压测试、端子对机壳耐压测试、容值测试、电容损耗正切值测试和局部放电测试等。对于额定电压为 2800V 的直流电容器，主要测试项目和测试方法如下：

（1）端子间耐压测试。电容器端子之间施加 4200V 直流电压，试验时间 10s，测试期间电容器应无击穿、闪络。

（2）端子对机壳耐压测试。电容器端子对机壳之间施加 5000V 交流电压，试验时间 10s，测试期间电容器应无击穿、闪络。

（3）容值测试。功率模块单个电容的容值允许偏差为 0/+5%。容值检测需在端子间耐压测试后进行，建议在 50Hz/100Hz/120Hz 频率下测量电容器的容值。

（4）电容损耗正切值测试。测量电容器的损耗正切值，在 120Hz 测试条件下，损耗正切值 $\tan\delta \leqslant 20 \times 10^{-4}$；在 100Hz 测试条件下，损耗正切值 $\tan\delta \leqslant 17 \times 10^{-4}$；在 50Hz 测试条件下，损耗正切值 $\tan\delta \leqslant 10 \times 10^{-4}$。

（5）局部放电测试。施加 5000V 交流电压，测试 10s，然后将电压降到 3000V，测试 60s。

在施加 60s 电压时，测试直流电容器的局部放电量，要求局部放电量小于10pC。

3.1.1.5　均压电阻试验

均压电阻一方面用于保证换流阀功率模块的自然均压特性，另一方面为换流阀退出运行后的功率模块提供放电通道，便于换流阀检修与维护。可通过开展主体强度试验、碰撞性试验、温度快速变化试验、气候试验和耐久性试验等试验项目，验证均压电阻的技术性能。

（1）主体强度试验。依据 GB/T 5729—2003《电子设备用固定电阻器　第 1部分：总规范》中 4.15 的规定，对主体施加 100N 的作用力，持续时间 10s。均压电阻主体应无裂纹或断裂，阻值变化不大于±（0.25%R+0.05Ω）。

（2）碰撞性试验。均压电阻固定安装后，按照标准 GB/T 2423.5—2019 的试验 Ea 执行。均压电阻端子应无损伤，阻值变化不大于±（0.25%R+0.05Ω）。

（3）温度快速变化试验。均压电阻经受 IEC 60068−2−14《基本环境试验规程　第 2−14 部分：试验　试验 N：温度变化》试验 Na 的五次循环，低温−55℃，高温 150℃，每个极限温度下暴露时间为 0.5h。均压电阻应无可见损伤，阻值变化不大于±（$0.25\%R + 0.05\Omega$）。

（4）气候试验。依据 GB/T 5729—2003 中条款 4.23 的规定，分别按顺序进行高温 150℃/16h、第一个循环湿热 24h（高温 55℃）、低温 −55℃/2h、低气压下室温 15～35℃/1h、其余循环湿热和直流负荷持续 1min。均压电阻应无可见损伤，阻值变化不大于±（$0.25\%R + 0.05\Omega$）。

（5）耐久性试验。均压电阻底板温度不大于 85℃，电阻器额定电压下经受 1000h。均压电阻应无可见损伤，标志清晰，阻值变化不大于±（$0.4\%R + 0.05\Omega$）。

3.1.1.6　控制板卡试验

功率模块控制板卡包括主控板、IGBT 驱动板、旁路开关触发板等，是功率模块的控制枢纽，用于对模块内部相关元件进行控制与检测。

可通过如下试验项目验证控制板卡基本功能和性能设计是否满足要求。

（1）电磁兼容试验。试验在完整功率模块上进行，按照 GB/T 17626《电磁兼容　试验和测量技术》系列标准要求开展，控制板卡电磁兼容试验项目包含但不限于表 3−2 所示的试验项目。

表 3−2　　　　　　　　　　控制板卡电磁兼容试验项目

试验项目	试验要求
静电放电抗扰度试验	不低于 4 级
射频电磁场辐射抗扰度试验	不低于 30V/m
电快速瞬变脉冲群抗扰度试验	不低于 4 级
浪涌（冲击）抗扰度试验	不低于 4 级
射频场感应的传导骚扰抗扰度试验	不低于 3 级
工频磁场抗扰度试验	不低于 5 级
阻尼振荡波抗扰度试验	不低于 3 级
阻尼振荡磁场抗扰度试验	不低于 5 级
脉冲磁场抗扰度试验	不低于 5 级

（2）环境试验。按照 GB/T 2423 系列要求开展，控制板卡环境试验项目包含但不限于表 3−3 所示的试验项目。

（3）试验方法。试验在完整功率模块上进行，功率模块控制板卡试验电路接线示意图如图 3−8 所示。

1）图 3-8 中 A、B 端口为交流输出端口，C、D 端口为电容电压输入端口，功率模块通过光纤与阀控测试后台连接。

2）图 3-8 中红框内的部分作为试品，完成全部电磁兼容试验和环境试验项目，试验过程中，后台应无故障报出。

3）图 3-8 为半桥功率模块试验电路接线示意图，全桥功率模块试验电路接线示意图与之类似。

表 3-3 控制板卡环境试验项目

试验项目	试验要求
高温试验	试验温度不低于 70℃，持续时间不低于 24h
低温试验	试验温度不高于−10℃，持续时间不低于 24h
温度交变试验	高温暂不低于 70℃，低温暂不高于−10℃，暴露持续时间为 3h，温度变化速率暂为 3~5℃/min，循环次数暂为 5 次
交变湿热试验	高温不低于 55℃，低温不高于 25℃，湿度不低于 95%

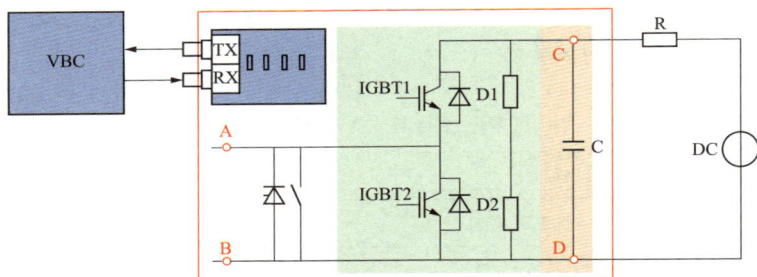

图 3-8 功率模块控制板卡试验电路接线示意图

3.1.2 功率模块试验

3.1.2.1 外观检查

确保功率模块外观完好。使用目视和触摸的方法，检查功率模块外观，应保证功率模块外观完好、无污渍。

3.1.2.2 连接检查

使用目视、触摸及力矩扳手进行检查，检查内容如下：

（1）连接件螺母是否按照规定工艺和力矩进行安装，是否按规定画力矩线及检查线。

（2）功率模块水路是否按照规定的工艺和力矩进行安装，是否按规定画力矩线及检查线。

（3）主回路和二次回路电气连接线是否按照配线图进行正确装配。

3.1.2.3 功能试验

使用功率模块功能测试仪，对功率模块进行功能试验，确保功率模块可以完成预定的动作指令及保护功能，试验项目包括但不限于：

（1）功率模块充电预检测试。

（2）IGBT 开通、关断功能测试。

（3）旁路开关功能测试。

（4）功率模块欠电压功能测试。

（5）功率模块过电压功能测试。

3.1.2.4 电磁兼容试验

该试验主要用于验证功率模块抗电磁干扰（电磁扰动）能力。按照 GB/T 17626 系列标准开展试验，试验项目至少包括但不限于：

（1）静电放电抗扰度试验。

（2）电快速瞬变脉冲群抗扰度试验。

（3）射频电磁场辐射抗扰度试验。

（4）射频场感应的传导骚扰抗扰度试验。

（5）脉冲磁场抗扰度试验。

（6）阻尼振荡磁场抗扰度试验。

（7）工频磁场抗扰度试验。

（8）浪涌（冲击）抗扰度试验。

（9）阻尼振荡波抗扰度试验。

被试品为完整功率模块。试验标准按照不低于控制板卡试验要求进行。

3.1.2.5 高低温环境试验

该试验主要用于验证功率模块在极限工作环境条件下的运行可靠性。按照 GB/T 2423 系列标准开展试验，试验项目至少包括但不限于：

（1）高温试验。

测试温度：70℃。

测试部位：整机（电容可外置）。

测试时间：高温恒温 2h 后，高温通电带负荷连续运行 72h。

测试方法：将功率模块放入温箱中，温度调节至 70℃，恒温储存 2h；外接电源为功率模块供电，令功率模块处于正常工作状态，连续运行 72h；运行过程中，实时通过上位机监测功率模块运行状态，功率模块应无故障或错误报文产生。

（2）低温试验。

测试温度：−10℃。

测试部位：整机（电容可外置）。

测试时间：低温恒温 2h 后，低温通电带负荷连续运行 72h。

测试方法：将功率模块放入温箱中，温度调节至−10℃，恒温储存 2h；外接电源为功率模块供电，令功率模块处于正常工作状态，连续运行 72h；运行过程中，实时通过上位机监测功率模块运行状态，功率模块应无故障或错误报文产生。

（3）长期带载试验。该试验用于验证功率模块各部件长期运行的可靠性，包括功率器件驱动器、取能电源、控板板卡等部件。按照功能试验连接测试工装与功率模块，功率模块达到正常工作状态，触发使能和误码数监测。将功率模块放入高温试验箱中，温度为 65℃，实时监测功率模块的运行状态和通信误码数，持续时间为 72h，功率模块应无故障或错误报文产生。

3.1.3　阀段及阀塔试验

3.1.3.1　型式试验

型式试验依据 IEC 62501《高压直流输电（HVDC）用电压源换流器（VSC）阀——电气试验》、GB/T 33348—2016《高压直流输电用电压源换流阀　电气试验》要求进行，若二者要求有差异，则按较高标准执行。

型式试验开始前，参与型式试验的所有换流阀阀段均应通过例行试验，确保型式试验前所有换流阀的状态是完好的；型式试验后，参与型式试验的所有阀段均应通过最大电流连续运行能力试验，以证明参与型式试验的阀段是完好的。

当用百分比准则来决定允许的短路功率模块最大数目和允许的未导致短路的故障功率模块最大数目，通常是取整数，型式试验中允许损坏的功率模块数量如表 3−4 所示。

全部型式试验结束时，短路或开路的和其他故障的功率模块分布应是随机的，不呈现能说明设计缺陷的任何规律。

表 3-4 型式试验中允许损坏的功率模块数量

被测试的模块数	在任何单项试验中允许出现的短路或开路模块数	在全部型式试验中允许出现模块短路或开路的总数	在全部型式试验中其他的未导致短路或开路的故障模块数
35 及以下	1	1	1
36～67	1	2	2
68～100	1	3	3
101～180	2	6	6

（1）运行试验。

1）最小直流电压试验。

a. 试验目的。证明换流阀设计的正确性，验证从直流电容取能的板卡电子设备性能。

b. 试验方法。利用电压源在阀段的端子之间施加一个直流电压，当达到最小直流电压时，所有功率模块应能启动工作，反馈信号正常。试验电压是能保证换流器电子电路正常工作的最小直流电压（小于 0.2p.u.，偏差不大于 2%），当达到最小直流电压时，该电路应能正常运行，触发功率器件并且检测反馈信号。试验中每个功率模块试验电压为 400V。试验持续时间不少于 10min。监测是否有模块发生误触发、发送错误报文现象，检查阀的抗电磁干扰性能。

c. 试验判据。试验期间，阀段取能回路工作正常。

2）最大电流连续运行能力试验。

a. 试验目的。检验换流阀中功率器件及其相关的电路，在运行状态中最严重的重复作用条件下通态、开通和关断状态时，对于电流、电压和温度的作用是否合理。

b. 试验方法。试验电流必须是在最高环境温度下的额定电流，试验电压应在最大连续直流电压（考虑电容电压 10%的波动和 1.05 的安全系数）的基础上，试验开关频率基于最大连续开关频率，持续测试时间应在冷却剂出口温度稳定后不少于 120min。试验期间监测是否有模块发生误触发、发送错误报文现象，检查阀的抗电磁干扰性能。

c. 试验判据。试验过程中系统运行稳定，无功率模块发生误触发或错误报文。

3）最大短时过电流能力试验。

a. 试验目的。证明换流阀的最大短时过电流运行能力是否满足设计要求。

b. 试验方法。换流阀必须能在最大短时过电流条件下工作。阀段首先要在最大电流连续运行能力试验下达到热稳定，或在试验前达到等效的热应力，再开始最大短时过电流运行能力试验（1.2 倍过负荷）。在试验完成后，必须继续进行 10min 最大电流连续运行能力试验。试验期间监测是否有模块发生误触发、发送错误报文现象，检查组件的抗电磁干扰性能。

c. 试验判据。试验过程中系统运行稳定，无功率模块发生误触发或错误报文。

4）最大电压连续运行能力试验。

a. 试验目的。验证换流阀在功率模块过电压下的连续运行能力是否满足设计要求。

b. 试验方法。进行该试验时，试验电流必须是在最高环境温度下的额定电流。则对应的试验对象所有功率模块电压瞬时值的最大值不低于 3050V（4500V 器件）。持续测试时间不少于 1min，试验 1min 结束后，开展 10min 最大电流连续运行能力试验。试验期间需监测功率模块电容电压，并监测是否有模块发生误触发、发送错误报文现象，检查换流器的抗电磁干扰性能。

c. 试验判据。试验过程中系统运行稳定，无功率模块发生误触发或错误报文。

5）功率器件过电流关断试验。

a. 单个功率模块过电流关断试验。

a）试验目的。IGBT 在发生特定的短路故障或误触发下关断时，在电流和电压应力作用下，检查换流阀设计是否合适，尤其是功率器件及其相关电路。

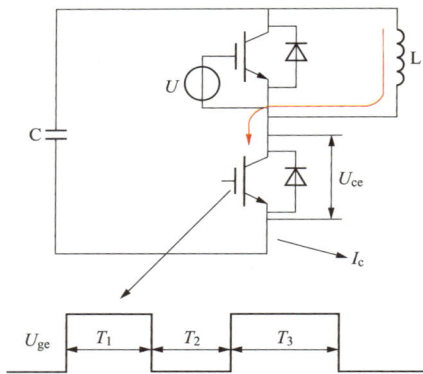

图 3-9　双脉冲测试原理图

b）试验方法。以 4500V/3000A IGBT 器件的功率模块为例，具体试验方法如下：① 按照图 3-9 所示的双脉冲测试原理图搭建试验平台。对上管 IGBT 门极施加反向电压 U，确保该 IGBT 不导通。② 对被测 IGBT 施加触发脉冲，在 3050V 功率模块电压下实现不低于 6000A 的电流关断转换。

过电流峰值：6000A，允许有 -3% 的误差；di/dt：不小于 $10A/\mu s$；试验电压：3050V。

c）试验判据。试验过程中 IGBT 正常开通关断。

b. 阀段过电流关断试验。

a）试验目的。IGBT 在发生特定的短路故障或误触发下关断时，在电流和电压应力作用下，检查换流阀设计是否合适，尤其是功率器件及其相关电路。

b）试验方法。使试验对象运行到热平衡，10min 内进出水口温差变化小于

1℃，功率器件相关元件最高稳态结温约为 80℃，然后启动过电流事件，每个功率模块的直流电压不低于最大暂态直流过电压，试验安全系数为 1.05，检查 IGBT 是否可靠关断、后台事件是否正确。

c）试验判据：① IGBT 可靠关断。② 试验过程中，无功率模块发生误触发或错误报文。

6）故障旁路试验（旁路开关正常动作）。

a. 试验目的。考核在功率模块故障发生到功率模块被旁路期间，功率模块的旁路开关能否及时有效触发。且在该过程中功率器件上的电压、电流最大值满足设计要求。

b. 试验方法。在额定电压、额定电流工况下，通过后台给一个功率模块制造驱动故障，驱动故障发生后，功率模块旁路开关闭合。检查相应的功率模块是否正常退出，监测是否有功率模块发生误触发、发送错误报文；冗余级模块切除后，试品组件持续运行时间不少于 10min，无异常出现。

c. 试验判据。

a）旁路开关正常动作。

b）试验过程中，无功率模块发生误触发或错误报文。

7）短路电流试验。

a. 试验目的。检查短路情况下功率器件和相关电路能否可靠动作。试验中的电压、电流，du/dt 及 di/dt 最大值是否满足设计要求，且在安全裕度内。

b. 试验方法。该试验要求功率模块的上、下功率器件都必须经受该试验的考验。短路电流分别按照 1 个 10ms 正弦半波和 3 个 10ms 正弦半波开展，全桥模块短路电流试验中将给换流阀施加两种方向的短路电流。对于半桥模块短路电流试验，假设换流阀闭锁条件下能够给换流阀充电的电流方向为正方向，反之为反方向，半桥模块阀段仅进行正向短路电流试验。

c. 试验判据。功率模块能承受规定的短路电流，无器件损坏。

8）功率模块抗电磁干扰试验。

a. 试验目的。检验功率模块的抗电磁干扰性能。

b. 试验方法及判据。在换流阀最大电流连续运行能力试验、最大短时过电流运行试验、阀冲击试验和功率器件过电流关断中，进行相邻模块的电磁干扰测试，应能充分验证功率模块在现场安装后处于高电位情况下的抗干扰要求，要求测试模块应带控制电，试验应进行以下验证：

a）不会发生功率器件误触发或导通顺序混乱。

b）功率模块控制电路按照预定动作。

c）不会发生错误指示。

（2）绝缘试验。

1）阀支架直流耐压试验。

a. 试验目的。验证阀支架绝缘在最大稳态直流电压和短时过电压的耐压能力。试验必须以正负极性重复进行。试验期间进行局部放电测量。

b. 试验方法。阀的两端短接，短接的阀端对地间施加直流试验电压。从规定的 1min 最大试验电压的 50%开始，电压在大约 10s 的时间内升至规定的 1min 试验电压，保持 1min 恒定，再降至规定的 3h 试验电压，保持 3h 恒定，然后减到零。在规定的 3h 电压试验中的最后 1h，超过 300pC 的局部放电数目，应按照 IEC 60700—1《高压直流输电电力传输用晶闸管　第 1 部分：电测试》附录 B 中的说明记录。

整个记录期间，300pC 以上的脉冲平均每分钟不超过 15 次；500pC 以上的脉冲平均每分钟不超过 7 次；1000pC 以上的脉冲平均每分钟不超过 3 次；2000pC 以上的脉冲平均每分钟不超过 1 次。

用相反极性电压重复上述试验。

在试验之前，阀支架应当短路并接地最少 2h。

c. 试验判据。试验过程中，阀塔无击穿、闪络；局部放电测试结果符合要求。

2）阀支架交流耐压试验。

a. 试验目的。验证阀支架绝缘在稳态交流电压应力和短时过电压应力下的耐压能力。

b. 试验方法。阀的两端短接，短接的阀端对地间施加交流试验电压。初始电压从不高于规定的 1min 试验电压的 50%开始，在大约 10s 内升至规定的 1min 试验电压 U_{tas1}，保持 1min，降低到规定的 30min 试验电压 U_{tas2}，保持 30min 后降到零。在规定的 30min 试验中的最后 1min，要监测和记录局部放电的水平。若局部放电值低于 200pC，此设计可以完全接受。若局部放电值超过了 200pC，就需要评估试验结果。

c. 试验判据。试验过程中，阀塔无击穿、闪络；局部放电测试结果符合要求。

3）阀支架操作冲击试验。

a. 试验目的。验证在操作冲击电压下阀支架的绝缘耐压能力。

b. 试验方法。阀的两端短接，短接的阀端对地间施加 3 次正向和 3 次负向的操作冲击试验电压，操作冲击电压波形应满足 IEC 60060《高压试验技术　第 1 部分：一般定义和试验要求》的规定。

c. 试验判据。试验过程中，阀塔无击穿、闪络。

4）阀支架雷电冲击试验。

a. 试验目的。验证在雷电冲击电压下阀支架的绝缘耐压能力。

b. 试验方法。阀的两端短接，短接的阀端对地间施加 3 次正向和 3 次负向的雷电冲击试验电压，雷电冲击电压波形应满足 IEC 60060 的规定。

c. 试验判据。试验过程中，阀塔无击穿、闪络。

5）阀支架陡波冲击试验。

a. 试验目的。验证在陡波冲击电压下阀支架的绝缘耐压能力。

b. 试验方法。阀的两端短接，短接的阀端对地间施加 3 次正向和 3 次负向的陡波冲击试验电压，陡波冲击电压波形应满足 IEC 60060 标准的要求。

c. 试验判据。试验过程中，阀塔无击穿、闪络。

6）阀端间交、直流耐压试验。

a. 试验目的。验证换流阀的过电压特性（直流、交流过电压）。试验过程中主要依靠直流电容和均压电阻来平衡全桥模块和半桥模块两端的电压。

b. 试验方法。如果试验对象外部的结构对应力有影响的，那么在试验中就要包括或模拟该试品。

该试验由 10s 短期和 3h 长期试验组成。试验电压施加在换流阀主端子之间。初始电压应不高于最高试验电压的 50%，然后升至 10s 试验电压 U_{tv1}，持续 10s 后，电压降至 3h 试验电压 U_{tv2}，持续 3h 后电压降为零。

对整个试验过程的局部放电量进行记录。对于交流局部放电测量，3h 试验的最后 1min 的局部放电量不超过 200pC。对于直流局部放电测量，应在 3h 试验的最后 1h 记录，超过 300pC 的局部放电脉冲平均不大于 15 个/min，超过 500pC 的局部放电脉冲平均不大于 7 个/min，超过 1000pC 的局部放电脉冲平均不大于 3 个/min，超过 2000pC 的局部放电脉冲平均不大于 1 个/min。

考虑到电压源型半桥换流阀的电容在试验中不断地进行充放电，续流二极管频繁通断，同时功率模块上的监视控制板卡取能也会对局部放电产生影响，因此在该试验中，局部放电测量宜采用开窗测量。

试验的波形为直流电压叠加一个正弦交流电压。

c. 试验判据。试验过程中，换流阀应能承受规定的试验电压而不发生放电现象，测量得到的局部放电水平满足上述要求。

7）阀端间湿态交、直流耐压试验。

a. 试验目的。验证阀在水冷管道发生漏水时的绝缘性能。

b. 试验方法。换流阀应进行湿态交、直流耐压试验。交、直流耐压试验应在阀结构顶部的一个组件发生冷却液体泄漏的情况下重复进行，泄漏量应不小于 15L/min，在施加试验电压时和在此之前至少 1h 内泄漏量应保持恒定，液体的电导率应比引发电导率报警定值 0.5μs/cm 高 5%。湿态交、直流耐压试验电压为阀端交、直流耐压试验规定的 3h 试验电压，试验时间为 5min。

c. 试验判据。试验过程中，换流阀应能耐受规定的电压，不发生放电击穿、闪络。

（3）特殊试验。

1）功率模块过电压短路试验。

a. 试验目的。考核旁路开关拒动，取能电源、控制板块失效造成的黑模块等故障情况下功率模块的相关保护措施，验证除旁路开关以外的其他旁路措施是否安全有效，是否能保证功率模块在没有控制的情况下过电压后形成长期可靠短路状态。

b. 试验方法。具体试验方法可参见 4.1.3。

2）换流阀损耗测量。

a. 试验目的。获取换流阀损耗数据，作为对运行损耗特性的参考。

b. 试验方法。分别采用双脉冲试验法、电测法和量热法进行。

a）双脉冲试验法。通过对功率模块进行双脉冲试验，获得 IGBT 开通、关断过程的试验波形，计算 IGBT 以及反并联二极管的开关损耗、通态损耗。

b）电测法。在换流阀运行试验系统中，对换流阀进行最大连续运行负载试验。计算试验系统补能电源的输入功率，减去负载电抗器和辅助功率模块的损耗即可得到试品换流阀的损耗。电测法损耗测量原理如图 3－10 所示。

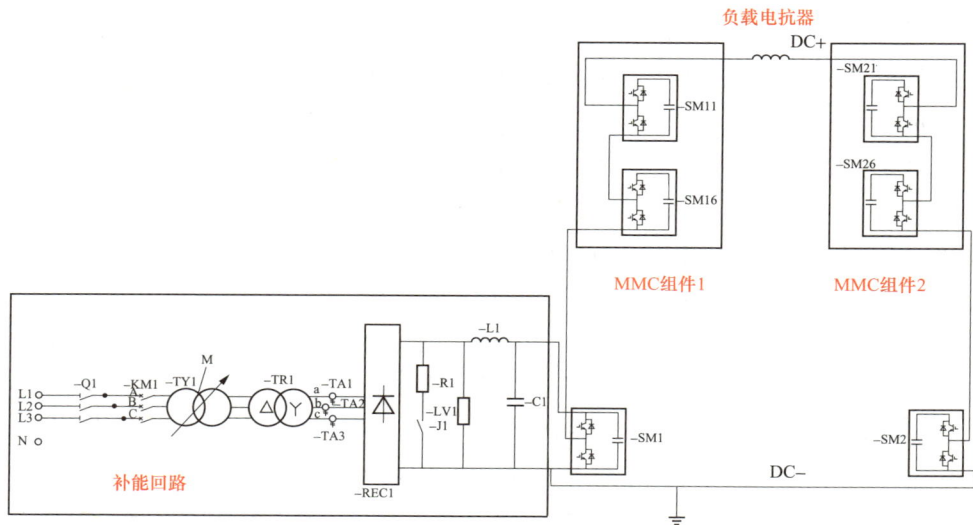

图 3－10　电测法损耗测量原理

c）量热法。与电测法的试验条件一致，通过测量阀段进出水温升得到功率模块损耗。

$$P_{\text{loss}} = \frac{c \cdot L \cdot \Delta T}{60N}$$

（3-1）

式中：P_{loss} 为功率模块损耗，kW；c 为水的比热容，J/(kg·℃)；L 为阀段流量，kg/s；ΔT 为进出水温升，K；N 为阀段中所含功率模块数量。

3）阀塔屏蔽罩电晕试验。

a. 试验目的。验证换流阀均压屏蔽罩在实际运行中的防电晕性能。

b. 试验方法。试验对象为一个组装完成的完整阀塔，包括阀支架、阀塔屏蔽罩、冷却管道、功率模块等。

试验布置应尽可能模拟柔性直流阀塔在阀厅内的相对位置及空气间隙（必要时挂接地网）。阀塔的两端短接，短接的阀端对地分别施加交流和直流试验电压，直流试验电压应分别施加正、负极性。

c. 试验判据。

a）使用紫外成像仪进行观测，阀塔均压屏蔽罩应无可见电晕。

b）使用回路法测得的无线电干扰水平应不大于 1000μV。

4）振动试验。试验对象为阀段或者功率模块，试验环境标准参照 GJB 150.16A—2009《军用设备实验室环境试验方法　第 16 部分：振动试验》高速公路卡车振动环境标准，或者不低于 GB/T 4798.2—2021《环境条件分类　环境参数组分类及其严酷程度分级　第 2 部分：运输和装卸》机械环境条件稳态随机振动 2M2 等级开展。

3.1.3.2　例行试验

（1）外观检查。检查换流阀阀段的所有材料和元器件外观完好无损及安装正确。

（2）连接检查。

1）试验目的。确保试品元器件、螺栓、水管接头等连接处连接紧固。

2）试验方法。依据图纸检查并确认功率模块及所有材料和元件安装正确、所有主回路的连接正确、端子接线等可靠连接。

3）试验判据。所有连接部位连接牢固，力矩线清晰。

（3）功能试验。使用功率模块功能测试仪，对每个功率模块进行功能试验，验证功率模块触发关断、控制、保护及监测功能。试验项目包括但不限于：

1）功率模块充电预检测试。

2）IGBT 开通、关断功能测试。

3）旁路开关功能测试。

4）功率模块欠电压功能测试。

5）功率模块过电压功能测试。

（4）压力试验。

1）试验目的。将功率模块装配为阀段后，检验每个阀段冷却管路的密闭性。

2）试验方法。阀段充满去离子水后，施加压力大于正常压力的 1.2 倍并观察一定时间。

组件单元在整个泄漏试验过程中不能有任何的渗漏，如发现任何接头部位有渗漏，应该在进行泄漏处理后，重复执行试验。试验过程中记录水路的压力及管路是否漏水、变形和破裂。

3）试验判据。各管路及散热器无漏水、无破裂现象。

（5）最小直流电压试验。

1）试验目的。证明阀设计的正确性，验证从直流电容取能的板卡电子设备性能。

2）试验方法。利用电压源对阀段的端子之间施加一个直流电压，当达到最小直流电压（小于 0.2p.u.，偏差不大于 2%）时，所有功率模块应能启动工作，反馈信号正常。具体试验过程中，每个功率模块的试验电压可设为 400V。试验持续时间不少于 10min。监测是否有模块发生误触发、发送错误报文现象，检查阀的抗电磁干扰性能。

3）试验判据。试验期间，阀段取能回路工作正常。

（6）最大电流连续运行能力试验。

1）试验目的。检验阀中功率器件及其相关的电路，在运行状态中最严重的重复作用条件下通态、开通和关断状态时，对于电流、电压和温度的作用是否合理。

2）试验方法。试验电流必须是在最高环境温度下的额定电流。试验电压应在最大连续直流电压（考虑电容电压 10% 的波动和 1.05 的安全系数）的基础上，试验开关频率基于最大连续开关频率，持续测试时间应在冷却剂出口温度稳定后不少于 8h。试验期间监测是否有模块发生误触发、发送错误报文现象，检查阀的抗电磁干扰性能。

3）试验判据。试验过程中系统运行稳定，无功率模块发生误触发或错误报文。

（7）最大短时过电流能力试验。

1）试验目的。验证换流阀的最大短时过电流运行能力是否满足设计要求。

2）试验方法。换流阀必须能在最大短时过电流条件下工作。阀段首先要在最大电流连续运行能力试验下达到热稳定，或在试验前达到等效的热应力，再开始最大短时过电流运行能力试验（1.2 倍过负荷）。在试验完成后，必须继续进行 10min 最大电流连续运行能力试验。试验期间监测是否有模块发生误触发、发送错误报文现象，检查组件的抗电磁干扰性能。

3）试验判据。试验过程中系统运行稳定，无功率模块发生误触发或错误报文。

（8）最大电压连续运行能力试验。

1）试验目的。验证换流阀在功率模块过电压下的连续运行能力是否满足设计要求。

2）试验方法。进行该试验时，试验电流必须是在最高环境温度下的额定电流。则对应的试验对象所有功率模块电压瞬时值的最大值不低于 3050V（4500V 器件）。持续测试时间不少于 1min，试验 1min 结束后，开展 10min 最大电流连续运行能力试验。试验期间需监测功率模块电容电压，并监测是否有模块发生误触发、发送错误报文现象，检查换流器的抗电磁干扰性能。

3）试验判据。试验过程中系统运行稳定，无功率模块发生误触发或错误报文。

（9）功率模块抗电磁干扰试验。

1）试验目的。检验功率模块的抗电磁干扰性能。

2）试验方法及判据。在换流阀最大电流连续运行能力试验、最大短时过电流运行试验、阀冲击试验和功率器件过电流关断中，进行相邻模块的电磁干扰测试，应能充分验证功率模块在现场安装后处于高电位情况下的抗干扰要求，要求测试模块应带控制电，试验应开展以下验证：

a. 不会发生功率器件误触发或导通顺序混乱。

b. 功率模块控制电路按照预定动作。

c. 不会发生错误指示。

3.1.3.3 现场交接试验

（1）换流阀开箱条件。换流阀发货到现场后，开箱前应首先检查阀厅环境是否满足技术要求，换流站阀厅环境典型参数值如表 3-5 所示。

表 3-5　　　　　　　　　换流站阀厅环境典型参数值

序号	名称	单位	换流站阀厅
1	海拔	m	由工程条件确定
2	空气温度，最小值	℃	+5

序号	名称	单位	换流站阀厅
3	空气温度，最大值	℃	+45
4	极限空气温度，最大值	℃	+50（2h）
5	相对湿度，最大值		50%RH
6	污秽等级		户内（微正压）
7	爬电比距	mm/kV	由工程条件确定
8	耐受地震能力（水平加速度/垂直加速度）	m/s²	由工程条件确定

（2）装配检查。装配检查安排在换流阀阀塔安装完毕后进行。

（3）阀段检查。主要检查内容如下：

1）外观完好无损，表面无污物和水。

2）内部螺栓连接可靠。

3）配线连接正确。

（4）阀塔连接。主要检查内容如下：

1）屏蔽罩等电位线、均压电极等电位线、排气阀等电位线等连接完好，并用万用表测量是否导通。

2）阀塔上无遗留杂物。

3）阀塔无脏污和水。

4）绝缘子伞裙等外观无破损、绝缘子伞裙方向正确。

5）阀塔连接螺栓力矩、水管力矩按规定划线。

（5）水路检查。

1）功率模块分支水管无折痕，流通顺畅。

2）各种水管接口处无破损、无松动。

3）排气阀阀门保持常开。

4）阀塔底部进出水阀门保持常开。

5）水冷系统及管道必须经过72h冲洗方可与阀塔水路对接。

（6）力矩连接检查。组成阀塔的各零件之间的装配连接必须严格按照阀塔装配图纸和阀塔安装工艺进行，所有螺栓均需要按力矩要求进行紧固，且完成安装自检后画力矩标记线（可选黑色），复检按80%力矩并画力矩标记线（可选红色）。

（7）光通路检查。使用光功率计、标准光源、标准光纤、对讲机等设备，对功率模块光纤光通路进行检查，记录光纤衰减值（dB）。光纤衰减值不大于1.5dB，为合格。

（8）水路密闭性试验。该试验在内冷系统与外冷系统对接后完成。在换流阀内冷系统与外冷系统对接前，应确保外部管路和外冷系统经过充分清洗，务必保证换流阀内部水路不受外部污染。

该试验分阀塔逐步进行，首先启动外冷系统，换流阀水路运行稳定后停止水冷系统，对阀塔水路按 0.4、0.6、0.8MPa 进行加压，每种压力下保持 3min，阀塔各水管接头处应无漏水现象；换流阀水路加压至 0.8MPa，保持 30min，阀塔各水管接头处应无漏水现象，并进行记录。

（9）阀塔流量检查。水冷系统运行稳定后，使用流量计测量每个阀塔的流量，阀塔流量不小于工程技术要求。记录阀塔进出水压力（如果设置有压力表）。

（10）功率模块与阀控通信测试。使用移动电源给功率模块二次回路加电，通过后台观察功率模块状态。记录功率模块软件版本号是否正确，后台显示的功率模块位置与实际功率模块在阀塔中的位置是否一致。

（11）对外主回路连接检查。对照现场指导文档，检查换流阀对外连接是否正确。包括换流阀与避雷器、换流阀与换流变压器、换流阀与直流场设备连接等。

3.2 换流阀冷却系统试验

3.2.1 型式试验

换流阀冷却系统的型式试验由有相关能力及资质的第三方进行，主要包括以下几种试验项目。

3.2.1.1 外观检查

进行设备的外观检查；检查泵、各类阀门、测量仪表、管道等组件的安装情况；检查电气部分的电气配线、标识和编号等是否符合设计文件及有关标准的规定。

3.2.1.2 绝缘试验

阀冷系统设备的控制器、电动机等低压电气设备与地（外壳）之间的绝缘电阻不低于 10MΩ。

低压设备与地（外壳）之间应能承受 2000V 的工频试验电压，持续时间为 1min。

3.2.1.3 接地试验

试验前应断开控制柜的电源，并清除测量点的油污，采用直接测量法，将仪表的端子分别与主接地端子、柜壳（或应接地的导电金属件）连接，检验可触及金属部分与主接地点之间的电阻，测量值应不超过 0.1Ω。

3.2.1.4　压力试验

水冷设备及管道（阀外部）设计压力不小于 1.0MPa，试验压力不小于 1.6MPa；试验时间 1h，设备及管路应无破裂或渗漏水现象。

3.2.1.5　水质性能试验

根据换流阀对内、外冷却水电导率、pH 值等各水质指标要求，测量系统启动后，各水质指标的变化情况，考核水冷设备的去离子和水处理能力。

3.2.1.6　水力性能试验

通过测量水冷系统工作时供水压力与流量的关系，考核水冷设备的水力性能。该试验可采用模拟方式进行，根据阀厂提供的换流阀的流量与水压差，用近似水压差的其他部件替代换流阀进行试验。

3.2.1.7　噪声测量试验

测试时，环境噪声的水平至少应比装置的噪声低 6dB，且距被测装置 3m 内没有声音反射面（地面除外）。

3.2.1.8　控制与保护性能试验

模拟各种运行模式和故障情况，验证水冷设备的控制与保护功能是否满足要求。

3.2.1.9　电磁兼容试验

主要是确保阀冷系统的供电电源回路、采集回路和控制回路在受到快速瞬变干扰/脉冲群干扰/静电放电干扰时不会出现误动、拒动、死机等现象。提供第三方进行的快速瞬变干扰试验、脉冲群干扰试验、静电放电试验等试验报告。

3.2.1.10　模拟通信与接口试验

根据直流控制与保护系统确定的通信接口要求，进行水冷却设备的通信与远程控制功能试验。

（1）验证水冷设备控制系统是否能准确地把阀冷的运行状态、告警报文、在线运行参数正确上传至直流控制与保护系统。

（2）验证水冷设备控制系统与直流控制与保护系统之间的控制动作是否正确，直流控制与保护系统能否正确响应水冷设备控制系统的跳闸指令，水冷设备控制系统能否正确响应直流控制与保护系统的运行与停运指令等。

3.2.1.11　连续运行试验

为保证水冷系统的可靠性，在各单项试验合格之后，应进行整机连续运行试验。

试验时间为 48h，试验期间应记录水冷系统运行参数。

试验期间无渗漏发生，控制和保护设备正常运行，则认为合格。

3.2.2　例行试验

阀冷设备出厂前，验证设备的基本功能，按如下试验要求进行出厂试验。

3.2.2.1　外观检查

进行设备的外观检查；检查泵、各类阀门、测量仪表、管道等组件的安装情况；检查电气部分的电气配线、标识和编号等是否符合设计文件及有关标准的规定。

3.2.2.2　绝缘试验

阀冷系统设备的控制器、电动机等低压电气设备与地（外壳）之间的绝缘电阻不低于 10MΩ。

低压设备与地（外壳）之间应能承受 2000V 的工频试验电压，持续时间为 1min。

3.2.2.3　接地试验

试验前应断开控制柜的电源，并清除测量点的油污，采用直接测量法，将仪表的端子分别与主接地端子、柜壳（或应接地的导电金属件）连接，检验可触及金属部分与主接地点之间的电阻，测量值应不超过 0.1Ω。

3.2.2.4　压力试验

水冷设备及管道（阀外部）设计压力不小于 1.0MPa，试验压力不小于 1.6MPa；试验时间 1h，设备及管路应无破裂或渗漏水现象（试验时，短接与阀塔对接处的管道）。

空冷器盘管至少进行一次气压和一次液压试验，盘管设计压力 1.6MPa，测试压力 2.4MPa，试验时间 1h。

3.2.2.5　水质性能试验

根据换流阀对内、外冷却水电导率及 pH 值等各水质指标要求，测量系统启动后，各水质指标的变化情况，考核水冷设备的去离子和水处理能力。

3.2.2.6　水力性能试验

通过测量水冷系统工作时供水压力与流量的关系，考核水冷设备的水力性能。该试验可采用模拟方式进行，根据阀厂提供的换流阀的流量与水压差，用近似水压差的其他部件替代换流阀进行试验。

3.2.2.7　控制与保护性能试验

模拟各种运行模式和故障情况，验证水冷设备的控制与保护功能是否满足要求。

3.2.2.8　模拟通信与接口试验

根据直流控制与保护系统确定的通信接口要求，进行水冷设备的通信与远程控制功能试验。

（1）验证水冷设备控制系统是否能准确地把阀冷的运行状态、告警报文、在线运行参数正确上传至直流控制与保护系统。

（2）验证水冷设备控制系统和直流控制与保护系统之间的控制动作是否正确，直流控制与保护系统能否正确响应水冷设备控制系统的跳闸指令，水冷设备控制系统能否正确响应直流控制与保护系统的运行与停运指令等。

3.2.2.9　连续运行试验

为保证水冷系统的可靠性，在各单项试验合格之后，应进行整机连续运行试验。

试验时间为 6h，试验期间应记录水冷系统运行参数。

试验期间无渗漏发生，控制和保护设备正常运行，则认为合格。

3.2.3　现场交接试验

3.2.3.1　外观检查

进行设备的外观检查；检查泵、各类阀门、测量仪表、管道等组件的安装情况；检查电气部分的电气配线、标识和编号等是否符合设计文件及有关标准的规定。

3.2.3.2 绝缘试验

阀冷系统设备的控制器、电动机等低压电气设备与地（外壳）之间的绝缘电阻不低于 10MΩ。

低压设备与地（外壳）之间应能承受 2000V 的工频试验电压，持续时间为 1min。

3.2.3.3 接地试验

试验前应断开控制柜的电源，并清除测量点的油污，采用直接测量法，将仪表的端子分别与主接地端子、柜壳（或应接地的导电金属件）连接，检验可触及金属部分与主接地点之间电阻，测量值应不超过 0.1Ω。

3.2.3.4 压力试验

冷却设备及管道完成安装后，试验压力为设计压力的 1.2～1.5 倍，试验时间 1h，冷却设备及管道无破裂或渗漏现象（试验时，短接与阀塔连接处的管道）。

冷却设备与换流阀塔连接后，试验压力、试验时间等根据换流阀试验要求确定。

3.2.3.5 水质性能试验

根据换流阀对内、外冷却水电导率及 pH 值等各水质指标要求，测量系统启动后各水质指标的变化情况，考核水冷设备的去离子和水处理能力。

3.2.3.6 噪声测量试验

依据 GB/T 22075—2008《高压直流换流站的可听噪声》的要求测量。测试时，环境噪声的水平至少应比装置的噪声低 6dB，且距被测装置 3m 内没有声音反射面（地面除外）。

3.2.3.7 控制与保护性能试验

模拟各种运行模式和故障情况，验证水冷设备的控制与保护的功能是否满足要求。

3.2.3.8 模拟通信与接口试验

根据直流控制与保护系统确定的通信接口要求，进行水冷设备的通信与远程控制功能试验。

（1）验证水冷设备控制系统是否能准确地把阀冷的运行状态、告警报文、在线运行参数正确上传至直流控制与保护系统。

（2）验证水冷设备控制系统和直流控制与保护系统之间的控制动作是否正确，直流控制与保护系统能否正确响应水冷设备控制系统的跳闸指令，水冷设备控制系统能否正确响应直流控制与保护系统的运行与停运指令等。

3.2.3.9　连续运行试验

为保证水冷系统的可靠性，在各单项试验合格之后，应进行整机连续运行试验。

试验时间为 72h，试验期间应记录水冷系统运行参数。

试验期间无渗漏发生，控制和保护设备正常运行，则认为合格。

3.2.3.10　系统联合调试试验

换流阀带负荷运行，验证冷却设备的冷却能力和温度调节能力及换流阀要求的其他技术指标。

3.3　阀　控　系　统　试　验

3.3.1　型式试验

阀控系统型式试验包括运行试验、绝缘性能试验及特殊试验等。

3.3.1.1　运行试验

（1）环境试验。阀控系统环境试验包括高温试验、低温试验、温度交变试验、交变湿热试验和高温极限试验。

1）高温试验。可参照标准 GB/T 2423.2—2008《电工电子产品环境试验　第 2 部分：试验方法　试验 B：高温》。

试验样品在整个试验过程中通电，试验温度不低于 70℃，持续时间不低于 24h。

2）低温试验。可参照标准 GB/T 2423.1—2008《电工电子产品环境试验　第 2 部分：试验方法　试验 A：低温》。

试验样品在整个试验过程中通电，试验温度不高于 −10℃，持续时间不低于 24h。

3）温度交变试验。可参照标准 GB/T 2423.22—2012《环境试验 第 2 部分：试验方法 试验 N：温度变化》。试验 Nb 规定变化速率的温度变化。

高温不低于 70℃，低温不高于 –10℃，暴露持续时间为 3h，温度变化速率暂为 3～5℃/min，循环次数暂为 5 次。

4）交变湿热试验。可参照标准 GB/T 2423.4—2008《电工电子产品环境试验 第 2 部分：试验方法 试验 Db：交变湿热（12h + 12h 循环）》。

高温不低于 55℃，低温不高于 25℃，湿度不低于 95%。

5）高温极限试验。可参照标准 GB/T 2423.2—2008《电工电子产品环境试验 第 2 部分：试验方法 试验 B：高温》。

将样品放入温度为室温的试验箱中，然后样品通电，将温度逐渐提升至 70℃，温度变化速率为 1℃/min。此后每增加 1℃，暴露时间为 1h，观察样品是否正常工作，增加温度直至样品不能正常工作。

环境试验接线（高温/低温/温度交变/交变湿热等）如图 3–11 所示。

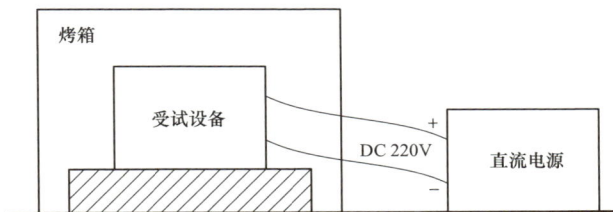

图 3–11 环境试验接线（高温/低温/温度交变/交变湿热等）

以上环境试验验收准则为环境试验中及试验后样品应能正常运行，符合有关性能要求。

（2）电源扰动及断电试验。电源扰动及断电试验包括频率影响试验、辅助电源影响试验、电源中断试验、辅助电源纹波影响试验等。

1）频率影响试验。可参照标准 GB/T 14598.26—2015《量度继电器和保护装置 第 26 部分：电磁兼容要求》。

2）辅助电源影响试验。可参照标准 GB/T 14598.26—2015《量度继电器和保护装置 第 26 部分：电磁兼容要求》。

试验样品额定直流电压 U_N 为 220V/110V，电压下限 80%，电压上限 120%，U 分别取标称电压的上限、下限、额定值进行测试，缓降时间 60s，停留时间 5min，缓升时间 60s，每个电压值下重复测试 3 次，每次试验最小间隔 1min 或足够让样品能够完整启动的时间。电源电压缓升缓降示意图如图 3–12 所示。

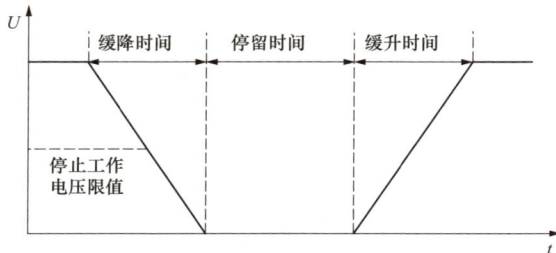

图 3-12 电源电压缓升缓降示意图

3）电源中断试验。可参照标准 GB/T 17626.29—2006《电磁兼容 试验和测量技术 直流电源输入端口电压暂降、短时中断和电压变化的抗扰度试验》。

试验样品在额定电压 220V 下运行，电源短时中断一定时间，重复测试 3 次，每次试验最小间隔 1min 或足够让样品能够完整启动的时间。

4）辅助电源纹波影响试验。可参照标准 GB/T 17626.17—2005《电磁兼容 试验和测量技术 直流电源输入端口纹波抗扰度试验》。电源扰动及断电试验接线如图 3-13 所示。

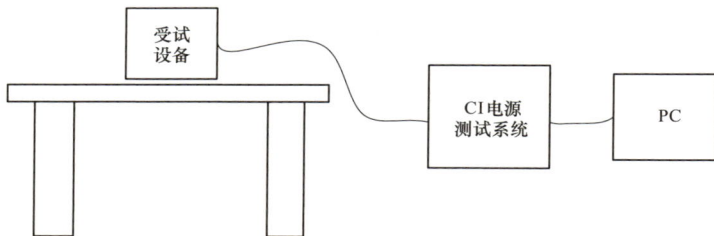

图 3-13 电源扰动及断电试验接线

试验样品在整个试验过程中带电工作，额定电压 220V，电压下限 80%，电压上限 120%，分别在电压上限和电压下限进行试验，纹波频率分别为 100、120Hz，每次试验时间 10min。

以上电源扰动及断电试验验收准则为环境试验中及试验后样品应能正常运行，符合有关性能要求。

（3）振动、冲击、碰撞试验。振动、冲击、碰撞试验包括振动响应试验、振动耐久试验、冲击响应试验、冲击耐久试验和碰撞试验等。

1）振动响应试验。可参考标准 GB/T 11287—2000《电气继电器 第 21 部分：量度继电器和保护装置的振动、冲击、碰撞和地震试验 第 1 篇：振动试验（正弦）》。试验参数如下：

严酷等级：1；

频率范围：10～150Hz；

交越频率：59Hz；

扫频速率：1 倍频程/min；

持续时间：三个方向共约 24min，一个方向扫频循环约 8min。

受试设备按其正常工作时的安装方式固定到振动试验台上，分别沿三条相互垂直的轴线方向（上下、左右、前后）进行试验。试验期间监视受试设备的工作状态；试验结束后，进行外观检查并测试有关性能。

2）振动耐久试验。可参考标准 GB/T 11287—2000。试验参数如下：

严酷等级：1；

频率范围：10～150Hz；

扫频速率：1 倍频程/min；

持续时间：三个方向共约 480min，一个方向扫频循环约 8min。

试验方式为受试设备按其正常工作时的安装方式固定到振动试验台上，分别沿三条相互垂直的轴线方向（上下、左右、前后）进行试验。试验结束后，进行外观检查并测试有关性能。

3）冲击响应试验。可参考标准 GB/T 14537—1993《量度继电器和保护装置的冲击与碰撞试验》。试验参数如下：

严酷等级：1；

极性：正极性和负极性；

重复率：4s 产生 1 个脉冲。

试验方式为受试设备按其正常工作时的安装方式固定到振动试验台上，分别在三个相互垂直轴线上的每个方向（上、下、左、右、前、后）各加 3 个脉冲。试验期间监视受试设备的工作状态；试验结束后，进行外观检查并测试有关性能。

4）冲击耐久试验。可参考标准 GB/T 14537—1993。试验参数如下：

严酷等级：1；

极性：正极性和负极性；

重复率：4s 产生 1 个脉冲。

试验方式为受试设备按其正常工作时的安装方式固定到振动试验台上，分别在三个相互垂直轴线上的每个方向（上、下、左、右、前、后）各加 3 个脉冲。试验结束后，进行外观检查并测试有关性能。

5）碰撞试验

可参考标准 GB/T 14537—1993。试验参数如下：

严酷等级：1；

极性：正极性和负极性；

重复率：1s 产生 1 个脉冲。

试验方式为受试设备按其正常工作时的安装方式固定到振动试验台上，分别在三个相互垂直轴线上的每个方向（上、下、左、右、前、后）各加 1000 个脉冲。试验结束后，进行外观检查并测试有关性能。

以上振动、冲击和碰撞试验验收准则为试验样品在试验期间和试验后，符合有关性能要求，样品机械结构无损伤、松动和元器件脱落，通电正常工作，符合有关性能要求。

（4）温度储存试验。温度储存试验包括高温存储试验和低温存储试验。

1）高温存储试验。可参考标准 GB/T 2423.2—2008。试验参数如下：

温度：70℃及以上；

持续时间：24h。

试验方式为将样品放入温度为室温的试验箱中，然后将温度调节到规定的等级温度，温度变化速率为 1℃/min。试验期间样品不通电，处于非工作状态。当样品的温度达到稳定后，在该条件下暴露规定的持续时间。试验结束后，室温恢复 1h，观察装置外观并测试其电气性能。

2）低温存储试验。可参考标准 GB/T 2423.2—2008。试验参数如下：

温度：−40℃以及以下；

持续时间：24h。

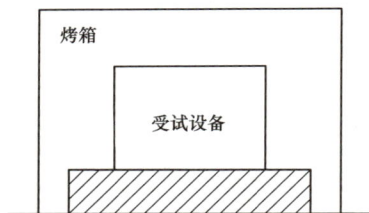

图 3−14　温度储存试验接线

温度储存试验接线如图 3−14 所示。将样品放入温度为室温的试验箱中，然后将温度调节到规定的等级温度，温度变化速率为 1℃/min。试验期间样品不通电，处于非工作状态。当样品的温度达到稳定后，在该条件下暴露规定的持续时间。试验结束后，室温恢复 1h，观察装置外观并测试其电气性能。

以上温度储存试验验收准则为试验中及试验后样品应能正常运行，符合有关性能要求。

（5）冲击电压试验。可参考标准 GB/T 14598.3—2006《电气继电器　第 5 部分：量度继电器和保护装置的绝缘配合要求和试验》。

试验参数为每一输入及输出都应经受 5kV、0.5J 的共模脉冲耐压试验而不损坏。

试验方式为对受试设备输入、输出端口，施加冲击电压 5kV、波前时间 1.2μs、峰值时间 50μs、输出能量 0.5J 的标准雷电电波。

冲击电压试验验收准则为试验中及试验后样品应能正常运行，符合有关性能要求，不应出现绝缘击穿或损坏现象。

（6）电磁兼容试验。电磁兼容试验具体参照 GB/T 17626《电磁兼容性试验和测量技术通用规范》系列标准、IEC 61000《电磁兼容性国际标准》、CISPR11《工业、科学和医疗设备电磁兼容标准》等，包括表 3-6 所示抗扰度试验和发射试验。

表 3-6　　　　　　　　　　抗扰度试验和发射试验参数

试验名称	参数
静电放电抗扰度试验	不低于 4 级
射频电磁场辐射抗扰度试验	不低于 30V/m
电快速瞬变脉冲群抗扰度试验	不低于 4 级
浪涌（冲击）抗扰度试验	不低于 4 级
射频场感应的传导骚扰抗扰度试验	不低于 3 级
工频磁场抗扰度试验	不低于 5 级
阻尼振荡波抗扰度试验	不低于 3 级
阻尼振荡磁场抗扰度试验	不低于 5 级
脉冲磁场抗扰度试验	不低于 5 级
传导发射试验	A 级
射频发射试验	—

1）静电放电抗扰度试验。试验参数如下：

上升时间：0.8ns；

放电次数：正负极性各 10 次；

重复频率：1Hz。

电磁兼容试验：静电放电抗扰度试验接线如图 3-15 所示。

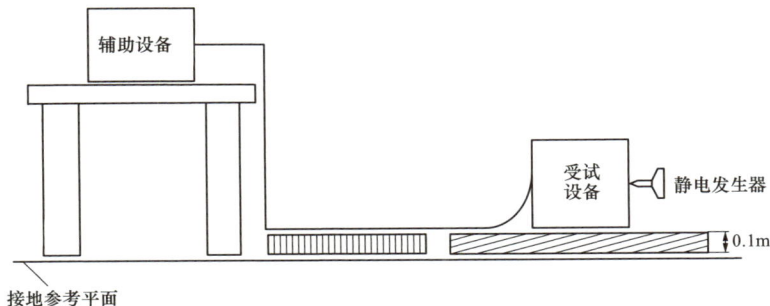

图 3-15　电磁兼容试验：静电放电抗扰度试验接线

试验验收准则为试验样品在干扰期间和试验结束后，符合有关性能要求。

2）射频电磁场辐射抗扰度试验。试验参数如下。

频率范围：80～1000MHz；

调制方式：调幅调制信号1kHz（正弦波）；

调幅深度：80%；

占空比：100%；

步长方式：前一频率值的百分比步长，1%驻留时间为2s。

电磁兼容试验：射频电磁场辐射抗扰度试验接线如图3－16所示。

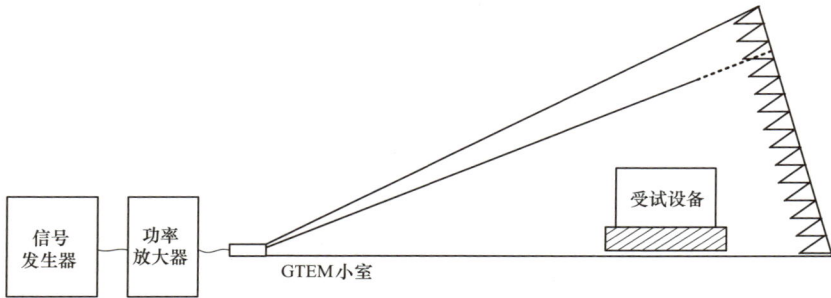

图3－16　电磁兼容试验：射频电磁场辐射抗扰度试验接线

注　GTEM（gigahertz transverse electro magnetic）为吉赫兹横电磁波。

试验验收准则为试验样品在干扰期间和试验结束后，符合有关性能要求。

3）电快速瞬变脉冲群抗扰度试验。试验参数如下：

脉冲群持续时间：5kHz时为15ms，100kHz时为0.75ms；

脉冲群周期：300ms；

单个脉冲波形：上升时间为5ns；

脉宽时间：50ns；

极性：正极性和负极性；

试验持续时间：60s；

耦合/去耦网络特性参数：耦合电容33nF，共模耦合方式；

容性耦合夹耦合电容：100～1000pF。

电磁兼容试验：电快速瞬变/浪涌/射频传导/阻尼振荡波试验接线如图3－17所示。

试验验收准则为试验样品在干扰期间和试验结束后，符合有关性能要求。

4）浪涌（冲击）抗扰度试验。试验参数如下：

开路电压：波前时间为1.2μs，半峰值时间为50μs；

短路电流：波前时间为8μs，半峰值时间为20μs；

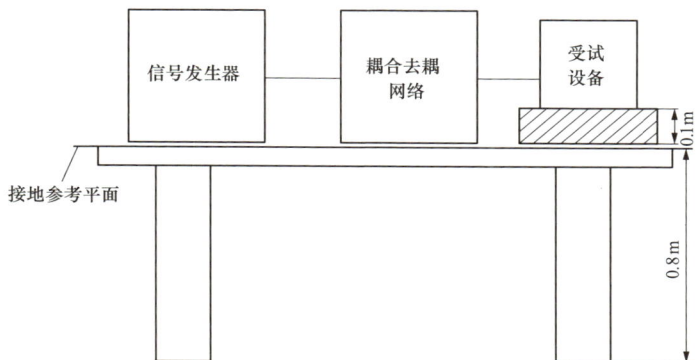

图 3-17 电磁兼容试验：电快速瞬变/浪涌/射频传导/阻尼振荡波试验接线

有效输出阻抗：2Ω；

极性：正极性和负极性；

脉冲次数：正负极性各 5 次；

脉冲间隔时间：60s。

试验接线如图 3-17 所示。

试验验收准则为试验样品在干扰期间和试验结束后，符合有关性能要求。

5）射频场感应的传导骚扰抗扰度试验。试验参数如下：

频率范围：150kHz～80MHz，调制方式为调幅；

调制频率：1kHz（正弦波），调幅深度为 80%；

占空比：100% 步长方式为百分比；

步长：1%；

驻留时间：2s。

试验接线如图 3-17 所示。

试验验收准则为试验样品在干扰期间和试验结束后，符合有关性能要求。

6）工频磁场抗扰度试验。试验参数如下：

试验持续时间：稳定持续磁场 60s，短时磁场 3s；

试验频率：50Hz；

输出电流波形：正弦波。

电磁兼容试验：工频磁场/脉冲磁场/阻尼振荡磁场试验接线如 3-18 所示。

试验验收准则为试验样品在干扰期间和试验结束后，符合有关性能要求。

7）阻尼振荡波抗扰度试验。试验参数如下：

电压上升时间（第一峰值）：75ns；

振荡频率：100kHz 和 1MHz；

重复频率：100kHz 时 40 次/s，1MHz 时 400 次/s；

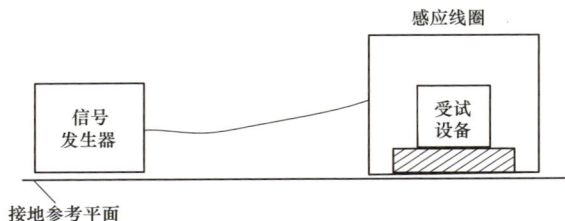

图 3–18　电磁兼容试验：工频磁场/脉冲磁场/阻尼振荡磁场试验接线

脉冲群持续时间：2s；

两次连续试验之间间隔时间：1s。

试验接线如图 3–18 所示。

试验验收准则为试验样品在干扰期间和试验结束后，符合有关性能要求。

8）阻尼振荡磁场扰度试验。试验参数如下：

振荡频率：100kHz 和 1MHz；

重复频率：100kHz 时 40 个/s，1MHz 时 400 个/s；

脉冲群持续时间：2s。

试验接线如图 3–18 所示。

试验验收准则为试验样品在干扰期间和试验结束后，符合有关性能要求。

9）脉冲磁场抗扰度试验。试验参数如下：

输出电流波形：上升时间为 6.4μs，持续时间为 16μs；

极性：正极性和负极性；

脉冲次数：正负极性各 5 次；

脉冲间隔时间：10s。

试验接线如图 3–18 所示。

试验验收准则为试验样品在干扰期间和试验结束后，符合有关性能要求。

10）传导发射试验。传导发射试验参数如表 3–7 所示。

表 3–7　　　　　　　传 导 发 射 试 验 参 数

电源端口			
A 级	频率（MHz）	限值 dB（μV）	
		准峰值	平均值
	0.15～0.5	79	66
	0.5～30.0	73	60

电磁兼容试验：传导发射试验接线如图 3–19 所示。

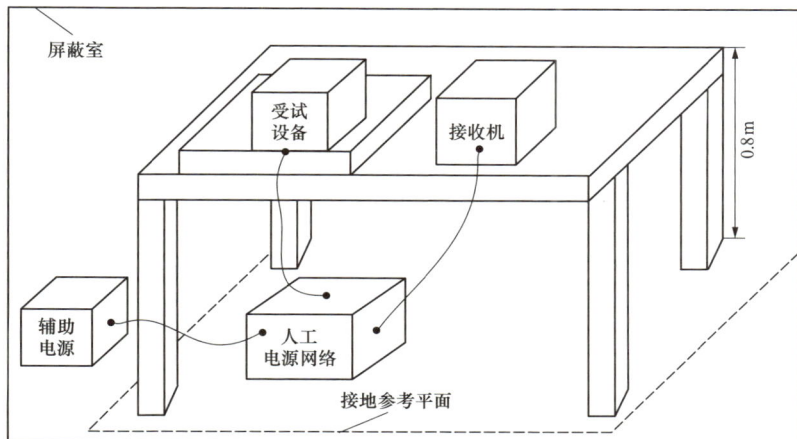

图 3-19　电磁兼容试验：传导发射试验接线

试验验收准则为试验样品在正常工作情况下，所测量到的传导发射骚扰准峰值和平均值均不应超过限值。

11）射频发射试验。试验参考标准 GB 9254.1—2021《信息技术设备、多媒体设备和接收机　电磁兼容　第 1 部分：发射要求》。

射频发射试验参数如表 3-8 所示。

表 3-8　　　　　　　　　　　　射 频 发 射 试 验 参 数

	频段（MHz）	3 米法限值（dBμV/m）
A 级	30～230	50
	0.5～30.0	57

试验是在标准 3 米法电波暗室中进行，受试设备处于工作状态。天线在 1～4m 的范围内升降，转台在 0°～360°的范围内旋转，用接收天线和接收机在30MHz～1GHz 频段扫频接收干扰信号，步长为 50kHz，搜索受试设备最大辐射的频率点及方位。

试验样品在正常工作情况下，所测量到的射频发射骚扰准峰值不应超过限值。

3.3.1.2　绝缘试验

绝缘试验也称作冲击电压试验。可参考标准 GB/T 14598.3—2006。

试验参数为每一输入及输出都应经受 5kV、0.5J 的共模脉冲耐压试验而不损坏。

试验方式为对受试设备输入、输出端口，施加冲击电压 5kV、波前时间 1.2μs、峰值时间 50μs、输出能量 0.5J 的标准雷电电波。

试验验收准则为试验中及试验后样品应能正常运行，符合有关性能要求，不应出现绝缘击穿或损坏现象。

3.3.1.3 特殊试验

试验参考标准 GB/T 14598.26—2015《量度继电器和保护装置 第 26 部分：电磁兼容要求》。

特殊试验参数如表 3−9 所示。

表 3−9 特 殊 试 验 参 数

等级	被试端口	电压峰值（kV）	重复频率（kHz）
4	供电电源端口	4	5 或 100

受试设备处于工作状态，按试验等级规定的试验值，以共模及差模两种方式进行，将干扰信号施加于供电电源端口，观察受试设备工作情况。

试验验收准则为试验样品在干扰期间和试验结束后，符合有关性能要求。

3.3.2 FPT 试验❶

3.3.2.1 稳态 STATCOM 试验

（1）试验目的。验证 STATCOM 运行模式下的稳态控制性能。

（2）试验方法。

1）单站在 STATCOM 运行模式下实现界面操作至 RFO 解锁前状态。

2）解锁后触发稳态录波检查 STATCOM 运行方式下电压和电流录波。

（3）合格判据。STATCOM 正常 0 功率解锁，后台没上报阀控相关故障信息，换流器输出阀侧交流电压正常，运行平稳。

3.3.2.2 有功功率稳态试验

（1）试验目的。验证有功功率控制的稳态性能。

（2）试验方法。

1）将柔性直流系统运行在设定状态。

2）核实（或输入）有功功率指令为 0MW 并录波。

---

❶ FPT 试验（functional performance test）为功能性试验。

3）输入有功功率指令为 150MW 并录波。

4）输入有功功率指令为 1500MW 并录波。

（3）合格判据。

1）有功指令正确执行，实际换流阀输出功率与输入功率指令一致。

2）有功功率控制状态下，全功率范围内桥臂电流之间（包括上下桥臂之间、相与相之间）保持对称，6 个桥臂电流（基波有效值）之间最大差值在额定功率 1500MW 时小于 2%，0.1p.u.功率时小于 5%。

3.3.2.3　无功功率稳态试验

（1）试验目的。验证无功功率控制的稳态性能。

（2）试验方法。

1）将柔性直流系统运行在设定状态。

2）核实（或输入）无功功率指令为 0Mvar 并录波。

3）输入无功功率指令为 450Mvar 并录波。

4）输入无功功率指令为 900Mvar 并录波。

5）输入无功功率指令为 −450Mvar 并录波。

6）输入无功功率指令为 −900Mvar 并录波。

（3）合格判据。无功功率输入指令与实际换流器输出无功功率一致。

3.3.2.4　环流试验

（1）试验目的。检查桥臂环流抑制功能投入前和投入后系统都应能够正常运行，其在线投退过程也不应影响系统正常运行。

（2）试验方法。

1）在高压直流输电（high voltage direct current，HVDC）运行方式下输入有功功率指令为 0.1、0.5、1.0p.u.并等待升降完成。

2）投退环流控制，观察投退前后系统运行变化。

3）稳态运行情况下检查桥臂二倍频环流大小。

（3）合格判据。

1）桥臂环流抑制功能投入前和投入后系统都应能够正常运行，其在线投退过程也不应影响系统正常运行。

2）环流抑制功能投入后桥臂二倍频环流应控制在基频电流的以下水平：

a. 0.1p.u.功率以下时，不大于 5%。

b. 0.1～0.5p.u.功率范围时，不大于 3%。

c. 0.5p.u.功率以上时，不大于 2%。

3.3.2.5　阀控请求切换试验

（1）试验目的。检查阀控请求切换过程中的暂态性能。

（2）试验方法。模拟阀控光纤故障请求切换系统或者手动切换。

（3）试验判据。阀控请求切换功能正常，能够完成切换。

3.3.2.6　子模块故障试验

（1）试验目的。检查子模块故障时阀控的动作行为。

（2）试验方法。阀控模拟子模块故障，检查故障数据的不同导致阀控的动作行为。

（3）试验判据。子模块故障时阀控的动作行为正确，冗余判断正确，不影响当前系统正常运行。

3.3.2.7　过电流闭锁试验

（1）试验目的。验证过电流闭锁保护的正确性。验证过电流闭锁定值和时间。

（2）试验方法。HVDC 方式运行在额定功率状态下，模拟桥臂接地短路故障。

（3）试验判据。过电流闭锁保护动作正确，过电流闭锁定值有效。

3.3.3　全链路试验

图 3-20 是基于 RT-LAB 或 RTDS 实时仿真机的柔性直流控制保护闭环测试系统示意图。由于模块化多电平拓扑特点，现有柔性直流控制保护仿真测试平台存在以下问题：

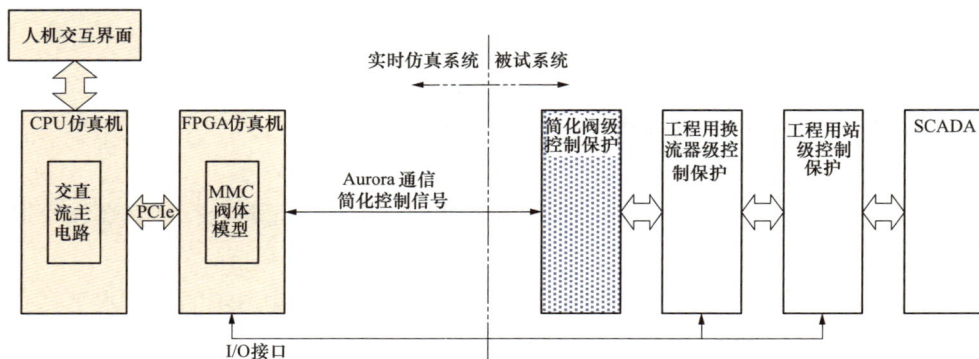

图 3-20　基于 RT-LAB 或 RTDS 实时仿真机的柔性直流控制保护闭环测试系统示意图

（1）阀控脉冲分配屏环节无法接入测试系统中。

（2）功率模块控制器相关功能只能简化测试。

（3）阀控需要依靠专门的接口与仿真器进行连接，与工程供货存在较大差别。

与常规直流不同，柔性直流的阀控及模块层具有控制、保护、监测功能，可进行完整的链路测试，这对保证二次系统运行可靠性至关重要。被试设备相关环节的缺失，将对设备的运行带来诸多潜在风险。

根据柔性直流控制保护闭环测试尚不充分的实际问题，自主研发了柔性直流换流阀功率模块特性模拟及阀控接口装置，并建立了全链路试验系统，全链路试验系统示意图如图 3-21 所示。该试验系统能够覆盖以往 FPT/DPT 试验技术无法覆盖的光纤分配、模块控制板卡等环节的逻辑功能。

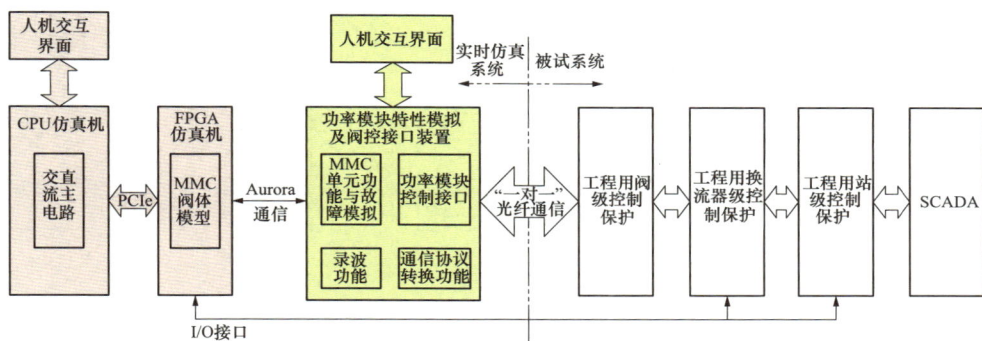

图 3-21　全链路试验系统示意图

阀控全链路试验系统为基于 RT-LAB 的半实物仿真平台，平台结构示意图如图 3-22 所示。该平台主要包括一套简化的换流器控制系统、一个阀组完整的阀控系统（AB 套冗余配置）、全链路试验功率模块模拟与接口装置、RT-LAB 仿真器四个部分。

基于该全链路试验平台，可开展柔性直流输电工程换流阀阀控系统全链路试验，能够对阀控系统脉冲分配屏和功率模块高电位控制环节功能进行检验，同时兼顾对阀控系统主机功能的检验。以往柔性直流试验中因功率模块高电位控制、阀控系统脉冲分配环节无法参加系统联调，需对阀控系统的硬件和软件进行简化，从而给工程调试和运行带来诸多潜在风险。该试验平台已应用于柔性直流输电工程并完成了阀控系统全链路试验。

3.3.4　例行试验

例行试验对象是阀控机箱设备。被试阀控设备机箱电源接线如图 3-23 所示。

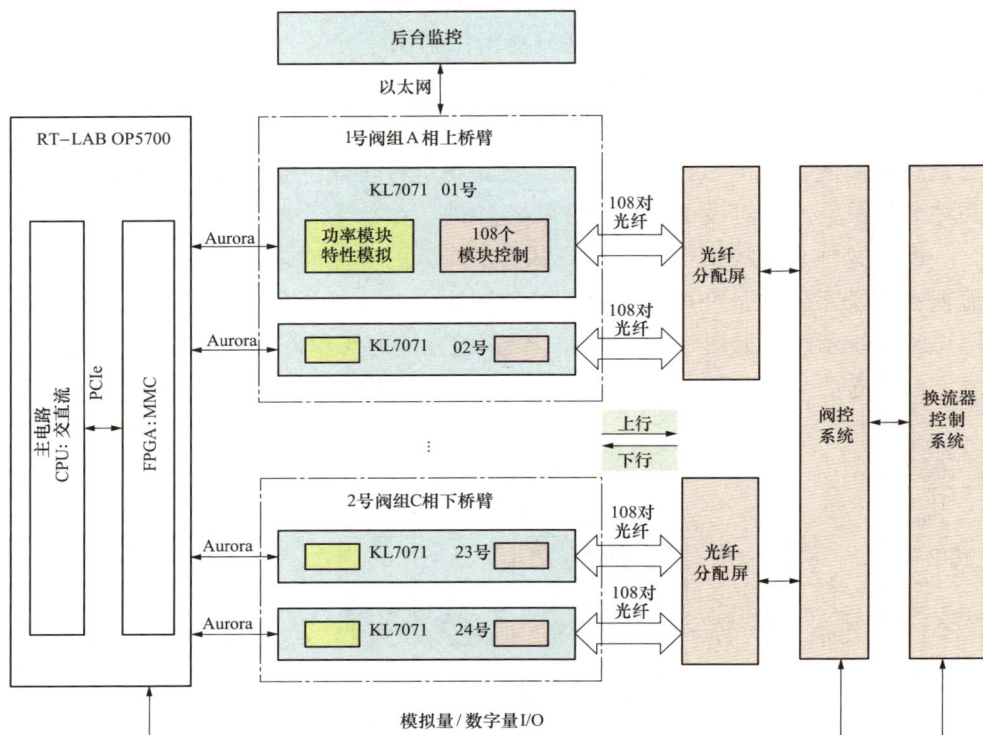

图 3-22　阀控全链路试验平台结构示意图

图 3-23　被试阀控设备机箱电源接线

3.3.4.1　电源偏差试验

该试验是确保当输入电源电压在设计范围内变化时，控制保护设备的功能正确，其精确度满足规范要求，试验标准可参考 GB/T 7261—2016《继电保护和安全自动装置基本试验方法》。

试验参数：额定电压 U_N = 220V/110V，电压下限 80%，电压上限 120%，改变装置输入电源电压在 80%～120%范围内变化，观察装置的工作情况。

试验验收标准：当输入电源电压在上述试验参数范围内变化时，控制保护设备的功能正确，其精确度满足规范要求。

3.3.4.2　绝缘性能试验

该试验是确保阀控设备所有的引线、所有的信号输入及输出端子及电源输入端子都满足绝缘要求。试验标准可参考 GB/T 7261—2016。

试验参数：试验电压为交流电压 250V，试验电压开路初始值为 0V，上升时间为 5s，持续时间为 10s。每个独立电路的端子连接在一起，施加上述电压，测量绝缘电阻值。该试验需要对所有的引线、所有的信号输入及输出端子、电源输入端子都进行绝缘试验。

试验验收标准：绝缘电阻在基准条件下不应小于 100MΩ。

3.3.4.3　稳态电压试验

该试验是确保阀控装置输入输出端口能够经受稳态电压耐压试验，试验标准可参考 GB/T 14598.3—2006《电气继电器　第 5 部分：量度继电器和保护装置的绝缘配合要求和试验》。

试验参数：所有的输入及输出线连在一起，经受 2kV（有效值）对地 1min 耐压试验，具体试验时试验电压设置为 2kV，频率为 50Hz，保持时间为 1min，然后尽快将试验电压平滑降至零。

试验验收标准：在试验期间，装置应无击穿、闪络或元器件脱落等现象。

3.3.4.4　100h 连续通电运行试验

该试验是确保阀控设备所有屏柜在长时间连续通电运行时，控制保护设备的功能正确，试验参数为所有屏柜出厂前加直流电压 220V，保持装置正常运行状态情况下连续通电 100h。试验完毕后查看所有装置运行最终状态。

试验验收标准：装置正常工作无异常。

3.3.5　现场交接试验

3.3.5.1　外观检查

（1）试验目的。检查阀控装置外观完好性。

（2）试验方法。

1）阀控设备全部安装完毕之后，检查阀控装置及工控机的外观是否完好无损，装配是否符合图纸和说明书要求。

2）检查阀控制装置及工控机的表面洁净度，清理表面积灰。

3）检查阀控装置及工控机连接螺钉的端子是否紧固。

4）检查功率模块阀控端连接的光纤编号是否与设计图纸一致。

5）就地工控机的连接螺钉紧固完成，工控机抽屉滑动正常，屏幕无碎痕迹，正常显示。

（3）试验判据。

1）阀控装置外观整洁，表面完好，无磕碰、划伤。

2）装置内外部无异物，清理干净。

3）阀控装置与功率模块连接端的光纤编号正确。

3.3.5.2 连接检查

（1）试验目的。检查换流阀阀控与换流阀的连接是否与接线图一致。

（2）试验方法。

1）根据图纸，检查换流阀阀控与换流阀的连接，包括硬接线、光纤及网线是否与接线图一致；网线是否按照双网接线方式连接正常。

2）检查阀控装置电源接线是否正确。

3）检查阀控光口板连接换流阀光纤的收发口是否按照要求接好。

4）检查就地工控机显示及工作站显示是否正常。

（3）试验判据。换流阀阀控光口板与换流阀的连接与接线图一致，阀控装置电源接线正常，阀控光口板连接换流阀光纤的收发口连接完成，就地工控机显示及工作站显示正常。

3.3.5.3 电源试验

（1）试验目的。检查阀控系统装置，包括阀控制保护（valve control protection，VCP）装置、桥臂控制保护（bridge control protection，BCP）装置、阀基接口（valve base inter face，VBI）装置的直流 220V 电源是否工作正常，各装置柜内的照明电源是否正常，后台电源、工控机工作直流电源及运行人员控制室工作站电源是否工作正常。

（2）试验方法。

1）根据图纸，检查各装置，包括 VCP、BCP 及 VBI 装置的电源接线否与接线图一致，特别是装置电源板卡双电源接线是否正常。

2）屏柜内装置逐个上电，应检查装置绝缘电阻，应在施加 220（1±10%）V 的直流电压达到稳态值至少 5s 后确定绝缘电阻，应不小于 $100M\Omega$。

3）检查各装置电源灯是否都亮绿灯，各板卡工作电源是否正常，装置外观灯亮绿灯正常。

4）断电装置黑色小开关，检查 A 系统电源是否断电、B 电源工作正常，以及 B 系统电源是否断电、A 电源工作正常。

（3）试验判据。

1）各装置电源接线与接线图一致，特别是装置电源板卡双电源接线正常。

2）各装置电源灯都亮绿灯，各板卡工作电源正常，装置外观灯亮绿灯正常。

3）断电装置黑色小开关，A 系统电源断电、B 电源工作正常，以及 B 系统电源断电、A 电源工作正常。

3.3.5.4 定值以及软件版本检查

（1）试验目的。通过就地的工控机后台或者阀控独立工作站，检查阀控装置整定定值与设计文档及正式试验使用的定值是否一致。

检查各软件程序版本、程序校验码，程序形成时间为最新的程序版本、校验码及时间。

（2）试验方法。

1）检查运行人员工作站显示的控制保护信号页面，A/B 套保护单元 A/B/C 系统显示的定值数值，以及保护投入软压板显示是否正确。

2）检查各装置显示版本信息。检查各装置程序版本信息是否正确，以及装置的程序版本、程序校验码、程序形成时间与最新的程序版本、程序校验码、程序形成时间是否一致。

（3）试验判据。

1）检查运行人员工作站的控制保护信号页面和 A/B 套保护单元对应的 A/B/C 系统显示的定值数值与设计文档及正式试验使用的定值一致，与就地的工控机后台显示定值数值也一致。保护的投入软压板显示为投入状态。

2）装置的程序版本、程序校验码、程序形成时间与最新的程序版本、程序校验码、程序形成时间是一致的。

3.3.5.5 后台通信检查

（1）试验目的。检查就地工作站、运行人员工作站与装置通信是否正常。与模块的对点应显示正常。

（2）试验方法。

1）检查就地工作站后台与各装置通信是否正常，检查 A、B 网连接是否正常，每个工控机单独一个系统，分为 A 系统和 B 系统，控制室里的电脑是工作站，可以同时查看 A、B 系统的状态。

2）检查事件记录列表，确保每个装置的事件能够正常显示和刷出，检查事件对时显示是否正确。

3）阀组状态监视 A/B 套是否显示正常，与模块对点能够显示绿色正常、红色故障及黄色旁路状态。

（3）试验判据。

1）就地工作站后台与各装置通信正常，在站网结构中显示通信状态及"运行""备用"状态显示正常，在 CCP 切换后能够显示正常，后台显示切换事件信息上报正常。阀控每个装置的 A、B 网连接正常，每个工控机单独一个系统，分为 A 系统和 B 系统，控制室里的电脑是工作站，可以同时查看 A、B 系统的状态。

2）事件记录列表确保每个装置的事件能够正常显示和刷出，检查事件对时显示正确。

3）阀组状态监视 A/B 套都显示正常，与模块对点能够正确显示绿色正常、红色故障及黄色旁路状态。

3.3.5.6　装置录波

（1）试验目的。检查每个装置录波能否正常上传到后台运行人员工作站的电脑。

（2）试验方法。手动触发各装置后台界面对应的"触发"选项，检查触发装置录波是否能上传到后台运行人员工作站对应的工作目录。

（3）试验判据。手动触发各装置后台界面对应的"触发"选项，触发装置录波上传到后台运行人员工作站正常。

3.3.5.7　冗余系统切换试验

（1）试验目的。检查阀控装置能够跟随 CCP 切换正常。

（2）试验方法。手动切换 CCP 控制系统，从值班系统切换至备用系统，查看阀控后台对应所有装置 VCP-BCP-VBI 的显示值班和备用状态显示是否正常；能否随着 CCP 正常切换。

（3）试验判据。

1）阀控后台对应所有装置 VCP-BCP-VBI 的显示值班和备用状态显示正常；能够随着 CCP 正常切换。

2）后台显示切换事件正常。

3.3.5.8　运行检修模式试验

（1）试验目的。在阀控打到试验状态后，保证功率模块与阀控之间的光纤通信链路正常，后台显示功率模块的位置与实际位置一致。

（2）试验方法。

1）将阀控值班主机打到试验（注意装置显示为：运行＋试验）状态。

2）使用模块测试仪给功率模块上电。

3）通过插拔光纤或者软件模拟方式模拟功率模块故障状态，核实阀控后台每个桥臂界面状态监视 A/B 系统显示状态是否正确，报警是否返回及信息是否正确。

（3）试验判据。上电后，后台显示功率模块电压及温度正常，各状态信号正确上送，PCS-PC 软件模拟故障后，后台返回报警信息且信息正常上送。

3.4　10.5kV/40MW 全半桥混合型 MMC 背靠背试验系统

3.4.1　试验目的

±10.5kV/40MW 全半桥混合型 MMC 背靠背试验系统采用 VSC＋VSC 拓扑结构，其试验目的如下：

（1）利用半桥＋全桥混合型 MMC 构建柔性直流输电网络，研究其运行可行性、稳定性。

（2）实现柔性直流换流站落点对稳定交直流电网运行、交直流故障穿越运行的关键技术研究。

（3）实现混合型 MMC 输电系统的换流阀选型、控制保护策略、传输效率等关键技术研究。

3.4.2　试验平台搭建

±10.5kV/40MW 全半桥混合型 MMC 背靠背试验试品为 2 个完整阀塔，系统电气连接如图 3-24 所示，±10.5kV/40MW 全半桥混合型 MMC 背靠背试验阀塔实物如图 3-25 所示，其中全桥模块 54 个、半桥模块 18 个，试品具有完整且独立的水路、模块状态监控、电场屏蔽等。

3.4.3　主要技术参数

±10.5kV/40MW 全半桥混合型 MMC 背靠背试验系统的换流阀系统参数、交流系统参数如表 3-10 和表 3-11 所示。

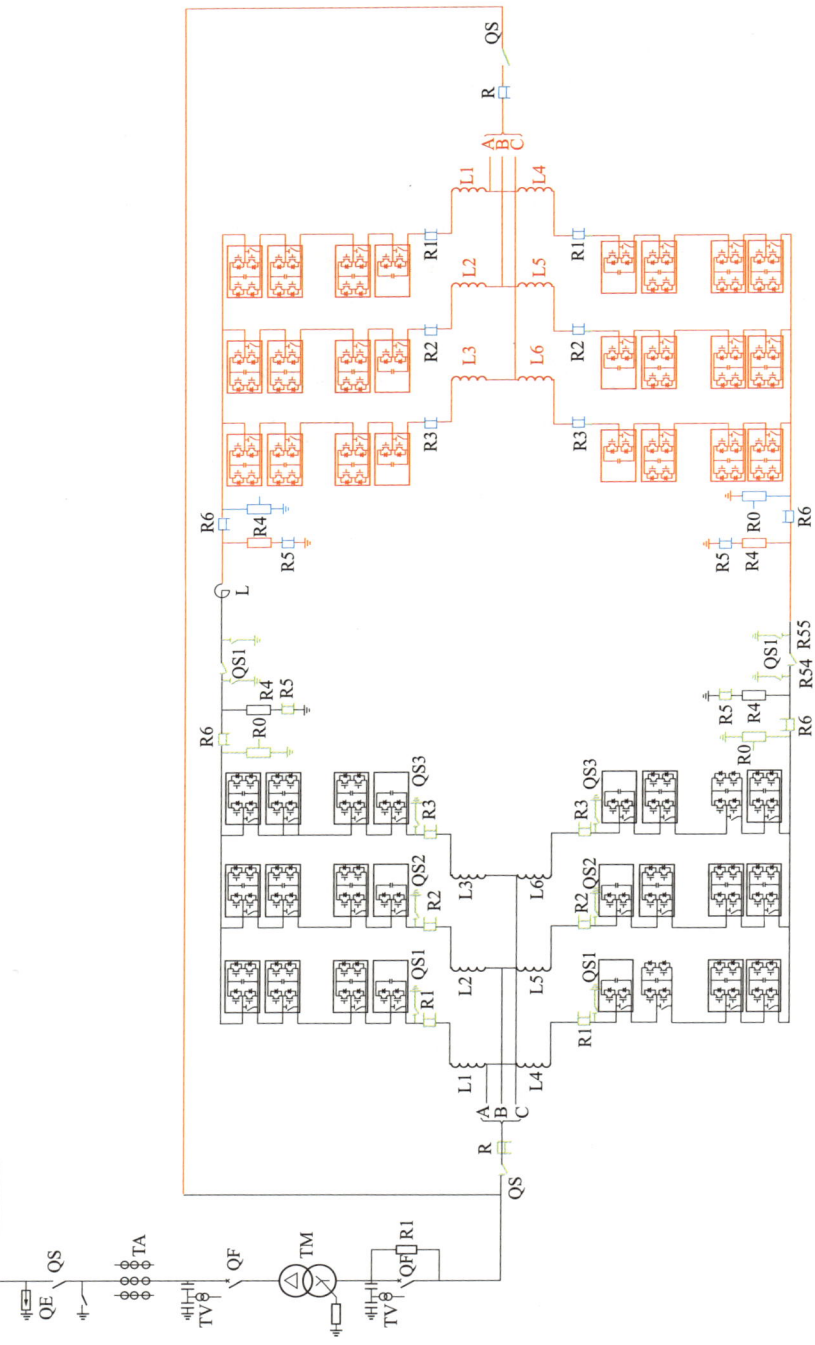

图3-24 ±10.5kV/40MW 全半桥混合型 MMC 背靠背试验系统电气连接图

图 3-25　±10.5kV/40MW 全半桥混合型 MMC 背靠背试验阀塔实物图

表 3-10　　　±10.5kV/40MW 全半桥混合型 MMC 背靠背
试验系统的换流阀系统参数

序号	参数	符号	数值
1	直流电压基准值（kV）	U_{dc_pn}	±10.5
2	阀侧交流线电压额定值（kV）	U_{ac}	11
3	系统容量（MVA）	S	39.375
4	每桥臂半桥模块数目	—	3
5	每桥臂全桥模块数目	—	9
6	功率模块电容额定电压（V）	U_{c_e}	2100
7	桥臂连接电抗（mH）	L	5
8	桥臂电流峰值（A）	I_{peak}	2016
9	直流侧电流峰值（A）	I_{dc}	1875

表 3-11　　　±10.5kV/40MW 全半桥混合型 MMC 背靠背
试验系统的交流系统参数

序号	参数	符号	数值
1	交流电压峰值基准值（kV）	U_{ac}	10
2	变压器容量（MVA）	S	7
3	变压器联接方式	—	Dyn11
4	变压器变比	k	10/10±4×2.5%
5	变压器漏抗	L_1	10.49%

3.4.4 试验项目

单端、双端运行试验项目如表 3-12 和表 3-13 所示,每项试验需完整记录试验工况、试验参数及试验相关波形。

表 3-12 单 端 运 行 试 验 项 目

	背靠背试验系统(单端)	子项目分类
1	停机停运试验	核查不同状态下阀控通过 I/O 控制进线断路器跳闸
2	静态均压功能试验(1h)	静态均压功能测试
3	充电试验	单阀组交流侧充电
4	解锁试验	单阀组交流侧充电解锁
5	控制器冗余控制	实现控制器切换,验证阀控控制器冗余功能(空载)
6	子模块冗余控制	(1)每相 12 个模块,按照每相 1 个旁路模块设置(不控充电态、可控充电态、稳态空载运行下); (2)每相 12 个模块,按照每相 2 个旁路设置(不控充电态、可控充电态、稳态空载运行下); (3)每相 12 个模块,按照每相 3 个旁路设置(不控充电态、可控充电态、稳态空载运行下); (4)设置 AU1 模块下行通信故障(稳态空载运行下)
7	跳闸类试验	不控充电态、可控充电态、空载解锁态下系统跳闸进线开关操作是否正确响应
8	频繁启停机类试验	阀控系统频繁启停机验证阀控系统初始状态是否正确
9	A、B 套之间通信光纤插拔试验	阀控冗余切换(阀控间通信光纤插拔)
10	黑模块故障试验	备用态下设置一个全桥和一个半桥上行通信故障黑模块,验证充电后黑模块状态

表 3-13 双 端 运 行 试 验 项 目

	背靠背试验系统(双端)	子项目分类
1	解锁试验	(1)一端阀组带另一端阀组充电至额定; (2)另一端阀组交流充电至额定; (3)双端均充电至额定电压后分别解锁
2	满载稳定运行测试	双端稳态满载持续运行 168h
3	桥臂快速过电流保护功能	双端阀组运行实现快速过电流保护(改桥臂过电流定值实现)
4	桥臂电流上升率保护功能	双端阀组运行实现快速过电流保护(改桥臂过电流定值实现)
5	模块整体过电压保护功能	双端阀组运行,修改模块过电压保护定值为 1800V(空载)

续表

	背靠背试验系统（双端）	子项目分类
6	直流电压升降	双端直流电压升降（直流电压指令 10kV→5kV→2kV→5kV→10kV）
7	环流抑制试验	环流抑制投退前后系统运行情况及桥臂电流波动（有功功率 10MW）
8	间歇性长期稳定运行测试	双端稳定运行 45 天（有功指令 −5～5MW）

试验注意事项：

（1）在背靠背试验前后严格按照背靠背系统上下电操作步骤进行检查和操作。

（2）在试验过程中，有任何异常状态需停止试验，然后进行排查，不再进入下一步操作。

3.4.5 试验运行情况

为了验证换流阀与阀控系统能够长期满载稳定运行的可靠性，开展为期 7 天换流阀模块背靠背满载运行试验，7 天满载运行交直流电压波形如图 3−26 所示，运行工况为 ±10kV/37.5MW，模块额定电压 2100V，满载运行期间没有任何旁路模块和异常告警信息。为了验证换流阀和阀控系统的稳定性，开展了为期 45 天换流阀阀塔背靠背轻载稳定运行试验，45 天稳定运行交直流电压波形如图 3−27 所示，试验稳定运行期间没有出现任何模块旁路或异常告警信息。

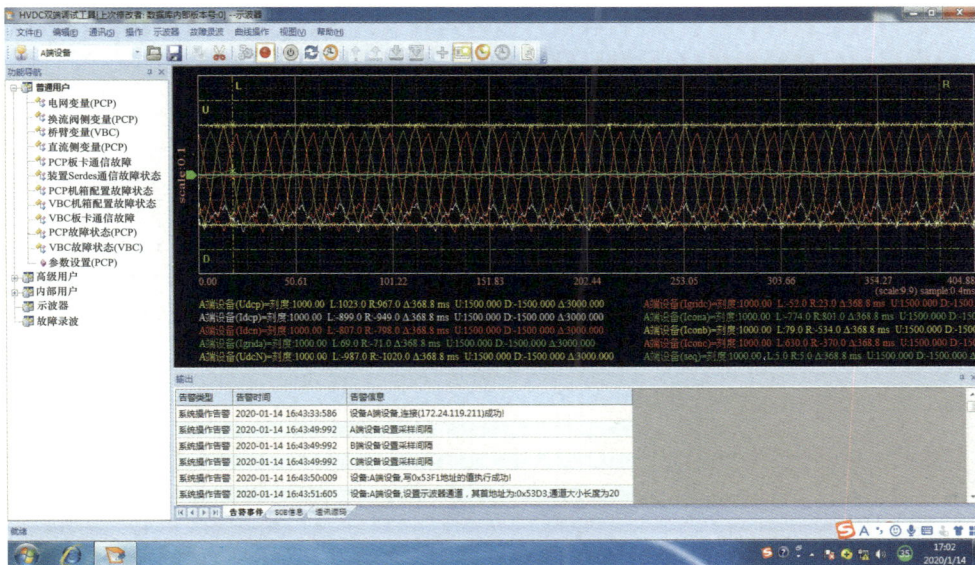

图 3−26 7 天满载运行交直流电压波形

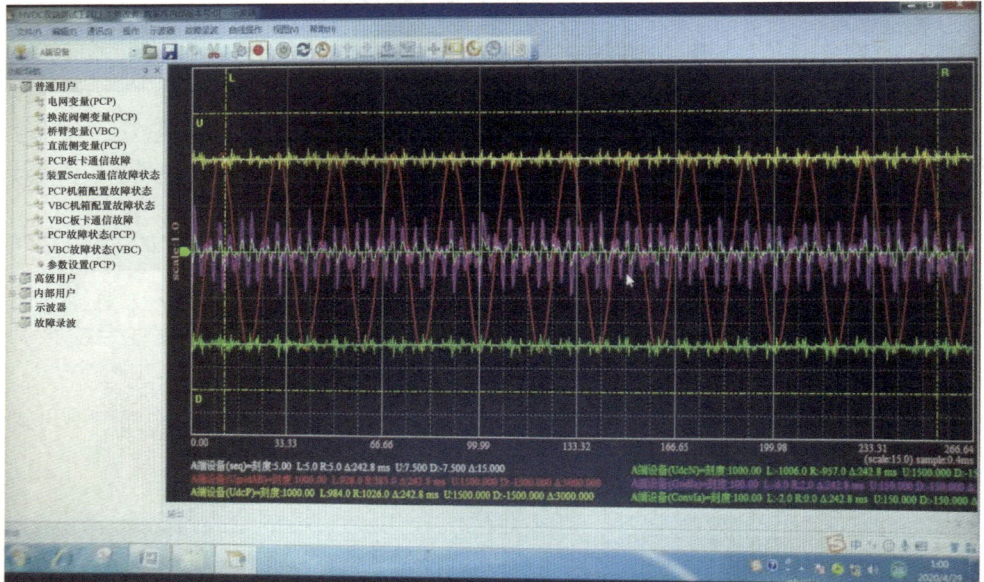

图 3-27　45 天稳定运行交直流电压波形

4　换流阀与阀控系统关键技术

换流阀是直流输电工程的核心设备，是实现电能交直流变换的关键，通过依次将三相交流电压连接到直流端得到期望的直流电压并实现对功率的控制。随着柔性直流输电电压等级、输送容量的持续提升，以往的换流阀技术已经难以满足日益复杂的应用场景和技术需求，尤其是特高压柔性直流更需要适应上千千米架空线输电的高可靠性要求，满足阀组投退、降压运行等方式需求。换流阀的参数设计、拓扑设计、元件选型、控制保护和试验技术等都需要突破升级。

换流阀需要具有承受额定电压及各种过电压的能力。在实际运行中，当出现交流系统运行方式变化、直流系统运行方式变化、交流系统故障和直流线路故障等暂态工况时，换流阀可能会存在短时过电压，须保证换流阀安全可靠运行；当换流站发生站内严重故障时，换流阀可能出现严重的长时间过电压，也应保证换流阀不受损坏。换流阀过电压耐受能力表现在两个方面：① 在解锁运行状态下，换流阀应具备一定的过电压运行能力。过电压运行期间，不允许因为电压升高而闭锁或者旁路功率模块。在过电压消失后换流阀应该能够恢复额定工况运行。② 在换流阀闭锁状态下，换流阀单个功率模块应具备较高直流过电压耐受能力，功率模块的任何元件不允许因换流阀故障受到损坏。

换流阀还需具有承受额定电流及各种暂态过电流冲击的能力。对于运行中的任何故障所造成的换流阀电流冲击，换流阀应具有短时过电流运行能力；在直流系统额定电流稳定运行且功率器件进入热稳定状态的条件下，此时如果发生严重故障，换流阀及其配套的二极管应具备故障电流关断能力和二极管浪涌电流耐受能力。

本章结合±800kV特高压柔性直流换流阀的工程应用，系统介绍换流阀全半桥混合拓扑结构、低损耗技术、功率模块高可靠性旁路、阀冷系统防渗漏水等关键技术，以及阀控系统超低链路延时、黑模块识别、高可靠性冗余等关键技术。

4.1　换流阀关键技术

4.1.1　全半桥混合拓扑结构

柔性直流输电一般采用半桥功率模块构成的换流阀，这种技术在直流侧故障时凭借换流器控制无法清除故障，必须通过跳开交流开关来清除故障，停电时间长。因此，已经投运的大多数低电压等级柔性直流输电工程采用了故障率低、成本高昂的电缆线路。对于远距离、大容量输电，直流输电线路采用造价高昂的电缆是不现实的，必须采用架空输电线路，而架空输电线路暂时性故障率高。为了提高工程的可靠性，要求柔性直流换流站必须具备直流架空线故障自清除和快速再启动的功能。从当前的技术发展来看，清除直流故障主要有三种技术措施：① 借助交流断路器清除直流故障。② 借助直流断路器清除直流故障。③ 利用换流阀自身的闭锁特性清除直流故障。其中第三种方法具有无须机械设备动作、系统恢复快速等优点，特别适合于大容量、远距离直流输电系统，对此研究设计具有直流故障清除能力的柔性直流换流阀拓扑结构是关键。

4.1.1.1　具备故障清除能力的柔性直流拓扑结构

在技术上可行的具备故障清除能力的柔性直流换流阀拓扑结构主要包括全桥型 MMC、类全桥型 MMC、钳位双子模块型 MMC、半压钳位型 MMC、混合型 MMC、二极管阻断型 MMC。表 4-1 为不同拓扑结构的 MMC 技术特性对比。

表 4-1　　　　　不同拓扑结构的 MMC 技术特性对比

拓扑结构	直流线路故障自清除能力	快速降压重启动能力	稳态降压运行能力
二极管阻断型 MMC	具备	不具备	须与变压器分接头调节配合，降压运行范围较小
类全桥型 MMC	具备	不具备	
钳位双子模块型 MMC	具备	不具备	
半压钳位型 MMC	具备	不具备	
全桥型 MMC	具备	具备	直流电压可在 0～1p.u.范围内连续调节
混合型 MMC	具备	具备	

对于高电压、大容量、远距离输电工程，除了需具备故障清除再启动功能，一般还要求直流系统具备一定降压能力。基于表 4-1 关于柔性直流输电不同拓

扑结构的技术特性，受端柔性直流换流阀需采用全桥型 MMC 结构，或者采用"全桥＋半桥"的混合型 MMC 结构。全桥型 MMC 的拓扑结构如图 4-1 所示。

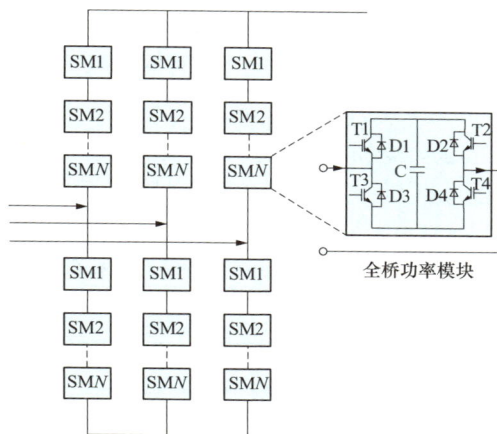

图 4-1　全桥型 MMC 的拓扑结构

混合型 MMC 的拓扑结构如图 4-2 所示。

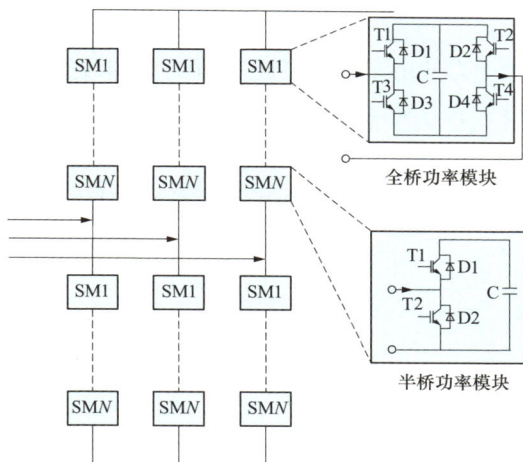

图 4-2　混合型 MMC 的拓扑结构

虽然受端柔性直流换流阀采用全部全桥结构可以满足要求，但是成本和损耗高，经过详细分析对比和仿真、试验测试，可选择采用"全桥＋半桥"混合拓扑结构（简称全半桥混合拓扑结构），在满足直流线路故障自清除、降压运行、阀组投退要求的条件下，较全桥拓扑成本低、损耗小。

4.1.1.2 全半桥功率器件比例

全半桥混合拓扑结构虽然具有经济性，但是技术上更加复杂，并且全桥功率模块的比例设计需要考虑系统运行方式和设备能力等因素。

以某±800kV 特高压柔性直流输电工程为例，换流阀采用高、低压阀组串联，功率器件采用 4500V/3000A 器件，表 4-2 所示为全半桥混合拓扑结构的全半桥器件比例和数量需求。全桥比例每增加 10%，一个换流站 4 个 400kV 阀组的 IGBT 器件需要增加 960 只。

表 4-2　　全半桥混合拓扑结构的全半桥器件比例和数量需求

项目	器件比例和数量需求					
全桥比例（%）	100	90	80	70	60	50
模块数	5184	5184	5184	5184	5184	5184
IGBT 及驱动数	20736	19776	18816	17856	16896	15936
二极管数量	20736	19776	18816	17856	16896	15936

4.1.1.3 全半桥混合拓扑结构设计原则

（1）换流阀输出能力的要求。为了将换流阀的通流水平控制在合理范围内，留有适当的安全裕度，在工程参数设计中，采取适当的过调制技术，换流阀的桥臂参考电压会存在一定的负半波区间，换流阀过调制示意图如图 4-3 所示。在此区间内，换流阀需要适当的全桥功率模块数量才能满足输出电压要求。

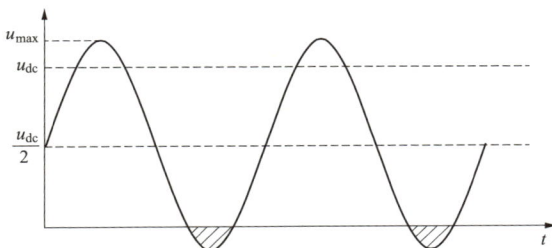

图 4-3　换流阀过调制示意图

（2）降压运行的要求。对于混合型 MMC 来说，直流电压可以大范围连续可调，电压调节能力与全桥比例有关，直流电压输出范围与全半桥比例关系见表 4-3。

表4－3　　　　　　　　　　直流电压输出范围与全半桥比例关系

半桥:全桥比例	U_{dc}输出范围
100:0	$1.0U_{arm\_dc}$
50:50	[0，1.0]
40:60	[－0.15，1.0]
30:70	[－0.3，1.0]
20:80	[－0.6，1.0]
10:90	[－0.8，1.0]
0:100	[－1.0，1.0]

（3）阀组在线投退的要求。全半桥混合拓扑结构中，对于半桥功率模块来说，只能输出零或者正向电容电压，流过功率模块的电流须是双方向的，才能保持模块电压的稳定。对于全桥功率模块来说，可以输出零、正向电容电压、负向电容电压，即使电流是单一方向的，也能实现模块电压的稳定。

在柔性直流换流阀内部，流过功率模块的电流由直流分量和工频分量构成。直流分量为直流电流的 1/3，工频分量为交流电流的 1/2。在柔性直流阀组投入或者退出过程中，流过功率模块电流的直流分量是保持不变的。流过功率模块的电流随直流电压的变化如下：① 在直流电压为零时，由于传输功率为零，柔性直流交流侧的电流也几乎为零，因此，此时流过功率模块的电流仅有直流分量。② 在直流电压为额定运行值时，由于传输功率为满功率，柔性直流交流侧的电流也为额定运行值，因此，此时流过功率模块的电流不但包含有直流分量，还包含额定的交流分量，这使得换流阀电流存在过零点。③ 当直流电压在零和额定运行值之间变化时，流过功率模块的电流的工频分量也将在零和额定值之间变化，这一过程中，流过功率模块的电流有一段区间是单向的，混合型 MMC 必须具备足够数量的全桥功率模块，满足换流阀交流侧和直流侧输出电压的要求，方能保持功率模块电压的稳定运行。否则，如果全桥功率模块数量不够，则势必要半桥功率模块参与到交流侧和直流侧输出电压中，这将会导致半桥功率模块电容持续充电（或放电），出现过电压（或欠电压）风险。阀组投退过程中桥臂参考电压和桥臂电流变化示意图（逆变模式）如图 4－4 所示。

在阀组投入过程中，桥臂参考电压的交流分量基本维持不变，直流分量逐渐增加，桥臂电流的直流分量维持不变，交流分量逐渐增加。假设ΔT 区间为阀组投入过程中，桥臂电流没有过零点的持续时间。在ΔT 区间内，随着直流电压的爬升，桥臂参考电压的峰值逐渐增大，即需要投入参与生成调制波的功率模块数量逐渐增加。如果在ΔT 区间内全桥功率模块的数量不足，则需要半桥功率

需要参与生成调制
波的功率模块增加

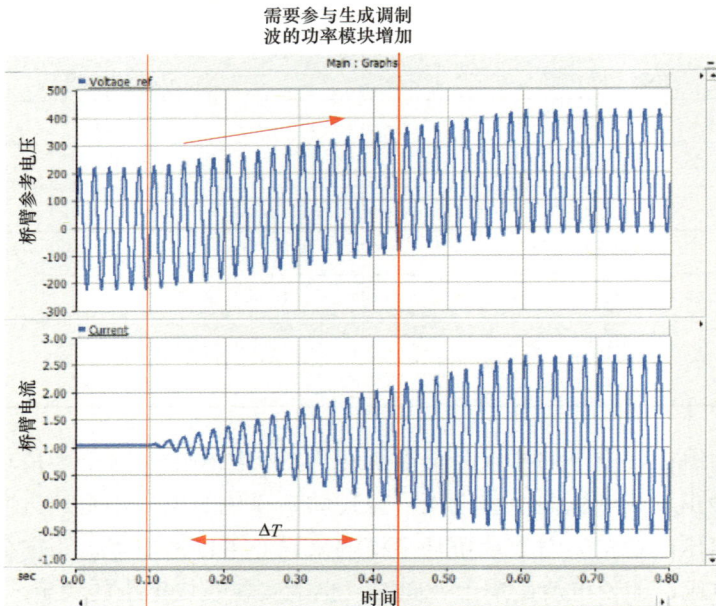

图 4-4 阀组投退过程中桥臂参考电压和桥臂电流变化示意图（逆变模式）

模块被迫投入，形成半桥功率模块的持续充电现象。如果换流器工作于整流模式，则桥臂电流的方向将会相反，在ΔT区间内可形成半桥功率模块的持续放电现象。

从理论上讲，为了避免半桥功率模块因为被迫投入而发生持续充电（或者放电）现象，全桥功率模块的数量可设计为

$$\begin{cases} N_{\mathrm{H}} = \dfrac{0.5(1/\lambda - 1)\cos\varphi}{U_{\mathrm{SM}}} U_{\mathrm{AC}} \\ N_{\mathrm{F}} = \dfrac{1 + 0.5\cos\varphi}{U_{\mathrm{SM}}} U_{\mathrm{AC}} \end{cases} \quad (U_{\mathrm{AC}} > 0.5 U_{\mathrm{DC}}) \qquad (4-1)$$

式中：U_{AC} 为额定功率下所述混合型换流器输出的交流相电压的幅值；U_{DC} 为所述混合型换流器的额定直流电压；U_{SM} 为功率模块的额定运行电压；N_{H} 为半桥功率模块数量；N_{F} 为全桥功率模块数量；$\lambda = U_{\mathrm{AC}}\cos\varphi / U_{\mathrm{DC}}$；$\cos\varphi$ 为功率因数。

通过上述公式，确定了全桥功率模块比例还可以避免整流模式下桥臂电流对功率模块电容形成的放电。需要说明的是，对于整流模式而言，半桥功率模块的放电除了桥臂电流产生的放电，还包含功率模块自身的放电。从理论上讲，为了避免任何形式的放电引起欠电压问题，则换流阀所需的全桥比例为100%。但是实际上，自放电过程的时间一般较长，远高于阀组投退时间。因此，半桥功率模块的放电主要是桥臂电流产生的放电，所需的全桥功率模块比例可以通

过式（4-1）确定。

从图 4-4 可以看出，半桥功率模块的持续充电过程（或者放电过程）与 ΔT 区间的长短有关系，阀组投退时间越短，半桥功率模块充电积累能量（放电释放能量）的过程越短，过电压（或者欠电压）水平也就越低。因此，缩短阀组投退时间有利于改善阀组投退过程中半桥功率模块的过电压水平或者欠电压水平，以满足换流阀电压保护定值要求。

（4）直流线路故障自清除的要求。为了实现直流线路故障的清除，受端柔性直流换流阀配合控制将直流极线电流控制为零。在这种策略下，受端换流阀需要输出满足直流线路故障清除的负电压。

1）全桥比例与负压输出能力的关系。对于受端采用柔性直流换流阀来说，在直流故障发生的时候，要将直流线路侧的故障电流可靠清除，换流阀需要在直流侧产生一定负电压。国外在采用全桥 MMC 的柔性直流输电工程中，通过对直流故障清除的分析，发现在清除直流故障过程中直流侧也会出现负电压，幅值约 0.3p.u.。

考虑混合型 MMC 输出负电压的能力，全桥功率模块的数量可设计为

$$\begin{cases} N_{\mathrm{H}} = \dfrac{0.5(1-\beta)U_{\mathrm{DC}}}{U_{\mathrm{SM}}} \\ N_{\mathrm{F}} = \dfrac{U_{\mathrm{AC}} + 0.5\beta U_{\mathrm{DC}}}{U_{\mathrm{SM}}} \end{cases} (U_{\mathrm{AC}} > 0.5U_{\mathrm{DC}}) \qquad (4-2)$$

式中：U_{AC} 为额定功率下所述混合型换流器输出的交流相电压的幅值；U_{DC} 为所述混合型换流器的额定直流电压；U_{SM} 为功率模块的额定运行电压；N_{H} 为半桥功率模块数量；N_{F} 为全桥功率模块数量；β 为所述混合型换流器产生反向电压的幅度。

2）全桥比例与电压、电流应力的关系。对于混合型 MMC 来说，直流线路故障清除期间，受端换流阀所需要的负压全部由全桥功率模块产生，全桥比例越高，输出负压能力越强，越有利于直流故障的快速清除。直流故障清除过程中，柔性直流换流阀需要承受暂态能量冲击，主要由全桥功率模块来承担，并且此过程中要求换流阀持续运行不闭锁，全桥功率模块的比例越高，用来承担能量冲击的功率模块数量越多，越能保证功率模块的电压和电流应力在安全运行范围内。

图 4-5 和图 4-6 分别为昆柳龙多端柔性直流工程采用全桥比例 70% 的混合拓扑结构的直流故障清除波形和阀组投退波形。在直流故障清除与重启过程中，全半桥混合柔性直流通过主动控制降压清除直流故障，通过全桥模块输出负直流电压促进灭弧，在重启阶段，包括去游离时间约 500ms 可恢复功率。半桥拓

扑配合交流断路器，发生直流故障后交流断路器断开以完成熄弧，熄弧后重合实现重启。

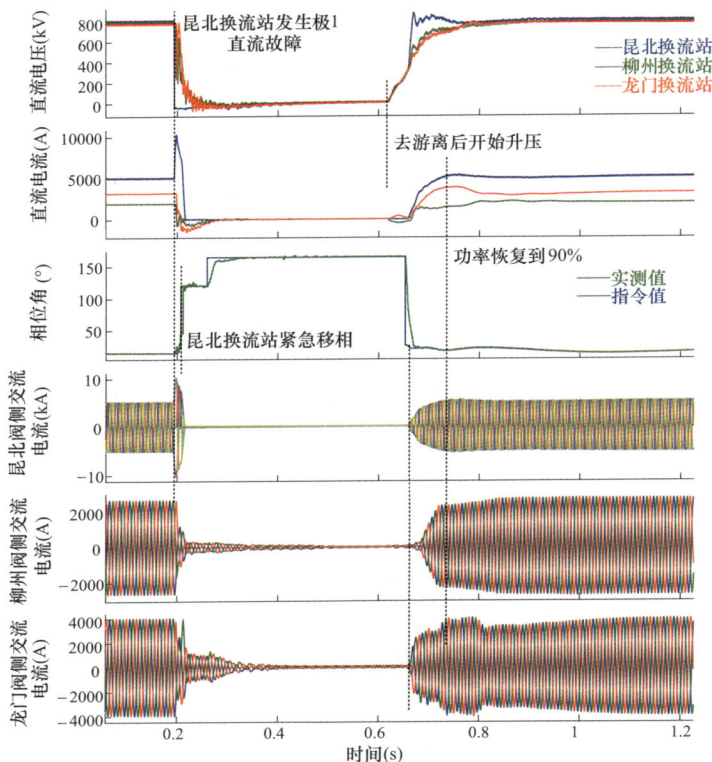

图 4-5　昆柳龙多端柔性直流工程直流故障清除波形

4.1.2　功率模块高可靠性旁路技术

换流阀功率模块应设置安全措施，保证功率模块内部故障后能够可靠长期旁路或呈现可靠长期短路状态，在换流阀启动和运行全过程中，如换流阀旁路的功率模块数量在冗余范围以内，不允许因为功率模块故障原因（比如旁路开关拒动、取能电源异常）导致换流阀闭锁或任何形式的停运。

4.1.2.1　功率模块旁路拓扑

（1）全桥功率模块旁路拓扑。柔性直流换流阀所采用的全桥功率模块由旁路开关、4 个 IGBT 或电子注入增强栅晶体管（injection enhanced gate transistor, IEGT）、直流电容器、放电电阻、晶闸管（如有）、取能电源、控制板、旁路开关驱动板和 IGBT 驱动板等组成。全桥功率模块旁路拓扑如图 4-7 所示。

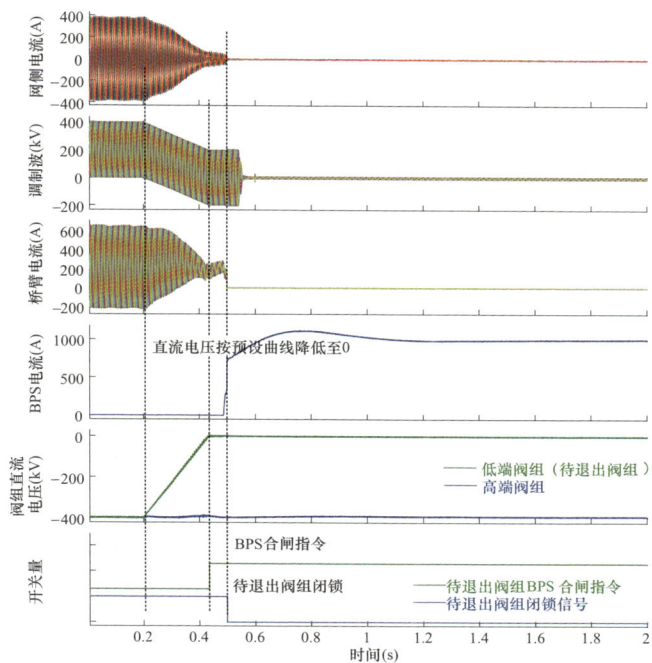

(a)

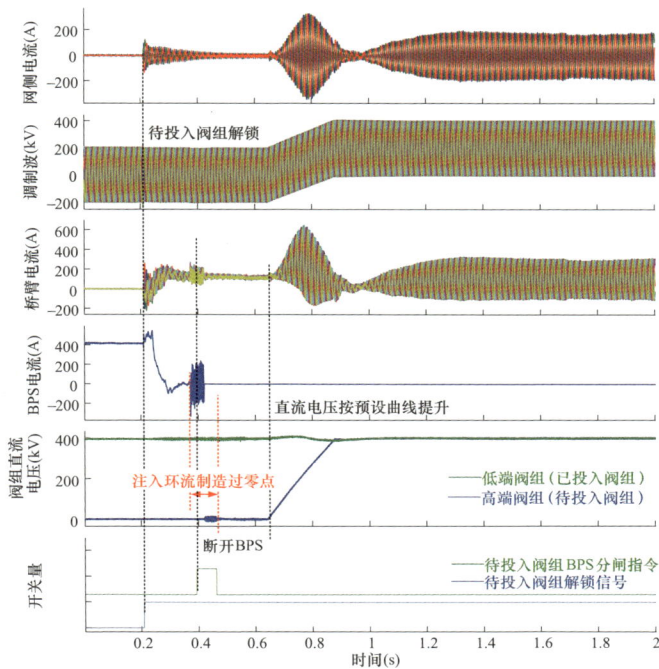

(b)

图 4-6　昆柳龙多端柔性直流工程阀组投退波形图

（a）阀组投入过程；（b）阀组退出过程

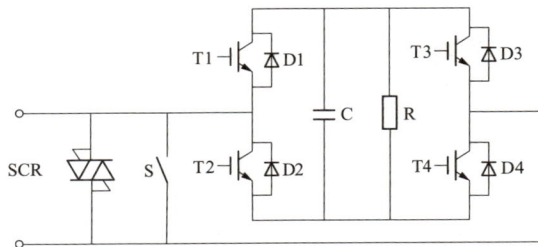

图 4-7 全桥功率模块旁路拓扑

（2）半桥功率模块旁路拓扑。半桥功率模块由旁路开关、2 个 IGBT 或 IEGT、直流电容器、放电电阻、晶闸管（如有）、取能电源、控制板、旁路开关驱动板和 IGBT 驱动板等组成。半桥功率模块旁路拓扑如图 4-8 所示。

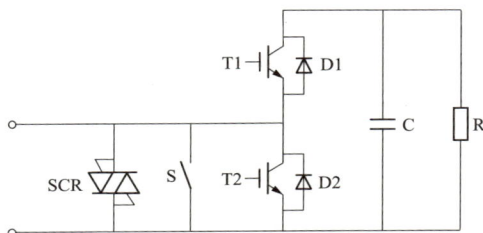

图 4-8 半桥功率模块旁路拓扑

4.1.2.2 功率模块旁路顺序

全桥或半桥功率模块旁路可通过功率器件自身短路失效、功率模块交流端口并联旁路开关或旁路晶闸管实现，功率模块各级旁路措施宜按如下顺序执行：

（1）功率模块发生一般故障时，应由功率模块原有的触发电路主动触发，上报阀控请求执行或主动执行机械式旁路开关动作旁路，由阀控通过下行光纤下发命令旁路功率模块，功率模块原有的触发电路主动触发机械式旁路开关执行旁路动作。

（2）当上述旁路功能执行失败时，如配置机械式旁路开关备用触发电路（有源触发和无源触发均可），由备用触发电路触发机械式旁路开关执行旁路动作。

（3）当上述旁路功能执行失效时，如配置电子式旁路开关主动触发电路时，由电子式旁路开关主动触发电路触发电子式旁路开关执行旁路动作。

（4）当上述旁路功能执行失效时，如配置冗余过电压触发电路时，由冗余触发电路触发机械式旁路开关执行旁路动作，在取能电源失效时仍可正常工作。

（5）当上述旁路功能执行失效时，如配置电子式旁路开关无源触发电路时，由电子式旁路开关无源触发电路触发电子式旁路开关执行旁路动作。

（6）当上述旁路功能执行失效时，如电子式旁路开关具有自击穿功能时，由电子式旁路开关自击穿执行旁路动作。

4.1.2.3　功率模块旁路方式

旁路开关的触发回路可采用冗余设计，分为常规故障触发旁路开关电路和后备触发旁路开关电路。当功率模块发生驱动故障、电源故障、过电压或欠电压等故障时，功率模块中心控制板下发指令触发旁路开关闭合；当功率模块自身控制板无法正常下发旁路闭合指令时，则由后备旁路开关触发电路触发旁路开关动作，实现功率模块可靠旁路。

例如：冗余旁路开关触发电路采用击穿二极管（break over diode，BOD）触发旁路开关动作。当功率模块发生驱动故障、电源故障、过电压或欠电压等故障时，功率模块中心控制板下发指令触发旁路开关闭合；当功率模块自身控制板无法正常下发旁路闭合指令时，则由 BOD 触发电路触发旁路开关，实现功率模块可靠旁路。

（1）机械式旁路。机械式旁路开关采用储能电路与合闸线圈放电产生电磁力，驱动旁路开关主触头合闸，其作用是在功率模块发生故障时，由阀控系统、功率模块控制板卡或过电压保护电路主动触发旁路开关合闸回路进行快速合闸，从而将此功率模块从换流阀主电路中安全切出实现旁路，达到保护功率模块中元器件设备安全及确保系统持续正常运行的目的。

换流阀使用的机械式旁路开关，主要考虑旁路开关的动作时间（一般小于5ms）、弹跳时间（宜选择无弹跳）、操作功率、动作次数及与功率模块参数的配合（如耐受电流、额定电压等），其额定电流应满足柔性直流换流阀正常工况和故障工况下的通流量要求，额定工作电流为有偏置的正弦波电流。

为进一步提高旁路开关合闸可靠性，从二次回路（触发检测电路、交叉通信、交叉旁路）、驱动机构、电源回路方面进行冗余优化，旁路开关交叉冗余通信设计原理如图 4-9 所示。

（2）电子式旁路。

1）依靠器件自身长期短路失效。若电子式旁路方式采用 IGBT、IEGT、IGCT 等功率器件时，可依靠 IGBT、IEGT、IGCT 等器件自身短路失效，因此要确保 IGBT、IEGT、IGCT 等功率器件自身具有失效短路能力，同时宜采用功率模块拓扑结构原有的 IGBT、IEGT、IGCT 等功率器件。

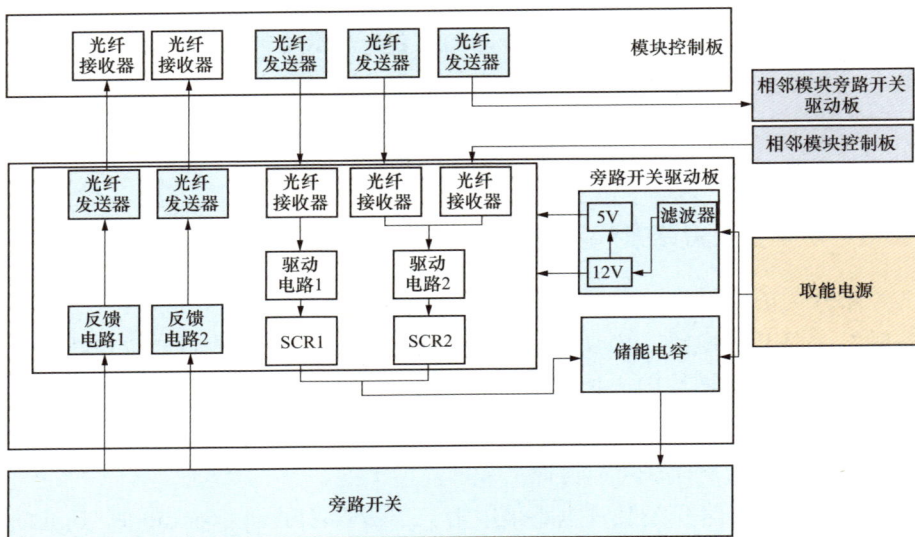

图 4-9 旁路开关交叉冗余通信设计原理

IGBT、IEGT、IGCT 等功率器件需配置触发电路,触发电路包括主动触发电路和无源触发电路,允许复用功率器件常规功能的触发电路或将额外配置的触发电路集成到功率器件常规功能的触发电路上。

IGBT、IEGT、IGCT 等电子式旁路措施动作后,不应影响相邻功率模块的正常运行。

电子式旁路器件的电流应满足以下技术要求:

a. 电子式旁路器件的击穿电流不应超过换流阀充电时的启动电流。

b. 电子式旁路器件过电压击穿后具备在两次计划检修之间的运行周期内能够双向长期通流的能力。

c. 各级旁路措施动作后均应满足系统工况要求的通流要求,且通流时间不小于 1 年。

2) 依靠辅助旁路长期短路失效。辅助旁路长期短路失效可通过稳压二极管、晶闸管等器件实现,分为有源和无源方式。

当发生旁路开关拒动故障后,子模块电容电压持续上升,当子模块电容电压达到旁路晶闸管击穿电压后,通过击穿晶闸管实现子模块可靠旁路,且旁路后不影响其他模块的正常运行。

对于全桥模块,采用双向晶闸管作为过电压旁路器件。

对于含有半桥的混合 MMC 换流阀,无论是半桥模块还是全桥模块均可采用双向晶闸管作为过电压旁路器件。

双向晶闸管可设计为非触发晶闸管（必要时也可设计为触发晶闸管），并联于功率模块桥口，应具备过电压击穿后长期短路通流能力。

旁路晶闸管击穿后的通流能力应满足换流阀额定运行、过负荷运行及各种暂态过电流的耐受能力，同时旁路晶闸管击穿后应具备长期通流能力，至少应满足一个年度检修周期的运行要求。

因晶闸管器件自身特性，晶闸管过电压击穿试验与试验电压、电流均有关，试验电流越大越易击穿。结合换流阀实际运行工况，击穿电流应小于换流阀充电阶段的启动电流。

电子式旁路开关，其在体积、性能、与主器件匹配性等方面有极大优势，在实际工程中需进一步规范应用。

4.1.2.4　硬件过电压旁路

（1）旁路结构。功率模块控制板须具备当功率模块发生过电压故障，且软件过电压保护未响应（如 A/D 采样电路等故障）情况下的后备保护功能，即硬件过电压旁路保护功能，硬件过电压旁路结构如图 4-10 所示。由硬件过电压保护电路（通过 BOD 器件或比较器等方式实现）检测功率模块电容过电压故障事件，并上报给 FPGA 或直接触发旁路开关，实现功率模块硬件主动旁路。硬件过电压保护电路出口信号应不经过 FPGA 直接触发旁路开关闭合。

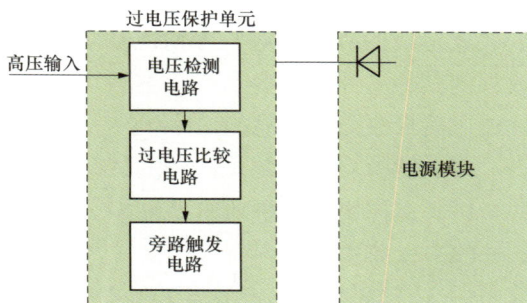

图 4-10　硬件过电压旁路结构

（2）保护定值设置。控制板过电压保护同时具备软件和硬件两种保护。软件中具有过电压保护功能，硬件上也有硬件保护电路，且动作门槛更高。当程序正常运行时，过电压时会通过程序进行保护；当程序异常时，过电压时会通过硬件进行保护。

功率模块过电压保护定值的配合关系如下：软件过电压保护首先触发旁路开关主合闸回路动作；硬件过电压保护电路为软件过电压保护的后备保护，保护定值不低于软件过电压保护定值，硬件过电压保护电路动作后，触发旁路开关回路合闸；如功率模块电容电压进一步上升，则会达到功率模块电子式旁路开关击穿电压值，电子式旁路开关击穿电压值的上限值应低于功率模块内功率器件的额定电压，下限值需考虑旁路开关合闸期间内电容电压增量。

4.1.3 换流阀过电压短路旁路试验技术

4.1.3.1 型式试验

（1）一般要求。功率模块旁路保护是换流阀的关键技术，必须通过各种试验来确保其安全可靠，对换流阀的试验必须在换流阀或换流阀相单元上适当数量的部分进行，以验证设计是否符合指定的换流阀要求。试验依据主要是 IEC 62501《高压直流输电（HVDC）用电压源换流器（VSC）电子管电气测试》和 GB/T 33348《高压直流输电用电压源换流阀电气试验》，若二者有差异，则按较高标准执行。试验应满足以下条件：

1）型式试验的材料不需要特殊的挑选。

2）所选定的试验电路应保证能在与实际等效的最不利的条件下对功率模块旁路保护方案进行全面而准确的验证。

（2）试验目的。该试验主要为了考核在旁路开关拒动，取能电源、控制板卡失效造成的黑模块等故障情况下功率模块的相关保护措施，验证除旁路开关以外的其他旁路措施是否安全有效，是否能保证功率模块在没有控制的情况下过电压后形成长期可靠的短路状态。

（3）试验对象。每个阶段的试验对象为随机选取的两个完整的功率模块，即全桥功率模块和半桥功率模块各一个。

（4）试验方法。

1）该试验要求试品功率模块位于一个阀段中（非边缘位置），应在阀段运行试验装置中开展，阀段水冷回路工作正常。

2）试品功率模块的旁路开关应设置为"拒动状态"，模块的取能电源、控制板卡等二次系统可以带电监视功率模块的电压状态。

3）该试验分为两个阶段进行。

a. 第一阶段：验证直流电容器经旁路晶闸管短路放电后，功率模块结构设计和采取的防护措施是否安全有效；验证旁路晶闸管的击穿电压是否在设计范围内。

在该阶段，功率模块中的 IGBT 可以部分更换；对于全桥功率模块，T1 和 T4 采用已经损坏的其他同型号 IGBT，T2 和 T3 采用绝缘体替代，或者 T2 和 T3 采用已经损坏的其他同型号 IGBT，T1 和 T4 采用绝缘体替代；对于半桥功率模块，T1 采用已经损坏的其他同型号 IGBT，T2 采用绝缘体替代。对功率模块电容持续加压，在功率模块输出端口形成电压，直至旁路晶闸管击穿后，功率模块呈现可靠短路状态。随后给该功率模块进行 2h 通流试验，试验电流为额定电流。

b. 第二阶段：验证旁路晶闸管的击穿电压与其他部件电压的配合关系。

在该阶段，功率模块中的 IGBT 配置是齐全且完好的。结合阀段运行试验，由阀段运行电流对功率模块电容持续加压，在功率模块输出端口形成电压，直至击穿旁路晶闸管后功率模块呈现可靠短路状态。随后，对该功率模块进行 72h 通流试验。在第一个 24h 内，按照额定电流开展试验；在第二个 24h 内，进行 0.1～1.0p.u. 的功率循环试验，循环次数不少于 5 次；在第三个 24h 内，按照额定电流开展试验。

（5）试验判据。

1）试验过程中试品功率模块不出现爆炸、固体飞溅、水管破裂等破坏性现象，不影响周边功率模块的正常运行。

2）试验后试品功率模块呈现长期可靠短路状态。

3）试验旁路晶闸管击穿电压不高于 IGBT 击穿电压。

4）第二阶段全桥功率模块的 IGBT 不击穿，电容器不发生直通放电。

4.1.3.2　特殊试验

（1）一般要求。考核实际运行中极端工况或小概率工况旁路保护措施的有效性。

（2）机械式旁路开关试验。试验模拟实际运行过程中机械式旁路开关误合，引发直流电容直通放电，验证该工况下机械式旁路开关在承受放电电流后不影响或损坏其他功率模块设备，且自身仍可长期通流。

对于半桥功率模块，将被试模块电容电压充到要求值，触发上管 T1 导通，然后再触发机械式旁路开关合闸，试验拓扑如图 4－11（a）所示。

对于全桥功率模块，将被试模块电容电压充到要求值，触发 T1 和 T4 导通，然后再触发机械式旁路开关合闸，试验拓扑如图 4－11（b）所示。

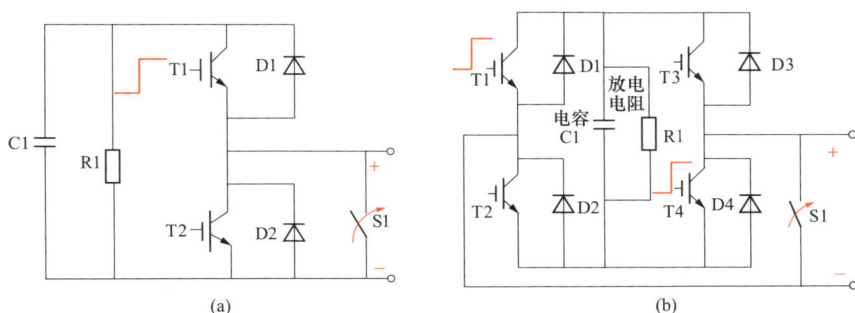

图 4－11　旁路开关误合试验拓扑

（a）半桥功率模块；（b）全桥功率模块

试验电压不低于实际工况中旁路开关误合闸造成直通短路时的最高电压值。

试验完成后，需对旁路开关进行通流试验，通流电流为 1.05p.u.，试验时间原则上不低于 2h。

（3）电子式旁路开关 du/dt 耐受试验。若电子式旁路开关存在最大 du/dt 耐受限值且布置于功率模块 du/dt 较大位置（例如交流桥口），需对电子式旁路开关进行 du/dt 耐受试验，防止应用过程中因回路 du/dt 导致电子式旁路开关误动作。

试验电压不低于实际工况功率器件最高解锁态电压。

试验负载应覆盖所有运行工况负载，宜按带载和空载发波两种工况进行。其中，带载试验负载电流为 1.05p.u.，试验时间不低于 2h；空载发波按单个功率模块进行试验，试验时间不低于 2h。

对于半桥功率模块，如电子式旁路开关布置于交流桥口，只需对单个方向进行 du/dt 耐受试验，试验拓扑如图 4−12（a）所示。

对于全桥功率模块，如电子式旁路开关布置于交流桥口，需同时对两个方向进行 du/dt 耐受试验，试验拓扑如图 4−12（b）所示。

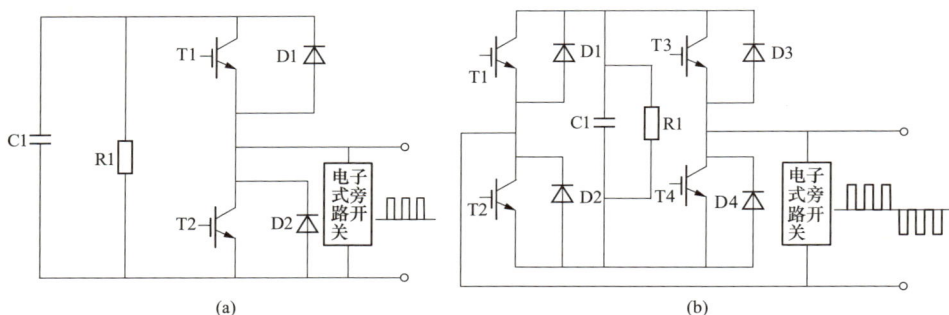

图 4−12　布置于交流桥口的电子式旁路开关 du/dt 耐受试验拓扑
（a）半桥功率模块；（b）全桥功率模块

（4）小电流过电压短路试验。小电流过电压短路试验主要为了考核启动充电阶段原有旁路措施拒动，取能电源、控制板块失效造成的黑模块等故障情况下功率模块的旁路保护措施，验证其是否安全有效。

半桥功率模块试验电路采用调压器＋串联电阻＋半桥功率模块和陪试品的接线方案，全桥功率模块试验电路采用调压发生器＋串联电阻＋全桥功率模块接线方案。

试验输入电流波形的半波特征波，电流幅值应与实际启动充电阶段充电电流吻合，误差不超过±25%。

4.1.4 换流阀低损耗技术

4.1.4.1 换流阀损耗来源

换流阀损耗可细分为九大部分：① P_{V1}：IGBT 通态损耗。② P_{V2}：二极管通态损耗。③ P_{V3}：阀的其他通态损耗。④ P_{V4}：与直流电压相关的损耗。⑤ P_{V5}：阀的直流电容器损耗。⑥ P_{V6}：IGBT 的开关损耗。⑦ P_{V7}：二极管关断损耗。⑧ P_{V8}：阻尼元件损耗。⑨ P_{V9}：阀电子电路损耗。对于 MMC 拓扑结构，由于开关频率一般较低（通常低于 200Hz），阀损耗通常主要为 IGBT 和二极管的通态损耗 P_{V1} 和 P_{V2}。半桥型拓扑结构在逆变模式下 P_{V1} 为主要损耗，而在整流模式下 P_{V2} 为主要损耗。IGBT 的开关损耗 P_{V6} 和二极管关断损耗 P_{V7} 也是重要损耗，其他元件的损耗通常较小。

研究初步结论表明：影响换流阀损耗的因素有控制系统的控制策略、IGBT 驱动板的门极参数、功率模块的杂散参数，通过这些因素的优化可降低 IGBT 的开通、关断及通态损耗。

降低换流阀损耗主要从以下几方面入手：

（1）选取导通损耗低的器件。

（2）优化控制策略，减小开关频率，从而降低开关器件损耗。

（3）调整驱动板门极参数，尤其是开通电阻和关断电阻，优化功率器件开关损耗。

（4）优化换流回路的杂散电感，改变功率器件开关过程的电压、电流轨迹，从而优化器件的开关损耗。

（5）优化器件的水路设计，减小器件的实际工作结温，从而减小功率器件的导通损耗和开关损耗。

4.1.4.2 功率器件低损耗选型

自商用 IGBT 自问世以来，单从芯片技术来看，研究方面主要集中在体结构设计及制造技术、栅极结构设计及制造技术。经过多年发展，按常规分类方法，IGBT 大体上经历了平面穿通型（punch through，PT）、改进平面穿通型、沟槽型、非穿通型（non punch through，NPT）、电场截止型（field stop，FS）、沟槽型电场—截止型等六代产品，IGBT 芯片的发展代别（常规分类方法）如表 4-4 所示。各代产品芯片面积、工艺线宽逐渐减小，而饱和压降、损耗值不断减小，断态电压不断提高。需要说明的是，由于不同厂家芯片技术的差异，在各种技术中会出现各自的命名方法。总体上看，体结构设计技术发展经历了从平面穿

135

通型到非穿通型，再到电场截止型，ABB 称之为软穿通型（soft punch through，SPT）的发展过程。栅极结构设计技术则主要经历了从平面栅到沟槽栅（后续还有各种改进型）发展过程，沟槽栅结构将沟道从横向变为纵向，消除了导通电阻中结型场效应晶体管电阻的影响，可以提高元胞密度，从而有利于降低功耗。

表 4-4　　　　　　　　　IGBT 芯片的发展代别（常规分类方法）

代别	技术特点命名	芯片面积（相对值）	工艺线宽（μm）	通态饱和压降（V）	损耗（相对值）	出现时间（年份）
1	平面穿通型	100	5	3.0	100	1988
2	改进平面穿通型	56	5	2.8	74	1990
3	沟槽型	40	3	2.0	51	1992
4	非穿通型	31	1	1.5	39	1997
5	电场截止型	27	0.5	1.3	33	2001
6	沟槽型电场一截止型	24	0.3	1.0	29	2003

对于 MMC 柔性直流换流阀而言，由于功率模块开关频率较低，与开关损耗相比，功率器件导通损耗占比较大，从器件选型角度可采取以下两种措施降低损耗：

（1）优先采用新一代具备更低导通损耗的沟槽栅器件，与平面栅器件管压降对比，以某一品牌 3000A 器件为例，管压降降低了 1V，比例接近 30%。

（2）对于同一代产品，芯片设计时器件管压降和开关损耗是一组互斥的参数，根据柔性直流换流阀损耗特性，进行芯片优化设计时，可以适当牺牲开关损耗而尽量减小管压降值。

4.1.4.3　功率器件开关损耗优化

改变 IGBT 驱动的门极参数（包括开通电阻、关断电容和门极电容）和功率模块换流回路的杂散电感，会影响器件开关速度和开关过程中电压、电流变化轨迹，进而改变器件开关损耗。同时，也会影响开关过程中产生的电压尖峰、电流峰值、du/dt、di/dt 应力。所以，需在保证功率器件及功率模块应力安全耐受范围内，通过门极参数和回路杂散电感对损耗进行优化，从而优化功率器件的开关损耗。图 4-13 为门极开通电阻和回路杂散电感对 IGBT 开通、二极管关断波形轨迹影响示意图。

4.1.4.4　阀控开关频率优化

电平逼近调制算法要结合电容电压平衡控制才能够有效控制换流阀的开通

和关断，电容电压平衡控制的原理是通过排序控制使所有模块达到更好的一致性，即任一时刻，所有模块的电容电压趋于一致。当前电容电压平衡控制的策略通常为限制任一时刻模块间的电压偏差，如果超出偏差，根据电流方向进行

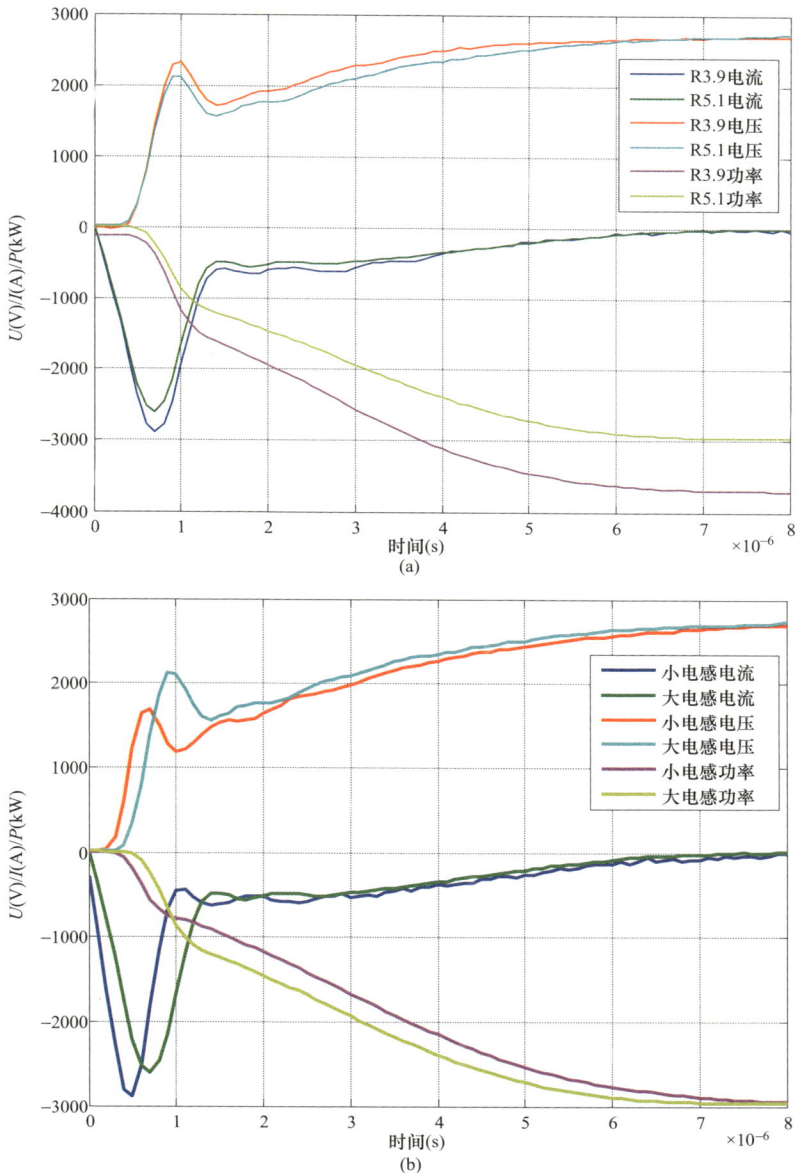

图 4-13　门极开通电阻和回路杂散电感对 IGBT 开通、二极管
关断波形轨迹影响示意图

（a）不同门极开通波形；（b）不同回路杂感波形

排序倒换，核心参数是允许的模块之间偏差最大值。为了得到更好的一致性，将模块间电压允许偏差取值减小，缺点是子模块开关频率会增加，损耗也会增加。为了达到更低的开关频率和损耗，将模块间电压允许偏差取值增大，缺点是系统稳定性会变差，谐波含量会变大。本节通过定量研究模块间电压允许偏差对开关频率、谐波和稳定性影响，提出通过增大模块允许偏差优化开关频率的方法，确定模块允许偏差的安全稳定域，同时提出开关频率优化导致稳定性变差的补偿方法。

（1）模块间电压允许偏差对开关频率的影响。模块间电压允许偏差的本质是电容电压平衡控制的倒换阈值，是桥臂内所有模块电压的最高和最低差值。模块间电压允许偏差直接影响到模块的开关频率，开关频率并不是固定值，而是一个统计值，但在长时间尺度上是稳定的，这一秒和下一秒的平均开关频率基本是一致的。开关频率随着功率变化而变化，功率越低，开关频率越低，开关频率未优化前的频率随有功功率变化曲线如图 4-14 所示。

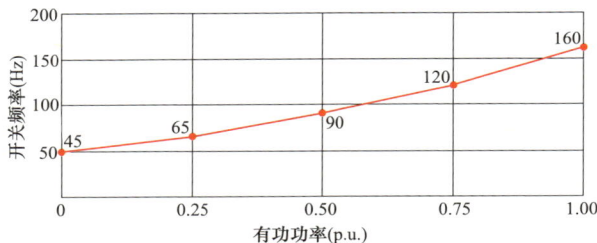

图 4-14　开关频率未优化前的频率随有功功率变化曲线

模块间电压允许偏差与开关频率呈反比例关系，电容电压偏差越低，开关频率越高，200、100、50V 模块间电压允许偏差对应的开关频率分别为 80、150、200Hz，模块间电压允许偏差对开关频率和模块一致性影响的仿真结果如图 4-15 所示。

（2）模块间电压允许偏差对损耗的影响。换流阀的损耗分为通态损耗和开关损耗，通态损耗不会随着开关频率变化而改变，模块间电压允许偏差可以对开关频率带来较大影响，从而影响到损耗。模块间电压允许偏差越大，需要的额外次数越少，因此开关频率越低，损耗理论上也会变小，实际的量化关系需要进一步论证。

模块间电压允许偏差是启动倒换的电容电压偏差阈值，如果桥臂内电容电压的偏差超过设定值，则进行倒换，额外增加了开关频率，因此通过调高启动倒换阈值可以降低开关频率，图 4-16 是在额定工况下模块间电压允许偏差对开关频率的影响。

(a)

(b)

(c)

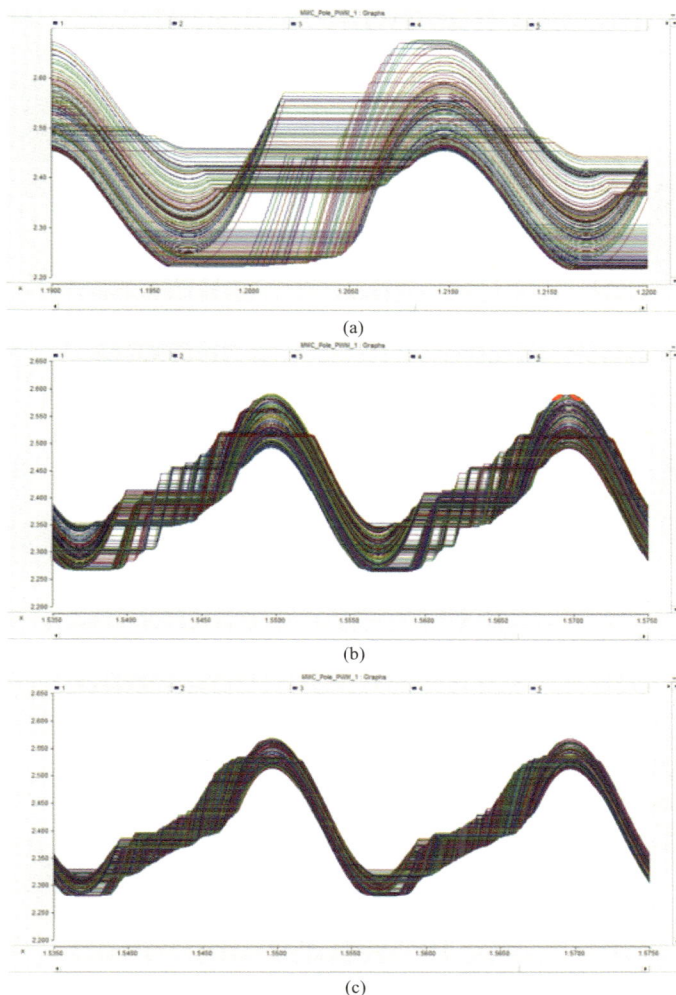

图 4－15　模块间电压允许偏差对开关频率和模块一致性影响的仿真结果

（a）$f = 80\text{Hz}$；（b）$f = 150\text{Hz}$；（c）$f = 200\text{Hz}$

　　由于模块间电压允许偏差变大，等效开关频率降低，通过基于开关器件工程精确数据的损耗计算，其损耗变化规律如图 4－17 所示。从图 4－17 可以看出，随着模块间电压允许偏差的增大，电压允许偏差在 100V 到 350V 区间内，损耗降低得比较明显。

　　实际工程中，为了追求性能，模块间电压允许偏差设定为 100V，以鲁西背靠背柔性直流输电工程为例，模块间电压偏差在 100V 时开关损耗为运行损耗的 0.82%，虽然低于 1% 的工程通用要求，但并不是最优工作点；模块间电压允许偏差若设为 200V，则开关损耗降至运行损耗的 0.67%。通过增大模块间电压允

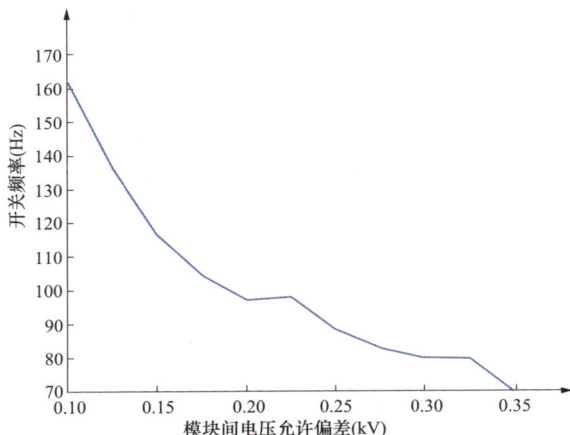

图 4-16　在额定工况下模块间电压允许偏差对开关频率的影响

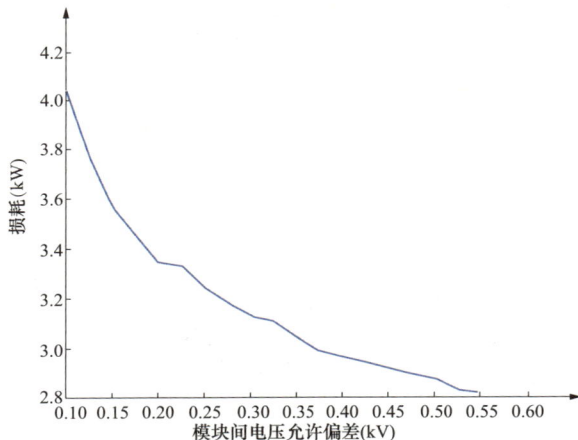

图 4-17　模块间电压允许偏差对损耗的影响

许偏差，降低开关频率，从而降低换流阀损耗是可行方案，但是模块间电压允许偏差增大必然导致谐波变大、系统稳定变差等负面问题，需要确认安全稳定域。

（3）模块间电压允许偏差安全稳定域。模块间电压允许偏差会影响到以下几个运行特性：

1）模块最高电压。实际运行中，以 4500V/3000A 的功率器件为例，模块的平均电压已经达到 2400～2500V，而实际模块最高允许电压不过 2800V，整体平均值超过 2800V 就会导致闭锁，个别模块超过 2800V 就会旁路，而电容电压不平衡会导致模块电压升高，对运行稳定是不利的。

2）直流电压/电流稳定。直流电压是依靠 N 个模块串联形成的，总电压等于这一时刻投入状态的模块电压之和。如果模块电压不一致，则会造成输出的直流电压出现很大波动，也会造成站间直流电流出现波动甚至振荡。

3）交流侧电能质量。交流电压的形成依靠的也是模块电压的叠加，如果电容电压出现较大波动，也会增加交流侧谐波。

以实际工程真实参数开展模块间电压允许偏差的仿真，统计模块间电压允许偏差对上述运行特性的影响。根据仿真扫描结果，得到模块电压与电容电压允许偏差之间的关系，如图4-18所示。电容电压允许偏差在100V的时候最高电压为2.51kV，电容电压允许偏差为200V时，模块最高电压为2.6kV，电容电压允许偏差在200～350V时，模块最高电压都趋于稳定的2.6kV，电容电压允许偏差超过350V后，模块电压大大增加，从模块最高电压稳定的角度，安全域为350V以内。

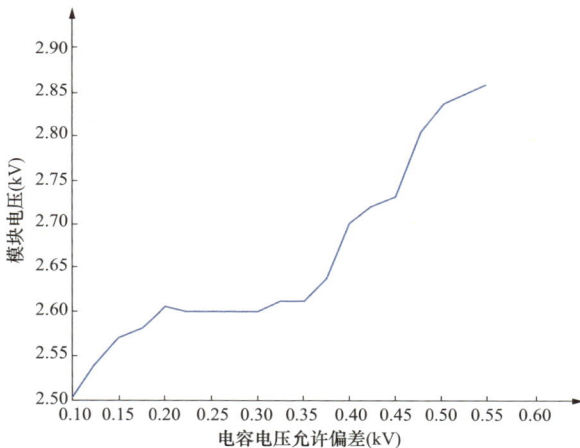

图4-18 模块电压与电容电压允许偏差之间的关系

根据仿真扫描结果，得到直流电流波动与模块间电压允许偏差之间的关系，如图4-19所示。模块间电压允许偏差在325V以内，直流电流波动都低于40A，模块间电压允许偏差超过325V后，在350V和450V时，直流电流会出现较大的不稳定，尤其是在450V时出现了200A的振荡电流，从直流电流谐波稳定的角度，安全域为325V以内。

根据仿真扫描结果，得到交流侧电流波动与模块间电压允许偏差之间的关系，如图4-20所示。模块间电压允许偏差在350V以内，交流侧电流都不高于1.1%，模块间电压允许偏差超过350V后，交流侧电流会变大，尤其是在450V时出现了交流侧不稳定谐波电流，从交流侧谐波稳定的角度，稳定区域在350V以内。

通过不平衡误差的补偿方法对模块最高电压、直流电流谐波、交流侧电流谐波等因素的综合判断，模块间电压允许偏差安全稳定域一般不高于300V。

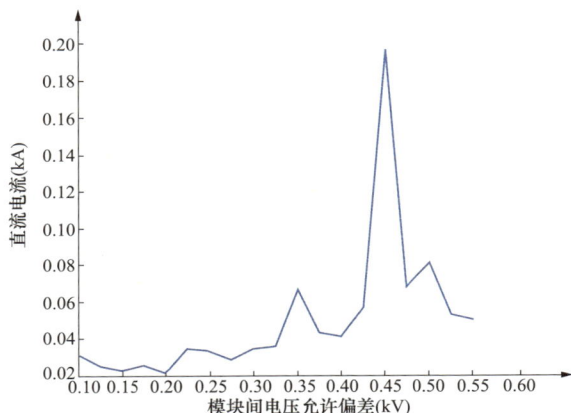

图 4-19 直流电流波动与模块间电压允许偏差之间的关系

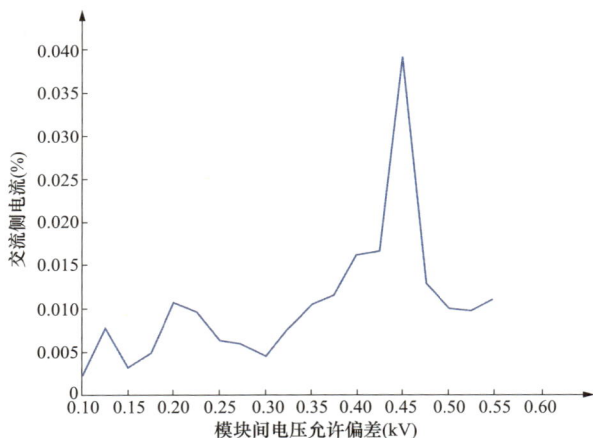

图 4-20 交流侧电流波动与模块间电压允许偏差之间的关系

降低开关频率是显著的降损措施，但开关频率关系到桥臂间、相间、站间稳定、柔性直流系统谐波、电容电压波动等关键换流阀指标，不以系统稳定为目标的开关频率优化会影响到交直流的谐波和对站的运行，甚至导致桥臂间、相间、站间振荡，影响系统稳定。只有对大幅降频降损的方法进行安全稳定风险全面量化评估，并提出应对策略才具备在工程中应用推广的可能。

在安全稳定域内提高模块间电压允许偏差是一种降低开关频率和损耗的有效方法，但由于模块间电压允许偏差的存在，仿真确定的稳态安全域不能保证在全工况范围内的电能质量和系统稳定。

通过理论研究和工程实践，提出一种不平衡误差的补偿方法，通过对阀控调制进行误差优化补偿，消除了实际控制时输出桥臂电压的偏差，消除了两端直流电压的不平衡，从而抑制直流侧电流的低频振荡。该方法对模块间电压允许偏差变大导致的交流系统稳定和交流系统谐波问题也同样有明显改善作用。

振荡抑制控制策略框图如图 4−21 所示。根据各桥臂实际投入模块电容电压之和 U_{out} 及与其对应的调制电压 U_{ref0}，两者进行比较之后产生一个补偿量 ΔU，叠加到当前控制周期接收的系统调制波 U_{ref} 上，产生最终的调制电压 U_{mod}，由此消除实际控制执行时输出桥臂电压的偏差。

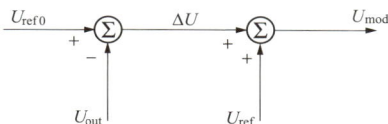

图 4−21　振荡抑制控制策略框图

通过仿真典型的直流侧振荡工况，验证该方法的有效性。直流振荡抑制投入前后系统波形如图 4−22 所示，在 2.8s 时刻投入不平衡误差的补偿功能，投入前直流电流在 57～193A 范围波动，投入后直流电流几乎无波动，同时桥臂电流的波形也得到了很好的改善。投入不平衡误差的补偿方法后，再无直流侧振荡。

通过减小模块间电压允许偏差引入的误差实现直流电流稳定的优化调制方法，不仅有利于减小系统开关频率实现降损，还能够增加系统的阻尼，在实现开关频率优化的同时，从源头解决模块间电压允许偏差大导致的某些工况下电能质量变差和系统不稳定问题。

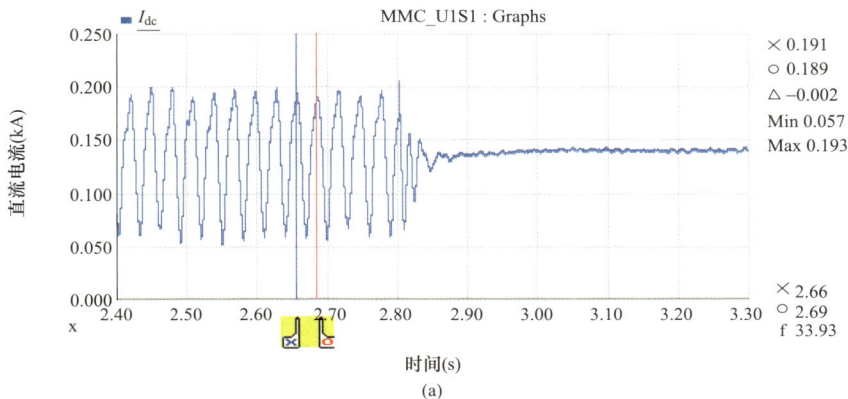

图 4−22　直流振荡抑制投入前后系统波形（一）

（a）直流振荡抑制投入前后直流电流波形

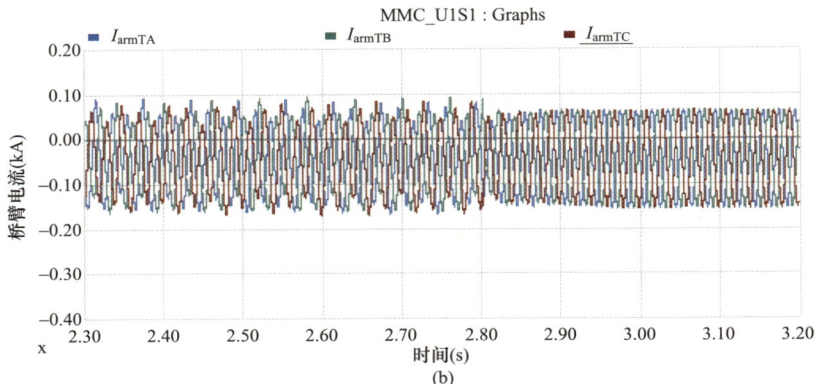

图 4-22　直流振荡抑制投入前后系统波形（二）

（b）直流振荡抑制投入前后桥臂电流波形

4.1.4.5　功率器件结温优化

　　器件导通损耗和开关损耗都和结温有很大关系，一般而言，器件工作结温越高，导通损耗和开关损耗也越大。所以，在功率模块设计中，尤其是水冷散热设计，应尽量使器件工作在更低的结温，从而优化器件的损耗。图 4-23 为日立能源（原 ABB）4500V/3000A IGBT 在不同结温下管压降曲线。

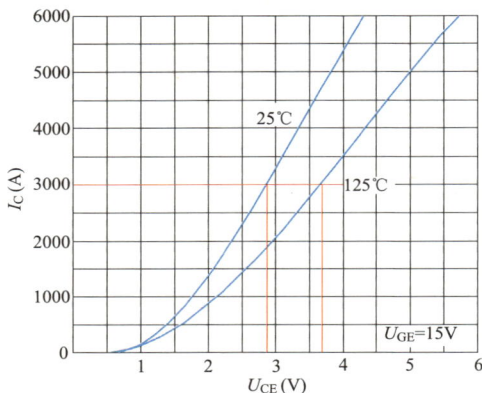

图 4-23　日立能源（原 ABB）4500V/3000A IGBT 在不同结温下管压降曲线

　　基于 MMC 的柔性直流换流阀，由于桥臂电流为交流分量和直流分量组合，导致功率模块各器件负载不对称，器件的工作时间、损耗及结温都存在很大差异性。以 IEGT 方案为例，计算额定工况下全桥和半桥功率模块各器件损耗分布如图 4-24 所示，从图 4-24 可以看出，各器件损耗存在很大差异，而半桥功率差异性更大。

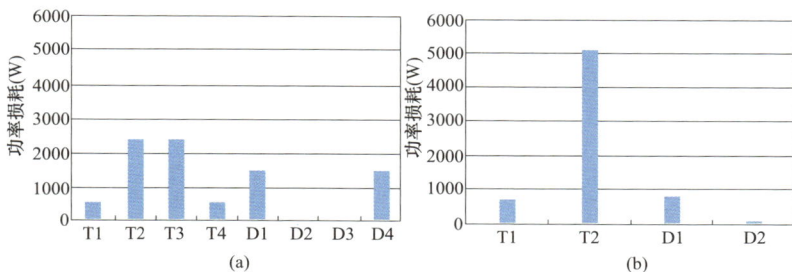

图4-24 全桥和半桥功率模块各器件损耗分布

(a) 全桥功率模块损耗; (b) 半桥功率模块损耗

具体而言, 对于半桥功率模块, 表现为逆变模式下 T2 导通时间更长, 损耗最大; 整流模式下 D2 导通时间更长, 损耗相对更大; 对于全桥功率模块, 表现为逆变模式下 T2、T3、D1、D4 导通时间更长, 损耗更大, 整流模式下 T1、T4、D2、D3 导通时间更长, 损耗更大。

针对器件的这种损耗不平衡性, 在进行功率模块水路设计时, 会重点考虑损耗和结温最高器件的散热, 以争取更高的结温裕量, 设计原则包括以下几个方面:

(1) 对于同时给多个器件散热的串联水路, 采用水路优先设计方法, 冷却液流向按照器件损耗从高到低的顺序依次散热。

(2) 针对个别损耗尤其高的器件, 可以考虑提高流量, 必要时采用散热性能更优的专用散热器。

(3) 根据散热器件的数量, 综合优化水路并联支路数量、流量、压差, 尽量做到器件结温裕量足够、冷却流量经济、冷却回路合理 (小压差、少漏点)。

由于器件之间损耗存在不对称性, 不妨设器件 T1 损耗为 P, 器件 T2 损耗为 kP, 系数 $k>1$, T2 损耗要高于 T1 损耗, 认定其结温也会比 T1 高。如果采用串联水路设计, 则存在图 4-25 所示两种水路设计方案: 方案一为水路先通过给损耗小的器件散热的散热器, 再通过损耗高的器件; 方案二方向正好相反。

设进水温度为 T_{in}, 器件热阻为 R_{thjc}, 散热器双面热阻为 R_{thch}, 水的热阻为 R_{water}, 不难得到两种方案下器件结温为

$$T_{T1\_j} = T_{in} + P(R_{thjc} + R_{thch})$$
$$T_{T2\_j} = T_{in} + kP(R_{thjc} + R_{thch}) + PR_{water} \qquad (4-3)$$
$$\Delta T_j = T_{T2\_j} - T_{T1\_j} = (k-1)P(R_{thjc} + R_{thch}) + PR_{water}$$

$$T_{T1\_j} = T_{in} + P(R_{thjc} + R_{thch}) + kPR_{water}$$

$$T_{T2\_j} = T_{in} + kP(R_{thjc} + R_{thch}) \tag{4-4}$$

$$\Delta T_j = T_{T2\_j} - T_{T1\_j} = (k-1)P(R_{thjc} + R_{thch}) - kPR_{water}$$

式中：T_{T1_j} 为 T1 结温；T_{T2_j} 为 T2 结温；ΔT_j 为 T1 和 T2 的结温差。

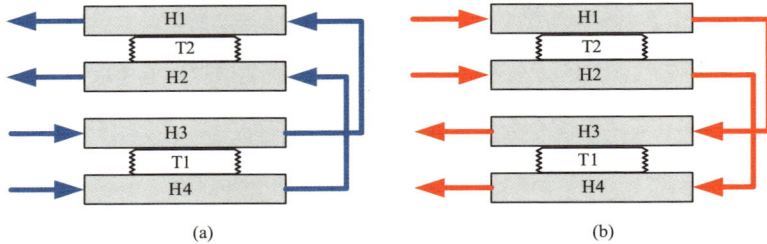

图 4-25　不同水路方案器件流经比较
（a）方案一；（b）方案二

不难发现，当采用方案二时，器件 T2 结温会更低，且 T2 和 T1 的结温温差也要小于方案一。因此，进行串联水路设计时，冷却水应从损耗由高到低逐级进行散热，可以达到优化水路和器件结温，进而减小器件损耗的目的。

4.2　换流阀冷却系统关键技术

4.2.1　可靠性冗余技术

4.2.1.1　主要设备选型和冗余配置

（1）主循环泵。主循环泵通常采用离心泵，为阀冷系统提供密闭循环流体所需动力，采用集装式机械密封，动、静密封材质均选用碳化钨，接液材质为不锈钢，1 用 1 备，每台为 100%容量，设过热保护。主循环泵出厂前进行 1.5 倍设计压力的水压试验，保证良好的密封性能。

主循环泵切换不成功判据延时与回切时间的总延时小于流量低保护动作时间。流量低保护动作时间不小于 10s。切换周期通常为一周，在切换不成功时能自动切回。

主循环泵采用软启动加工频旁路的配置方式，以防单一回路故障后泵不可用。

主循环泵底部配置轴封漏水检测装置，进出口设置柔性接头减振和检修阀门，一旦出现漏水，会及时报警。

（2）闭式冷却塔。闭式冷却盘管采用不锈钢 316L 制作，进出水联箱也采用不锈钢 316L 制作，换热盘管与进出水联箱采用法兰连接，所有部分可拆卸维护。每组换热管采用错排布置，以提高换热效率，换热管考虑坡度，坡向与水流方向一致，以利于将管内的水排放干净，管子的坡度不小于 0.01。

闭式冷却塔的冷却风机宜选择冷却塔专用、垂直安装的轴流风机，其性能稳定可靠，满足冷却塔对风量和风压的要求，当冷却塔配置多台风机时，需考虑风机在并联布置时多台风机同时运行时的性能变化，每台风机单独配置一台电机，一台风机检修时，其余风机可正常运行。

（3）主要设备及仪器仪表冗余配置。换流阀冷却系统主循环泵、过滤器、离子交换器等主要设备均采用冗余配置，进出口设置检修阀门，当其中一个设备发生故障时，可以通过关闭进出口阀门进行设备更换。

换流阀冷却系统所有传感器至少采用双重化配置，作用于系统跳闸的传感器采用三重化配置，且供电和测量回路完全独立，不会出现单一元件故障引起保护误动。

闭式冷却塔选型按其承担的换热量的 $3 \times 50\%$ 计算，同时满足 1 台闭式冷却塔故障且不关闭进出水阀门（考虑混水），实际进阀温度不超过设计进阀温度报警值。换流阀主要设备及仪器仪表冗余配置如表 4-5 所示。

表 4-5 　　　　　　　　换流阀主要设备及仪器仪表冗余配置

主要设备及仪器仪表	冗余配置	主要设备及仪器仪表	冗余配置
密闭蒸发式冷却塔	50%	泵坑排水泵	100%
精混床离子交换器	100%	交流电源	双回路供电，自动投切和手动投切
主循环水泵	100%	直流电源	双回路供电
喷淋水泵	100%	主控制器	2 个，一运一备，自动切换
主循环回路过滤器	100%	与跳闸无关的传感器	2 套
去离子回路过滤器	100%	与跳闸有关的传感器	3 套，三取二

4.2.1.2　阀冷控制保护系统冗余配置

换流阀冷却系统的控制和保护应能在各种运行条件下确保系统安全、正确、可靠地运行。阀冷控制保护系统采用完全双重化设计，送到控制保护系统的所有信号（包括无源触点及 4～20mA 模拟量信号）均需双重化或可靠性更高的配置，应具有完善的自检功能，主系统故障时应可自动切换到备用系统。从一个系统转换到另一个控制系统，不应引起高压直流输电系统输送功率的降低。当主控制系统或备用系统保持在运行状态时，应能允许对备用系统或主控制系统进行维修和改进。

基于控制主机和接口装置物理上完全独立设计、冗余配置的换流阀冷却设备控制保护系统，可以实现在冷却设备不中断运行情况下进行故障主机或接口装置断电检修，提高冷却设备的可靠性。

阀冷系统控制保护装置的控制主机和 I/O 装置完全冗余配置，控制主机采用双重化配置，即两套主机完全独立，实现主、备机功能，一台主机运行期间，另一台主机处于热备用状态，且具备切换功能，可以实现手动切换或故障自动切换。I/O 装置采用双重化或三重化配置，即具有相同功能的 I/O 装置配置两套或以上，主机与 I/O 装置之间通过光纤或电缆等传输介质实现交叉互联。当阀冷控制保护系统的任一主机或者 I/O 装置出现故障时，均不影响水冷系统正常运行，并且在不需要停运水冷系统的情况下，可以实现对故障主机或 I/O 装置断电检修，极大方便了运维人员的日常维护，保证水冷系统的可靠运行。

为避免冗余设备在线检修引起阀冷保护误动，阀冷系统控制柜操作面板设置有各种跳闸保护投入/退出选择按键，并将相关投入/退出保护信息上传至上位机，同时设置有硬压板投入/退出隔离措施。如在线检修主循环泵可短时退出泄漏保护，避免保护误动。

4.2.2 漏水检测与保护技术

阀冷系统在控制保护系统设置渗漏报警及泄漏跳闸的保护逻辑，可以在阀冷系统运行阶段，可靠、有效地监测阀冷系统的运行状态。阀冷系统设置有完善的防漏水保护措施，避免漏水导致系统故障跳闸，同时配备有完善的漏水保护功能，当漏水量达到跳闸设定值时，能及时发出跳闸信号。

每台主循环泵配置有轴封漏水检测装置，当轴封漏水达到一定量时，自动发出报警信号，提示运维人员进行检查、维护，避免机械密封出现大漏水引起跳闸。

换流阀冷却系统实时采集膨胀罐液位，并与膨胀罐液位保护定值进行比较来判断膨胀罐液位是否正常，系统通过液位传感器监视膨胀罐液位信号，当液位达到偏高或者偏低定值时，系统将发出对应告警。膨胀罐液位按照三取二逻辑判断，当发生偏高、偏低时发送告警事件，当出现液位超低时，阀冷控制保护系统向阀控发出冷却器综合跳闸信号。泄漏保护监视通过监视膨胀罐的液位，每 3 秒记录一次液位，当液位连续 10 次（定值可整定）出现下降速度超过泄漏判定整定值时，系统报膨胀罐泄漏并发出阀冷告警命令。如果检测到膨胀罐液位超出量程，判断膨胀罐液位表计异常，则闭锁相应表计的膨胀罐液位保护，后台报膨胀罐液位表计异常事件。

4.2.3 降噪技术

4.2.3.1 选用低噪声主循环泵

（1）通过精确的系统阻力计算，并用软件进行模拟，使水泵在最佳的工作点运行，降低水泵运行噪声。

（2）选用低转速、高效率电机，降低电机运行噪声。

（3）选用知名品牌水泵，泵体、电机等集成安装于一个整体框架上，通过对结构的合理设计，防止产生共振现象，达到降噪要求。

（4）通过软启动器进行降压启动，设置合理的启动/停止时间，减小主循环泵启动及切换时冲击带来的噪声。

4.2.3.2 选用低噪声冷却塔

换流阀外冷却系统噪声源主要来自风机的空气动力性噪声和电机噪声，通过对噪声源的控制，达到降低噪声的目的。

（1）选用知名品牌风机，能耗低、噪声小，出厂前做好预平衡，风机采用低转速、小功率、高性能电机，将噪声减到最小。

（2）采用多叶片叶轮增大叶栅的气动力载荷，在得到同样风量和风压情况下，降低叶轮叶片外圆上圆周速度可使风机噪声明显降低。

（3）降低电机功率，采用直径较小的风机，降低噪声。

（4）风机采用变频调速控制，保证温度的平稳调节，当进阀温度降低时降低转速，从而降低噪声。

4.2.3.3 优化结构设计

（1）在满足系统运行要求的同时，管道、阀门的选型符合流体运行的特性，降低管内流体流速，选用低阻力系数阀门，合理设计安装位置，尽量减少阀门阀位的调节。

（2）通过 3D 建模进行合理的结构设计，减少管道、弯头、三通的数量，减少管道内部阻力。

（3）合理设计罐体、管道支架的固定，避免罐体、管道的振动。

4.3 阀控系统关键技术

4.3.1 换流阀启动充电技术

近年来柔性直流输电技术发展迅速，并向特高压大容量直流输电方向迈进。

采用对称双极高低阀组接线型式的特高压混合型模块化多电平换流器，兼具半桥型 MMC 和全桥型 MMC 的优势，既可减少成本，又具备直流故障清除能力，同时在运行方式灵活性、经济性及可靠性等方面优势十分明显，且能够实现阀组的在线投入与退出，非常适用于特高压柔性直流输电。

对于采用对称双极高低阀组接线型式的特高压混合型模块化多电平换流器，其启动充电策略主要包括直流侧不短接状态下启动充电策略、直流侧短接状态下启动充电策略、极充电策略等。

4.3.1.1　直流侧不短接状态下的启动策略

相较于基于单一子模块类型的 MMC，混合型 MMC 启动控制的难点在于全桥和半桥的充电方式不同，不控充电过程中两种类型子模块的电容电压不易达到均衡，半桥子模块电压会远低于全桥子模块电压。因此有必要对混合型 MMC 的启动充电策略开展研究。

混合型 MMC 电路示意图如图 4-26 所示，图中每个桥臂共有 N 个子模块，其中非冗余模块个数为 N_0，定义其中全桥子模块占比为 $x(x\in[0,1])$，则全桥子模块数为 xN，半桥子模块数为 $(1-x)N$；设计两种类型子模块的直流电容容值相等，且直流电容额定电压均为 U_C。

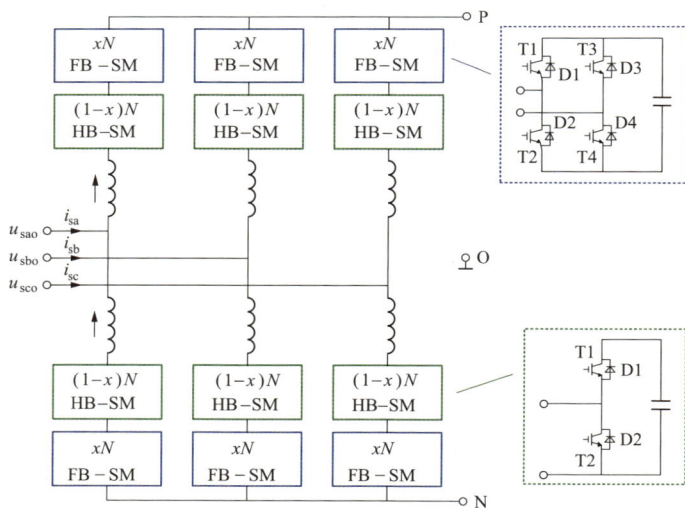

图 4-26　混合型 MMC 电路示意图

（1）混合型 MMC 的不控充电过程分析。以 A 相相电压最高且 B 相相电压最低情况为例进行说明，与基于单一子模块类型的 MMC 拓扑相似，其充电回路示意图及其等效电路图如图 4-27 所示，在直流侧未短接状态下混合型 MMC 的不控充电回路包括 A 相上桥臂—B 相上桥臂以及 A 相下桥臂—B 相下桥臂两条并联支路，C 相无电流流过。

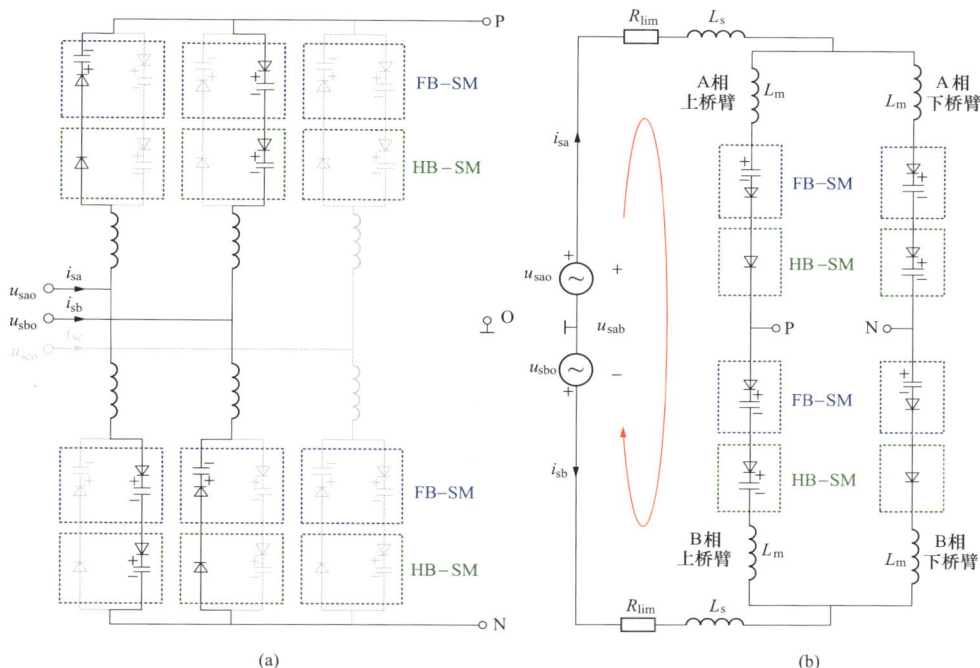

图 4-27 混合型 MMC 在直流侧不短接状态下的不控充电回路示意图及其等效电路图
（以 A 相相电压最高且 B 相相电压最低情况为例）

（a）充电回路示意图；（b）等效电路图

由于全桥和半桥子模块的充电方式不同，上、下桥臂的所有全桥子模块电容均可被充电，而只有流经负向电流的半桥子模块电容可被充电，因此每条支路中包含 $2xN$ 个全桥子模块及 $(1-x)N$ 个半桥子模块，则全桥子模块电压 U_{Cf1} 和半桥子模块电压 U_{Ch1} 与阀侧交流线电压有效值 U_{sl} 有如下关系

$$2xN \cdot U_{Cf1} + (1-x) N \cdot U_{Ch1} = \sqrt{2}U_{sl} \qquad (4-5)$$

由于全桥和半桥子模块电容容值相等，流经的充电电流相同，电容初始电压均为零，而全桥子模块电容串联在电路中充电的时间为半桥子模块电容充电时间的两倍，因此不控充电阶段结束时全桥子模块电压为半桥子模块电压的两倍，即

$$U_{Cf1} = 2U_{Ch1} \qquad (4-6)$$

综合式（4-5）和式（4-6）可得，直流侧不短接情况下混合型 MMC 在不控充电阶段结束时半桥子模块的电压 U_{Ch1} 及其标幺值分别为

$$U_{\text{Ch1}} = \frac{1}{1+3x} \cdot \frac{\sqrt{2}U_{\text{sl}}}{N} \tag{4-7}$$

$$U_{\text{Ch1}}^{*} = U_{\text{Ch1}}/U_{\text{C}} = \frac{1}{1+3x} \cdot \frac{\sqrt{3}M}{2} \cdot \frac{N_0}{N} \tag{4-8}$$

式中：U_{C} 为单个子模块的额定电压。

全桥子模块的电压 U_{Cf1} 及其标幺值分别为

$$U_{\text{Cf1}} = \frac{2}{1+3x} \cdot \frac{\sqrt{2}U_{\text{sl}}}{N} \tag{4-9}$$

$$U_{\text{Cf1}}^{*} = U_{\text{Cf1}}/U_{\text{C}} = \frac{2}{1+3x} \cdot \frac{\sqrt{3}M}{2} \cdot \frac{N_0}{N} \tag{4-10}$$

不控充电阶段结束时，子模块电容电压值不仅与调制比 M 和冗余度 N_0/N 有关，还与各子模块类型的占比相关。该阶段结束时，混合型 MMC 的全桥子模块电压达到半桥电压的两倍，特别是当 x 数值较大，即半桥子模块占比较小时，半桥子模块电压更低，甚至有可能低于其自取能电源的启动电压值。

（2）混合型 MMC 的可控充电阶段 1 控制策略。不控充电阶段结束后，所有全桥子模块的自取能电源启动，均进入可控状态；而半桥子模块则不一定能进入可控状态。为了提高半桥子模块的电容电压，保证其自取能电源的启动，则在该阶段需通过改变全桥子模块的充电方式，减少串联在充电回路中的电容数量。

具体方法如下：在该阶段触发所有全桥子模块的 T4 开关管，其他开关管闭锁。由上文的分析可知，导通 T4 的全桥具有与半桥相同的充电方式，因此在该阶段所有子模块的充电方式相同，所有电容电压共同上升，半桥和全桥子模块电压的差距仍存在，只是不再变大。在该阶段所有电容电压增量 ΔU 为

$$\Delta U = \frac{xNU_{\text{Cf1}}}{N} = xU_{\text{Cf1}} \tag{4-11}$$

所以，该阶段结束时半桥子模块电压 U_{Cf2} 及其标幺值分别为

$$U_{\text{Ch2}} = U_{\text{Ch1}} + \Delta U = \frac{1+2x}{1+3x} \cdot \frac{\sqrt{2}U_{\text{sl}}}{N} \tag{4-12}$$

$$U_{\text{Ch2}}^{*} = U_{\text{Ch2}}/U_{\text{C}} = \frac{1+2x}{1+3x} \cdot \frac{\sqrt{3}M}{2} \cdot \frac{N_0}{N} \tag{4-13}$$

该阶段结束时全桥子模块电压 U_{Cf2} 及其标幺值分别为

$$U_{\text{Cf2}} = U_{\text{Cf1}} + \Delta U = \frac{2+2x}{1+3x} \cdot \frac{\sqrt{2}U_{\text{sl}}}{N} \tag{4-14}$$

$$U_{\text{Cf2}}^{*} = U_{\text{Cf2}}/U_{\text{C}} = \frac{2+2x}{1+3x} \cdot \frac{\sqrt{3}M}{2} \cdot \frac{N_0}{N} \tag{4-15}$$

式（4-12）~式（4-15）推导了理想工况下，所有子模块在全桥 T4 导通后的直流电压。但在实际装置中，为均衡启动充电过程中各子模块电压，将在各模块直流电容两端并联几十千欧级的均衡电阻。全桥子模块电压较半桥子模块电压更高，所以在充电过程中全桥均衡电阻上的耗能更大。因此，考虑到子模块均衡电阻的耗能作用，实际装置中两种类型子模块电压之间的差异会比式（4-13）与式（4-15）之间的差异更小，甚至有可能在本阶段达到子模块电压均衡。

（3）混合型 MMC 的可控充电阶段 2 控制策略。在该阶段，需通过切出或旁路子模块的方式，进一步减少串联在充电回路中的直流电容数量，以提高各子模块电压，直至额定值附近。具体实现方法如下：对桥臂内各子模块电压进行排序；找出电压较高的前 zN 个子模块，若是全桥子模块则触发 T2 和 T4，若是半桥子模块则触发 T2；对于其他子模块，若是全桥则维持仅触发 T4 开关管不变，若是半桥则维持闭锁状态不变。这样可保证每个时刻仅有 $(1-z)N$ 个子模块串联在充电回路中，并通过排序的方式进行轮换接入充电以实现动态均衡。

综上所述，可得到如图 4-28 所示的混合型 MMC 在直流侧未短接状态下的启动策略流程图。

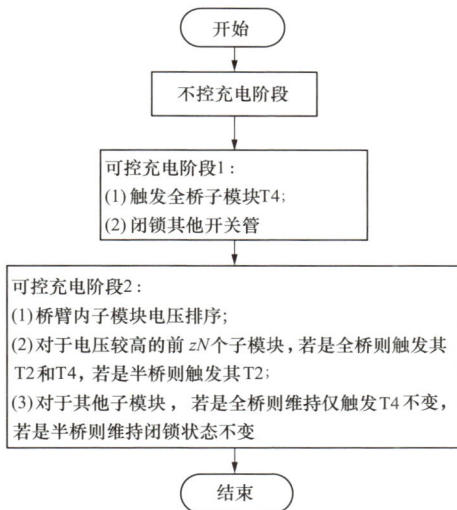

图 4-28　混合型 MMC 在直流侧未短接状态下的启动策略流程图

4.3.1.2　直流侧短接状态下的启动策略

（1）混合型 MMC 的不控充电过程分析。同样仍以 A 相相电压最高且 B 相相电压最低情况为例进行原理说明，其不控充电回路及其等效电路图如图 4-29 所示，短接 P、N 后，对于 A 相电路，其上、下两桥臂变为并联关系；刚开始不控充电时，A 相的上、下桥臂均有充电电流流过，且上桥臂电流方向为正（称当前时刻能够流入正向电流的支路为正向电流支路），下桥臂电流方向为负（称当前时刻能够流入负向电流的支路为负向电流支路）；由于 A 相下桥臂的所有半桥子模块电容始终串联在回路中，因此随着各子模块电容电压的逐渐升高，A 相下桥臂直流电容上的压降总和开始大于 A 相上桥臂的直流压降总和，则 A 相下桥臂中的反并联二极管因承受反压而关断，此后充电电流仅从 A 相上桥臂流过，A 相下桥臂支路断开；B 相不控充电过程同理，所以此时 A、B 相的充电回路仅有图 4-29 中的 A 相上桥臂和 B 相下桥臂。

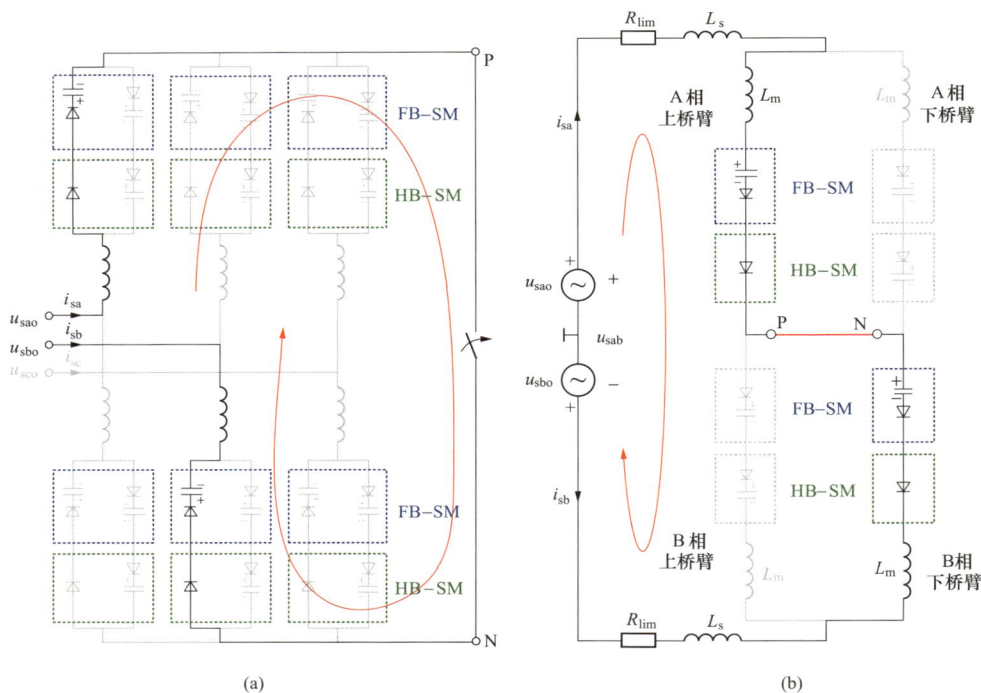

图 4-29　混合型 MMC 在直流侧短接状态下的不控充电回路示意图及其等效电路图
（以 A 相相电压最高且 B 相相电压最低情况为例）
（a）充电回路示意图；（b）等效电路图

可得出以下结论：直流侧短接后，同相的上桥臂和下桥臂会形成并联电路，反并联二极管的单相导通特性会迫使电流流向不给半桥子模块充电的那条支路，即正向电流支路、负向电流支路均断开。因而在不控充电阶段，每个时刻都仅有 $2xN$ 个全桥子模块被串联在回路中，被线电压充电，所有半桥均被旁路。由此可见，直流侧短接情况下的混合型 MMC 不控充电过程与基于单一子模块类型的 MMC 拓扑及直流侧不短接情况下的混合型 MMC 拓扑的不控充电过程完全不同。

不控充电阶段达到稳态时，全桥子模块的直流电容电压 U_{Cf1} 和半桥子模块直流电容电压 U_{Ch1} 分别为

$$\sqrt{2}U_{sl} = 2xNU_{Cf1} \Rightarrow U_{Cf1} = \frac{\sqrt{2}U_{sl}}{2xN} \qquad (4-16)$$

$$U_{Ch1} \approx 0 \qquad (4-17)$$

全桥子模块直流电容电压的标幺值为

$$U_{Cf1}^* = U_{Cf1}/U_C = \frac{\sqrt{3}M}{4x} \cdot \frac{N_0}{N} \qquad (4-18)$$

所以该阶段结束后，所有全桥子模块的自取能电源均可启动。由于二极管从承受反压到其电流下降至零需要一定的时间，因此不控充电阶段结束时，各半桥子模块电容电压 U_{Ch1} 会接近但略大于零，由于充电时间太短，该值仍远远低于其自取能电源的启动电压。

（2）混合型 MMC 的可控充电阶段 1 控制策略。类比于前面两种可控充电策略，直流侧短接下的混合型 MMC 可控充电仍分为两个阶段。阶段 1 的目的是为半桥子模块营造充电回路，将半桥子模块电压充电至其自取能电源能够启动的水平以上。直流侧短接状态下混合型 MMC 可控充电阶段 1 的工作原理（以 A 相相电压最高且 B 相相电压最低情况为例）如图 4-30 所示。

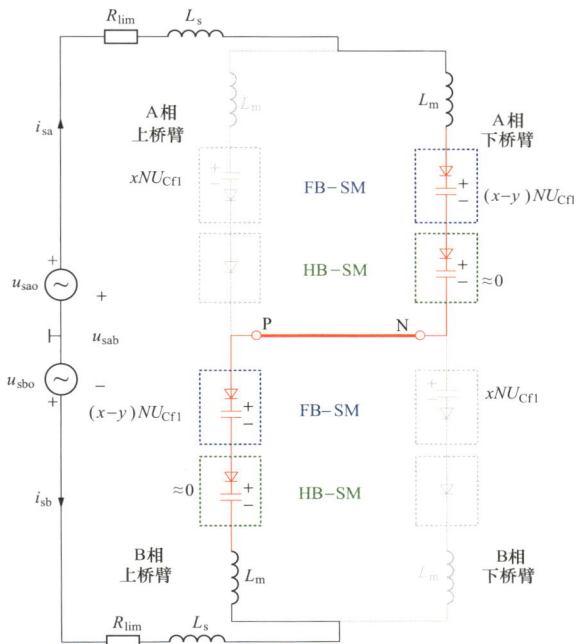

图 4-30　直流侧短接状态下混合型 MMC 可控充电阶段 1 的工作原理
（以 A 相相电压最高且 B 相相电压最低情况为例）

具体控制原理如下：当前情况下，为了降低负向电流支路（即 A 相下桥臂和 B 相上桥臂）上电流流经时形成的直流电容压降，可将负向电流支路中的 yN 个全桥子模块切出（即切出的全桥子模块的个数在桥臂总模块数中的占比为 y），这样负向电流支路上的直流压降减少到 $(x-y)NU_{Cf1}$，低于与之并联的正向电流支路（即 A 相上桥臂和 B 相下桥臂）上的压降（数值为 xNU_{Cf1}），使得正向电流支路中的反并联二极管承受反压而关断，电流自动流向负向电流支路，为支路上的半桥子模块电容充电。

在实现过程中，为了判断出此刻 MMC 中哪些桥臂为正向或负向电流支路，需要知晓阀侧各相电流的大小和方向。由于启动充电阶段，阀侧电流数值较额定运行时小得多，且谐波含量大、畸变严重，工程中电流测量装置精度有限，因此通过检测阀侧电流来判断 MMC 当前充电回路状态并不可行。所以这里采用阀侧电压代替阀侧电流来进行电路状态判断。对三相阀侧电压瞬时值进行采样并排序，认为当前时刻相电压最高相的上桥臂和相电压最低相的下桥臂为正向电流支路，而相电压最高相的下桥臂和相电压最低相的上桥臂为负向电流支路。

因此，该阶段的执行步骤如下：采集各相相电压瞬时值并进行排序，找出当前时刻的负向电流支路；采集各全桥子模块电压并进行排序，将负向电流支路中电压较高的前 yN 个全桥子模块切出；闭锁其他子模块驱动。

该阶段的初始状态为：全桥子模块电容电压均为 U_{Cf1}，半桥子模块电容电压均约为 0。对于负向电流支路，$(1-x)N$ 个半桥子模块始终都接入电路被充电，而各全桥子模块接入电路被充电的时长只有半桥的 $(x-y)/x$ 倍。由于所有子模块的直流电容容值和流过的电流相同，只是充电时长不同，因此当该阶段达到稳态时，半桥子模块电容电压从 0 上升到 U_{Ch2}，而全桥子模块电容电压上升的数值仅为 $U_{Ch2} \cdot (x-y)/x$。由此可得

$$\frac{x-y}{x}U_{Ch2} \cdot (x-y)N + U_{Ch2} \cdot (1-x)N = U_{Cf1} \cdot yN \qquad (4-19)$$

可计算出可控充电阶段 1 结束时，半桥子模块直流电容电压 U_{Ch2} 及其标幺值为

$$U_{Ch2} = \frac{xy}{(x-y)^2+x(1-x)}U_{Cf1} = \frac{y}{(x-y)^2+x(1-x)} \cdot \frac{\sqrt{2}U_{sl}}{2N} \qquad (4-20)$$

$$U_{Ch2}^* = U_{Ch2}/U_C = \frac{y}{(x-y)^2+x(1-x)} \cdot \frac{\sqrt{3}M}{4} \cdot \frac{N_0}{N} \qquad (4-21)$$

全桥子模块直流电容电压 U_{Cf2} 及其标幺值为

$$U_{Cf2} = U_{Cf1} + \frac{x-y}{x}U_{Ch2} = \frac{1-y}{(x-y)^2+x(1-x)} \cdot \frac{\sqrt{2}U_{sl}}{2N} \qquad (4-22)$$

$$U_{\mathrm{Cf2}}^{*} = U_{\mathrm{Cf2}}/U_{\mathrm{C}} = \frac{1-y}{(x-y)^2 + x(1-x)} \cdot \frac{\sqrt{3}M}{4} \cdot \frac{N_0}{N} \qquad (4-23)$$

比较式（4-21）和式（4-23）可知，此阶段所有的子模块电容均被充电，且 y 值越大，即切出的全桥子模块数量越高，则该阶段结束时半桥子模块电容电压就越高。可根据实际需要（例如子模块自取能电源的启动电压）来确定 y 的具体数值。特别是当 $y=0.5$，即切出的全桥子模块数量为子模块总数的一半时，半桥和全桥子模块将达到相同的直流电容电压，此时子模块电压的标幺值为

$$U_{\mathrm{Ch2}}^{*} = U_{\mathrm{Cf2}}^{*} = \frac{\sqrt{3}M}{2} \cdot \frac{N_0}{N} \qquad (4-24)$$

（3）混合型 MMC 的可控充电阶段 2 控制策略。经历过可控充电阶段 1 后，所有子模块的自取能电源均启动，进入可控状态。可控充电阶段 2 的目的是通过排序并切出更多的子模块，继续减少串联在负向电流支路的子模块数量，最终使得所有子模块的直流电容电压均衡且达到额定值附近。

具体实现方法如下：类似于可控充电阶段 1，采集各相相电压，确定当前时刻的正向和负向电流支路；采集所有子模块电容电压并进行排序，将负向电流支路中电压较高的前 zN 个子模块切出（即切出的子模块个数的占比为 z，其中 $y<z<1$）；闭锁其他子模块驱动；直至所有子模块的直流电容电压达到额定值附近，该阶段结束。

该阶段与全桥型 MMC 及直流侧不短接状态下混合型 MMC 的可控充电阶段 2 的工作原理类似。

综上所述，可得到如图 4-31 所示的混合型 MMC 在直流侧短接状态下的启动策略流程图。

4.3.1.3　极充电策略

柔性直流换流站低端阀组充电后，由于高端阀组子模块电容、直流线路寄生电容、混合直流中常规直流换流站直流滤波器电容间会按阻抗对低端阀组直流侧产生的电压进行分压，造成高端阀组直流侧承受一定负压，从而给高端阀组的全桥子模块电容充入一定电压，而半桥子模块电容无电压。此状态如果持续时间过长，可能会引起子模块电压发散等风险。

系统调试期间通过缩短高、低端阀组手动充电操作的间隔时间，减少直流负压状态的持续时间，使得高端阀组能够尽快进行交流侧充电即可避免发散。此外，换流阀从不控充电尽早进入可控充电状态也能进一步防止子模块电容电压的发散。

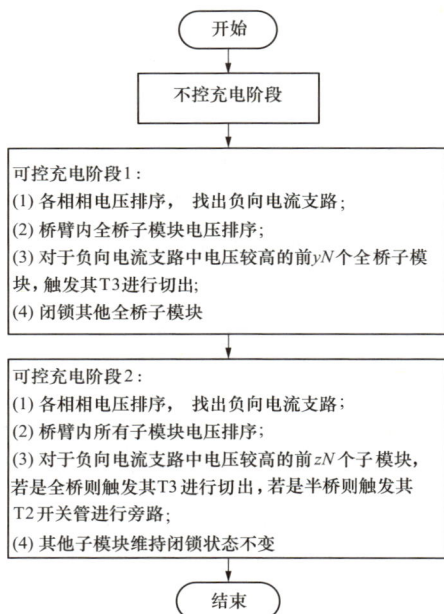

图 4-31　混合型 MMC 在直流侧短接状态下的启动策略流程图

　　以上多步操作若保持由运行人员分步手动操作，其操作和确认的时间不固定且过程略长，因此考虑增加极充电顺控以实现一步顺控操作。

　　极充电顺控操作流程图如图 4-32 所示。

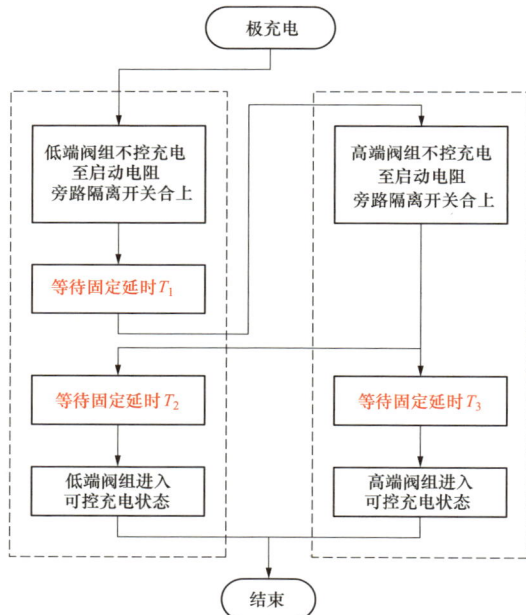

图 4-32　极充电顺控操作流程图

操作步骤如下：

（1）首先将低端阀组不控充电至启动电阻旁路隔离开关合上状态（对应低端阀组"不控充电"顺控）。

（2）然后等待固定延时 T_1 后，将高端阀组不控充电至启动电阻旁路隔离开关合上状态（对应高端阀组"不控充电"顺控）。

（3）高端阀组启动电阻旁路隔离开关合上后，再等待固定延时 T_2，将低端阀组进入可控充电状态（对应低端阀组"可控充电"顺控）。

（4）高端阀组启动电阻旁路隔离开关合上后，再等待固定延时 T_3，将高端阀组进入可控充电状态（对应高端阀组"可控充电"顺控）。

（5）固定延时 T_1、T_2 和 T_3 根据阀厂不同情况分别确定。

4.3.2 换流阀低开关频率载波技术

用 $u_s(t)$ 表示调制波的瞬时值，U_C 表示子模块电容电压的平均值。每个相单元中只有 N 个子模块被投入。如果这 N 个子模块由上、下桥臂平均分担，则该相单元输出电压为 0。电平逼近算法示意图如图 4-33 所示，随着调制波瞬时值从 0 开始升高，该相单元下桥臂处于投入状态的子模块需要逐渐增加，而上桥臂处于投入状态的子模块需要相应地减少，使该相单元的输出电压跟随调制波升高，将二者之差控制在 $\pm U_C/2$ 以内。

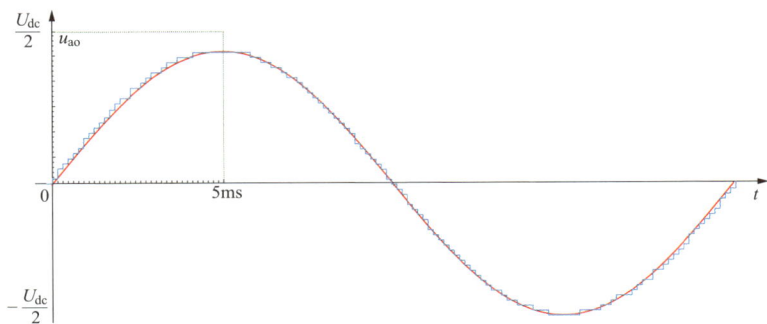

图 4-33 电平逼近算法示意图

最近电平逼近 NLM 在 MMC 中的实现方法如下：

在每个时刻根据计算得到的桥臂电压参考值，下桥臂需要投入的子模块数可以表示为

$$N_{sm} = \frac{N}{2} + \mathrm{round}\left(\frac{u_s}{U_C}\right) \qquad (4-25)$$

式中：$\mathrm{round}(x)$ 表示取与 x 最接近的整数。

最近电平逼近调制通常采用子模块数取整和电容电压排序的方法来实现对调制电压的跟踪，并保证电容电压相对平衡。但此调制中存在两种固有的误差，即模块数取整产生的误差、各子模块电容电压与平均电容电压之间的误差。这两种误差会导致换流器桥臂输出电压与指令电压之间差别较大，最终引起输出谐波，甚至轻微振荡。此外，为了降低换流器损耗，希望尽可能地降低开关频率，需要进一步放宽各子模块电容电压间的差别，这更加剧了指令电压与实际输出电压之间的偏差。因此，为了减小模块化多电平换流器的谐波和损耗，需要基于上述两种误差对现有的最近电平逼近调制进行改进。

优化的目标是提供一种既能够不增大开关频率、不影响调制电压跟踪和电容电压平衡，又能减小模块换流器谐波和损耗的最近电平逼近调制误差补偿方法。为实现上述目的，提出一种调制技术优化方案是针对用于直流输电的模块化多电平换流器，模块化多电平换流器每个桥臂由多个阀子模块串联而成，每个子模块由开关管、二极管和储能电容组成，结构上可以是半桥、全桥或钳位双子模块。

换流阀在稳态运行过程中，根据某桥臂所含子模块数目 N、当前控制周期下电流控制器为该桥臂产生的调制电压 U_{ref}、该桥臂内各子模块的电容电压及其投入切除状态，计算出子模块数取整导致的误差 Error1，再计算出各电容电压偏离平均电容电压导致的误差 Error2。然后，在下一个控制周期的最近电平逼近调制中，在该桥臂的指令投入子模块数上叠加误差 Error1 和 Error2，使得该桥臂的输出电压更好地跟踪其调制电压。通过这种方法，在换流阀稳态运行时，可以在不增大开关频率的前提下减小输出谐波、避免振荡。此外，可以在不增大换流器输出谐波的前提下进一步放宽各子模块电容电压间的差别，从而降低开关频率和换流器损耗。与现有调制方法相比，优化调制产生的效果如下：

（1）基于优化调制的模块化多电平换流器最近电平逼近调制方法，可以有效降低换流器交流侧输出谐波，也降低了因谐波导致振荡的可能。

（2）基于优化调制的模块化多电平换流器最近电平逼近调制方法，可以在不增大换流器输出谐波的前提下降低平均开关频率，从而降低换流器损耗。

图 4-34 为适用优化调制的换流器拓扑图，换流器包括 6 个桥臂，每个桥臂由 N 个阀子模块和 1 个桥臂电抗组成。在换流器稳态运行时，电流控制器为第 k 相（$k=a$，b，c）的上、下桥臂产生互补的调制电压 $U_{\text{dc}}/2 - U_{k}$ 和 $U_{\text{dc}}/2 + U_{k}$；再通过最近电平逼近调制控制桥臂内阀子模块的投入和切除状态，使得桥臂的输出电压（即投入子模块电容电压之和）跟踪其调制电压。在理想情况下，U_{a}、U_{b}、U_{c} 为三相正弦电压，调制后换流器的交流侧输出电压为三相正弦电压，直流侧电压为上、下桥臂电压之和，即等于 U_{dc}。

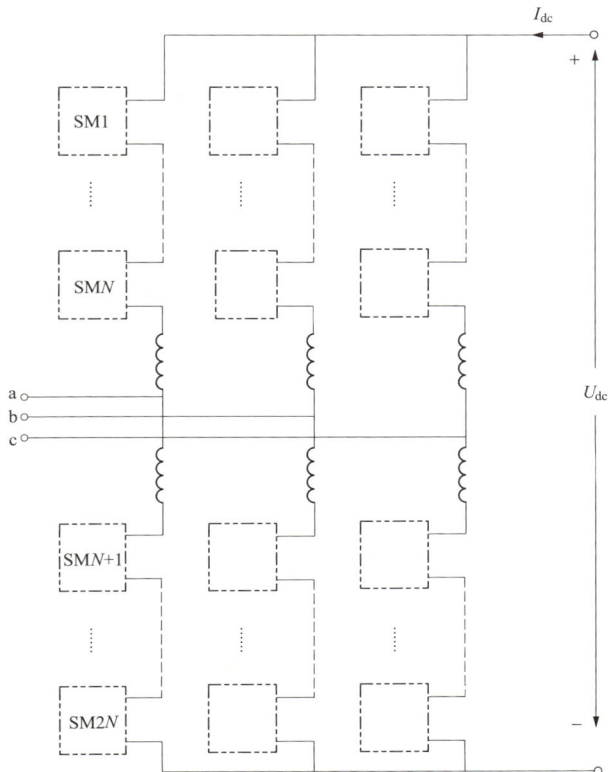

图 4-34　适用优化调制的换流器拓扑图

图 4-35 为未加入优化方法之前的最近电平逼近调制框图。图中 U_{ref} 为桥臂的调制电压，除以该桥臂的平均电容电压 $\bar{U}_C$ 后，得到指令投入子模块数 N_{ref}，经过四舍五入取整得到该桥臂实际投入的子模块数 N_{on}。再经过电容电压平衡控制，决定各子模块的投入切除状态，其输出信号 Pulse(i) 反映了第 i 个子模块的投入或切除情况：若第 i 个子模块投入，则 Pulse(i) 为 1；若第 i 个子模块切除，Pulse(i) 为 0。其中，$\sum \text{Pulse}(i) = N_{on}$，$i = 1, 2, \cdots, N$。

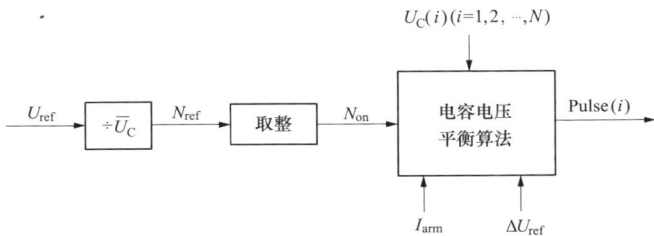

图 4-35　未加入优化方法之前的最近电平逼近调制框图

161

但是，在上述最近电平逼近调制方法下，调制电压等于 $N_{ref} \cdot \bar{U}_C$，而桥臂实际输出电压为投入子模块的电容电压之和，即 $\Sigma[\text{Pulse}(i) \cdot U_C(i)]$。对比两者可以看出，存在两种误差会影响桥臂输出电压跟踪其调制电压，即子模块数取整产生的误差、子模块电容电压偏离平均电容电压导致的误差。为了更好地跟踪调制电压，依据该方法，可以先计算当前控制周期内这两个误差的值，再将误差值叠加到下一个控制周期的指令投入子模块数 N_{ref} 或调制电压 U_{ref} 上，使得补偿后的投入子模块数尽可能地校正上一周期中的误差。优化调制下的最近电平逼近调制框图及两个误差的算法如图 4-36 所示。

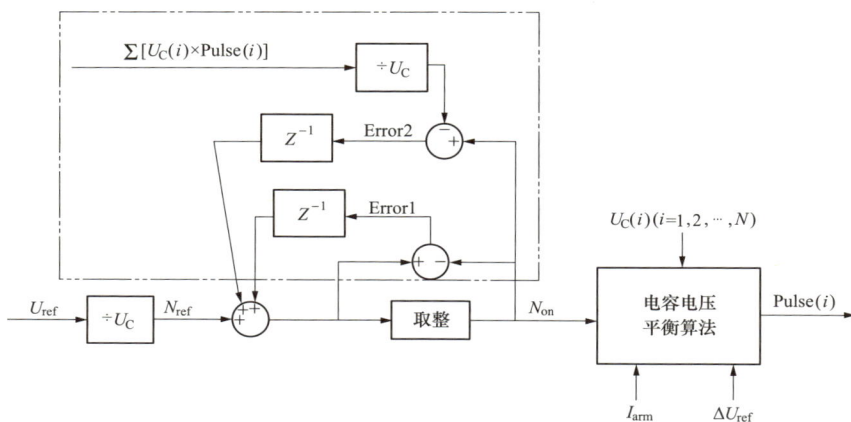

图 4-36 优化调制下的最近电平逼近调制框图及两个误差的算法

4.3.3 全半桥混合拓扑充电时序优化与"黑模块"识别技术

全桥拓扑能够实现 1、0、-1 三个电平输出，是实现柔性直流换流阀直流侧故障阻断和清除的理想拓扑，而全桥和半桥的混合拓扑在实现上述功能的基础上能够进一步降低器件用量和换流阀成本。在换流阀桥臂结构中，全桥功率模块能够双向充电，半桥功率模块仅能单向充电，全桥和半桥模块在充电中的不均匀性为混合拓扑换流阀充电启动带来技术挑战。

同时，"黑模块"问题发生于柔性直流换流阀启动充电过程，上层阀控系统无法获悉"黑模块"的实时状态及信息，因而无法对"黑模块"进行监测与控制，处于不受控状态下的"黑模块"将对换流阀的安全稳定运行造成重大威胁，因此如何在换流阀启动充电过程中及时准确地识别出"黑模块"是需要解决的一个关键难题。

针对上述问题，提出了全半桥混合拓扑的充电时序及"黑模块"识别技术。

全半桥混合拓扑充电时序的操作步骤如下：

步骤 1：交流断路器合闸，换流阀自然充电。

步骤 2：阀控判断充电程度，统一下发全桥模块 T4 触发命令。

步骤 3：换流阀控制判断充电程度，切除启动电阻。

步骤 4：阀控进行"黑模块"识别判断，上送比对结果。

步骤 5：运行人员对"黑模块"比对结果进行处理，换流阀不控充电维持时间须大于 30～60min。

步骤 6：由运行人员下发可控充电指令，阀控通过可控充电将全部模块电压均压至额定电压。

步骤 7：阀控上送可控充电完成和"解锁允许"信号。

"黑模块"对比的操作步骤如下：若某模块在阀上次掉电前被阀控保存的旧状态与该次重启充电后所获得的新状态不一致（如某模块上次为正常，本次变为故障），则阀控认为发生了模块比对不一致情况。需根据模块对比的实际情况进行下一步操作。

"黑模块"比对逻辑为只对上电过程中新增的上行光纤故障的模块进行检测比对。DSP 会上送"'黑模块'比对成功/'黑模块'比对失败"事件顺序记录（sequence events recorder，SER），同时上送故障模块编号和故障类型 SER。

主控板的模块对比逻辑如图 4-37 所示，并将模块比对的结果上传至后台，由运维人员决策，可做以下选择：① 执行继续充电。② 停机检修。并且后台具备使能、禁止模块对比的功能，方便运行人员进行投退操作。

针对全半桥混合拓扑换流阀，根据阀控装置的处理逻辑，提出了新的柔性直流换流阀充电启动顺控，优化后柔性直流换流阀充电启动顺控图如图 4-38 所示。将过往"备用"与"运行"之间的"闭锁"状态改为"充电"状态，并将"充电"状态分为"不控充电"和"可控充电"两个阶段，解决了全半桥充电不均匀和"黑模块"安全识别处理难题。

4.3.4　超低链路延时技术

为保证阀控系统的安全稳定，需严格控制并尽可能压缩阀控系统内部的链路延时，具体包括两种场景下的延时：① 阀控系统正常运行时的控制链路延时；② 阀控系统遇到紧急状况时的保护链路延时。阀控系统的开发建立在 DSP 和 FPGA 上，相比于 DSP，FPGA 的时序控制能力强，数据交互的速度明显快于 DSP，因此，应该在阀控系统延时的主要环节中尽可能使用 FPGA，各环节的时序设计相互配合，尽可能降低阀控系统链路延时。

开始

模块配置与复位完成?

子模块控制板信息汇总至桥臂控制板

桥臂控制器检测到某模块存在上行通信故障?

N → 模块的其他故障检测

Y

桥臂控制器判断该模块为"黑模块"

统计所有的"黑模块"数

所有模块检测完毕?

N

Y

后台使能模块对比功能?

N → 后台显示"黑模块"数及编号,DSP不执行"黑模块"护逻辑,清除模块对比成保功、失败位

Y

State1:上次掉电或停机时DSP存储的所有模块状态,如果有检修的模块需更新检修之后的模块状态

State2:FPGA统计出的此次自检后所有模块的状态,并实时传输给主控板DSP

模块状态更新为State2;将State2与上次停机或掉电时所有模块的状态State1比较

State2==State1?

N → 阀控系统统计State2比State1新增"黑模块"

Y

执行继续充电操作,阀控后台显示"黑模块"数及编号, 即使存在"黑模块",也可通过晶闸管爆炸性短路去解决

上传至后台,由运维人员决定执行手动旁路"黑模块"或停机等操作

结束

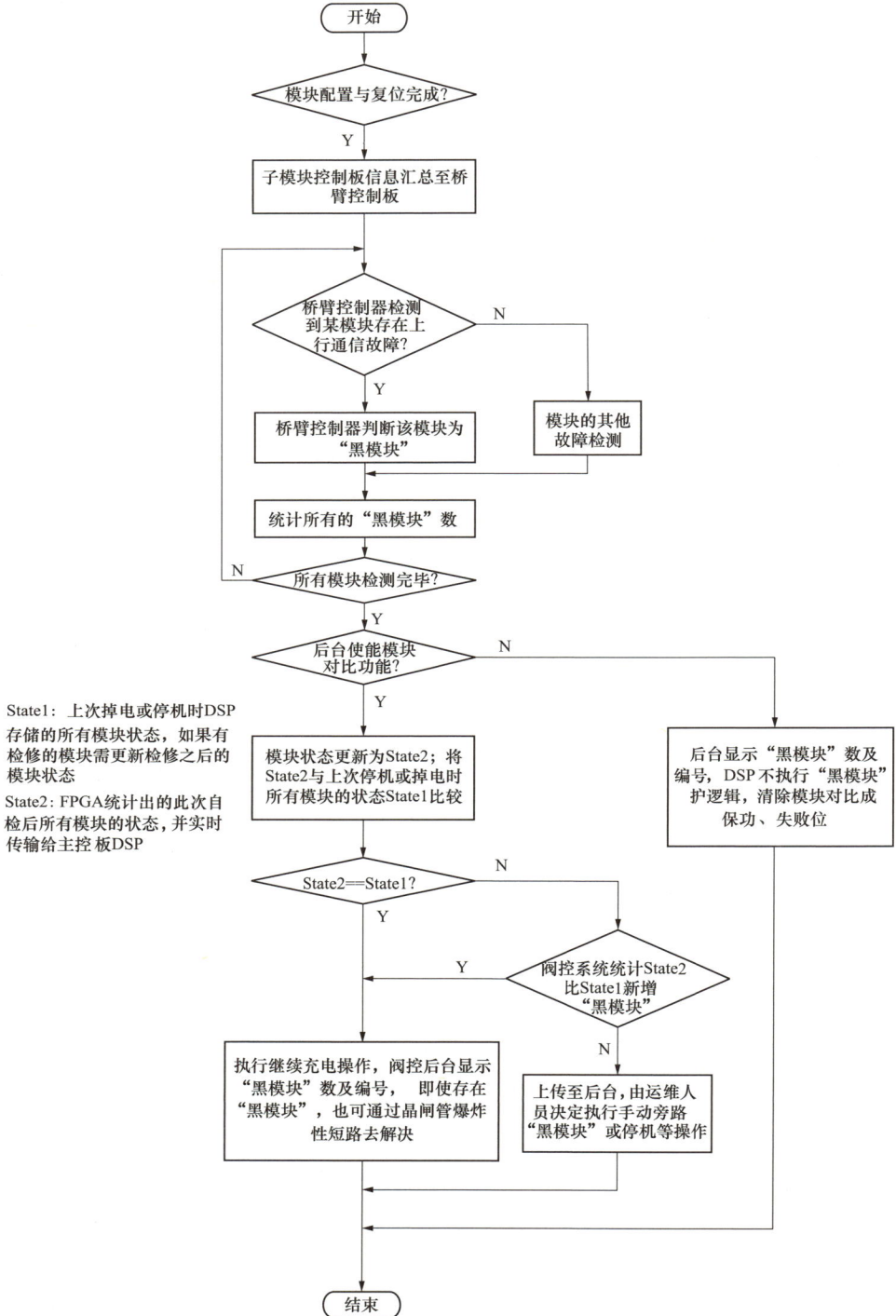

图 4-37 主控板的模块对比逻辑

164

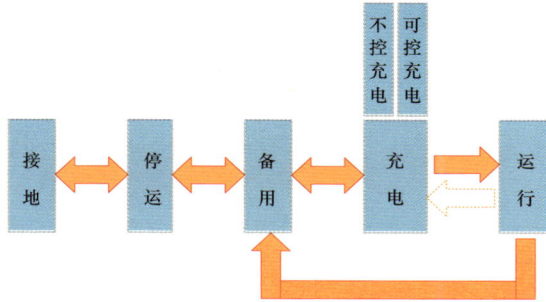

图 4-38 优化后柔性直流换流阀充电启动顺控图

4.3.4.1 阀控装置控制链路延时

阀控系统示意图如图 4-39 所示，阀控主控板从极控接收到调制波命令后，发送给同一箱体内的桥臂控制板。桥臂控制板进行桥臂的电容电压平衡控制并按照最近电平逼近调制算法选择出需要投入、切除的功率模块后，将开通关断指令通过脉冲板分配下发给各个功率模块。功率模块执行 IGBT 的开通关断，完成极控的调制波命令。

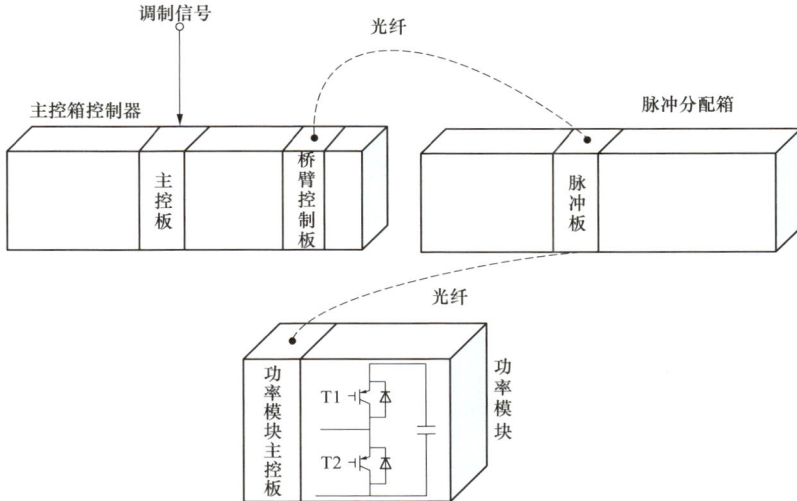

图 4-39 阀控系统示意图

（1）控制链路延时定义。阀控装置控制链路延时定义为：从阀控接收完极控的调制波命令开始，到换流阀所有子模块的 IGBT 完成对应的导通或者关断动作（含 IGBT 死区时间），整个控制链路路径所有计算和通信环节的时间总和。

（2）控制链路延时组成。在阀控链路内，该延时包括如下部分：CT1 为调制波命令接收到并发送到桥臂控制板的通信延时；CT2 为桥臂控制板计算延时，包括调制波解析、调制波修正、功率模块排序、确定需投入/切除的功率模块；CT3 为桥臂控制板到脉冲分配屏通信延时；CT4 为脉冲分配屏到功率模块控制板的通信延时；CT5 为功率模块控制板解析驱动指令后执行 IGBT 的开通和关断动作总延时。

高压直流功率模块一般使用额定电压 4.5kV 及以上的 IGBT，包括进口和国产器件，如东芝（TOSHIBA）、ABB、中国中车股份有限公司等生产的器件。功率模块开通或关断延时典型值如表 4−6 所示。

表 4−6　　　　　　　　　　功率模块开通或关断延时典型值

开通或关断延时		IGBT 延时典型值（μs）
T_{on_delay}	开通及死区延时	5～15
T_{on}	开通上升时间	0.3～0.8
T_{off_delay}	关断延时	5～15
T_{off}	关断下降时间	2～4
$T_{total} = \max\ (T_{on\_delay} + T_{on},\ T_{off\_delay} + T_{off})$		8～20

控制链路各个环节组成及分步延时典型值如表 4−7 所示。

表 4−7　　　　　　控制链路各个环节组成及分步延时典型值

序号	链路环节			延时典型值（μs）
1	阀控延时（T_{VBC}）	主控制板到运算板通信	CT1	0.2～2
2		桥臂控制板计算	CT2	5～15
3		桥臂控制板到脉冲分配屏通信	CT3	1～10
4		脉冲分配屏到功率模块控制板的通信	CT4	3～5
5	功率模块延时（T_{SM}）	功率模块开通动作	CT5	6～16
6		功率模块关断动作		8～20
7	阀控控制链路总延时（$T_{VBC} + T_{SM}$）		CT1＋CT2＋CT3＋CT4＋CT5	30～50

（3）控制链路延时测量原理。换流阀控制链路延时直接影响换流站的阻抗特性，影响系统的高频谐振阻尼能力，因此需要对阀控控制器链路延时进行准确测量。测量值为从阀控装置收到换流器控制装置下发的调制波，到功率模块中 IGBT 收到驱动开通/关断命令的时间差。

阀控装置控制链路延时测试原理如图 4−40 所示。

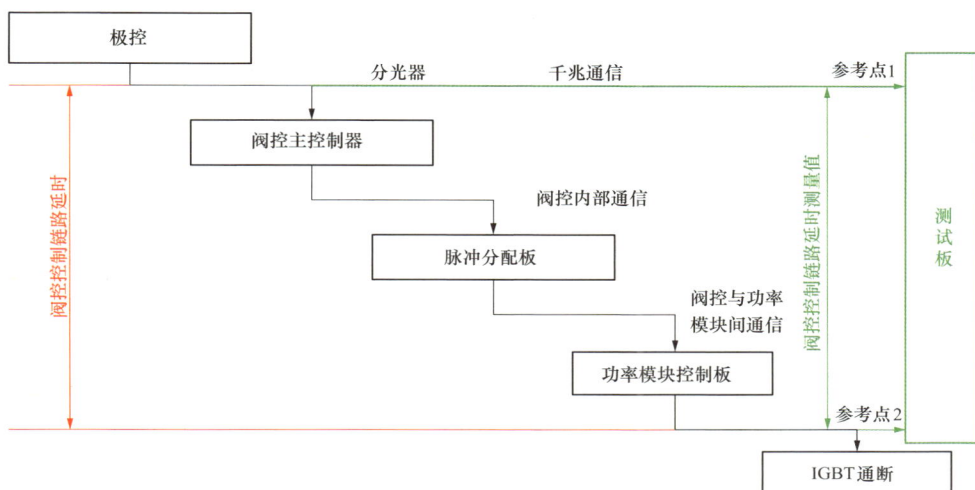

图 4-40　阀控装置控制链路延时测试原理

在极控与阀控装置之间增加一个分光器，将极控发送给阀控的控制命令复制两份，分别发送给阀控主控制器和测试板。由于分光器各个输出通道之间无延时，阀控主控制器和测试板将同时接收到极控的控制命令，该命令中"调制波电压参考信号"将作为链路延时测试的参考点 1。

功率模块控制板输出 IGBT1 和 IGBT2 触发脉冲，该脉冲信号接入测试板作为链路延时测试的参考点 2。

在解锁状态下，调制波电压参考信号的变化将引起 IGBT 触发变化，反映为链路延时测试的参考点 1 和参考点 2 的状态变化，这两个参考点状态变化的时间差就是阀控装置的控制链路延时。

（4）控制链路延时测量试验步骤。

1）在极控中设置测试信号，使 AU 桥臂调制波电压参考信号进行周期性跳变，例如前半周期给出 $U_{ref}=24000$，后半周期给出 $U_{ref}=0$（所有模块切除），造成 AU 桥臂的功率模块在"导通 IGBT1、关断 IGBT2"和"导通 IGBT2、关断 IGBT1"两个状态之间周期性切换。

2）在测试板 FPGA 芯片上增加在线逻辑分析仪信号，在线抓取 U_{ref} 变化边沿，以及某个功率模块（测试板）接收到的 IGBT 导通关断命令边沿，并观察两个边沿之间的时间差，该时间差即为阀控控制链路延时测量值。

4.3.4.2　阀控装置保护链路延时

阀控保护系统示意图如图 4-41 所示，当换流站外部交直流线路发生严重故障，或者换流站内部发生严重故障，并导致换流阀桥臂电流快速上升时，阀控系统的三取二保护将动作并闭锁换流阀。阀控系统中，保护板接收到桥臂电流测量量后进行判断，在系统严重过电流时下发闭锁命令，随后通过脉冲板分配下发给各个功率模块，功率模块执行开关关断。在上述快速保护过程中，所有的数据交互通过 FPGA 传递。

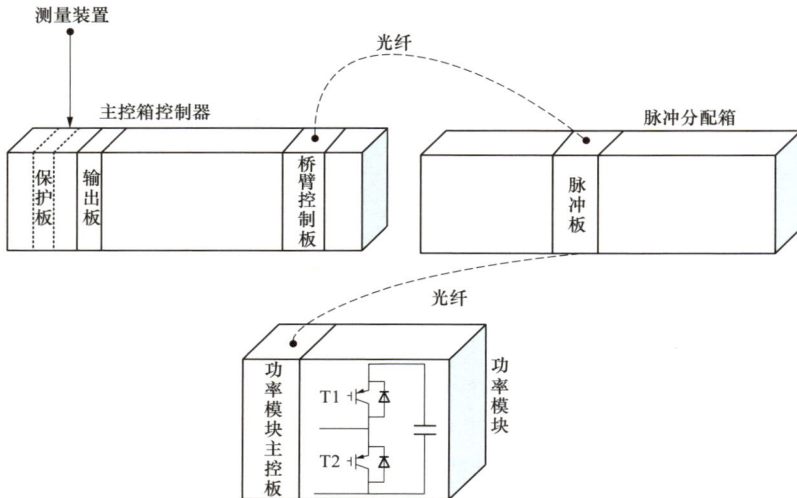

图 4-41　阀控保护系统示意图

（1）保护链路延时定义。阀控装置保护链路延时定义为：从阀控接收到测量装置的电流采集值（且该次采集值超过保护阈值将导致过电流或电流上升率保护），到换流阀所有子模块的 IGBT 完成关断动作，整个链路所有计算和通信环节时间总和。

（2）保护链路延时组成。在链路内，该延时包括如下部分：PT1 为保护的计算和输出延时，具体包括过电流及电流上升率保护计算延时，三取二逻辑计算延时，保护动作输出延时；PT2 为闭锁命令下发到脉冲分配屏的通信延时；PT3 为脉冲分配屏将驱动信号发送到功率模块控制板的通信延时；PT4 为功率模块控制板解析驱动指令后执行 IGBT 的关断延时。

阀控装置的过电流及电流上升率保护是由阀控的三取二保护系统执行的，保护链路通过复用从运算板到模块控制板的控制链路部分，并且优先保证快速保护数据包的传递。

阀控装置保护链路中通信和计算环节包括运算板到脉冲分配箱通信、脉冲板到功率模块控制板通信、IGBT 关断动作。

阀控过电流及电流上升率保护动作链路（单点保护）延时典型值如表 4-8 所示。

表 4-8　　　　　　阀控过电流及电流上升率保护动作链路
（单点保护）延时典型值

序号	链路环节		延时典型值（μs）
1	过电流及电流上升率保护计算	PT1	1～3
2	三取二逻辑计算		0.5～2
3	保护动作输出		0.5～2
4	闭锁命令下发到脉冲分配屏的通信	PT2	1～4
5	脉冲分配屏将驱动信号发送到功率模块控制板的通信	PT3	3～8
6	功率模块关断动作	PT4	5～15
7	功率模块关断下降时间		2～4
8	总延时	PT1＋PT2＋PT3＋PT3	20～40

实际使用中，为防止保护误动作，过电流保护计算一般为连续 3 点过电流才判定为过电流，假设桥臂电流采样率为 100kHz，采样周期为 10μs，那么此时实际的链路延时典型值如表 4-9 所示。

表 4-9　　　　　过电流保护（连续 3 点判断）链路延时典型值

序号	链路环节	延时典型值（μs）
1	过电流保护计算	21～23（连续判断 3 采样点）
2	三取二逻辑计算	0.5～2
3	保护动作输出	0.5～2
4	闭锁命令下发到脉冲分配屏的通信	1～4
5	脉冲分配屏将驱动信号发送到功率模块控制板通信	3～8
6	功率模块关断动作	5～15
7	功率模块关断下降时间	2～4
8	总延时	40～60

（3）保护链路延时测量原理。阀控装置的保护链路延时测量值为从阀控装置收到测量装置的电气量，触发阀控保护逻辑后，到功率模块中 IGBT 收到驱动开通/关断命令的时间差。

阀控装置保护链路延时测试原理如图 4-42 所示。

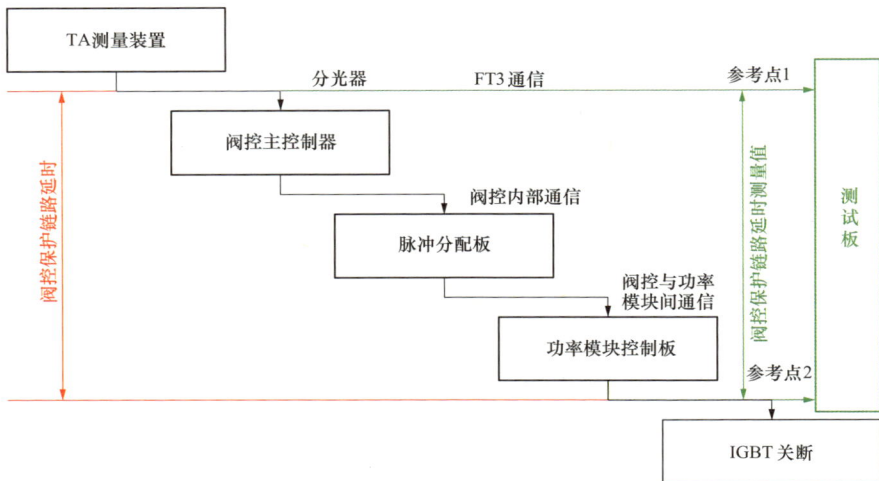

图 4-42　阀控装置保护链路延时测试原理

在原有系统中增加一个分光器，TA 测量装置发出的 AU 桥臂电流光纤接入分光器输入端，从分光器输出端输出两路完全一样的光输出信号，一路接入阀控主机的保护板，一路接入测试板。

在 TA 测量装置与阀控装置之间增加一个分光器，将测量装置发送给阀控的桥臂电流采样值复制两份，分别发送给阀控主控制器和测试板。由于分光器各个输出通道之间无延时，阀控主控制器和测试板将同时接收到测量装置的桥臂电流采样值，该桥臂电流采样值将作为链路延时测试的参考点 1。

功率模块控制板输出 IGBT1 和 IGBT2 触发脉冲，该脉冲信号接入测试板作为链路延时测试的参考点 2。

在解锁状态下，如果桥臂电流采样阈值超过过电流保护阈值，且维持超过保护阈值连续 3 个（或 4 个）采样周期，IGBT 将会关断，反映为链路延时测试的参考点 1 和参考点 2 的状态变化，这两个参考点状态变化的时间差就是阀控装置的保护链路延时。

（4）保护链路延时测量试验步骤。

1）在测量装置中设置测试信号，使 AU 桥臂电流周期性变化，前半周期给出较大电流值（满足暂时性闭锁动作设定值），后半周期给出零电流值，造成阀控装置在暂时性闭锁和解锁之间不停切换。

2）在测试板 FPGA 芯片上增加在线逻辑分析仪信号，在线抓取桥臂电流采样值变化边沿，以及某个功率模块（测试板）接收到紧急闭锁边沿，并观察两个边沿之间的时间差，该时间差即为阀控保护链路延时测量值。

4.3.5　高可靠性冗余技术

为提升阀控系统可靠性，柔性直流阀控系统应采用双重化配置，阀控系统与 CCP 采用垂直冗余方式连接，阀控主机与脉冲分配屏柜间通信采用交叉冗余或直连冗余连接，其中交叉冗余连接方式的可靠性比直连冗余更高。阀控系统交叉冗余切换方案如图 4-43 所示。

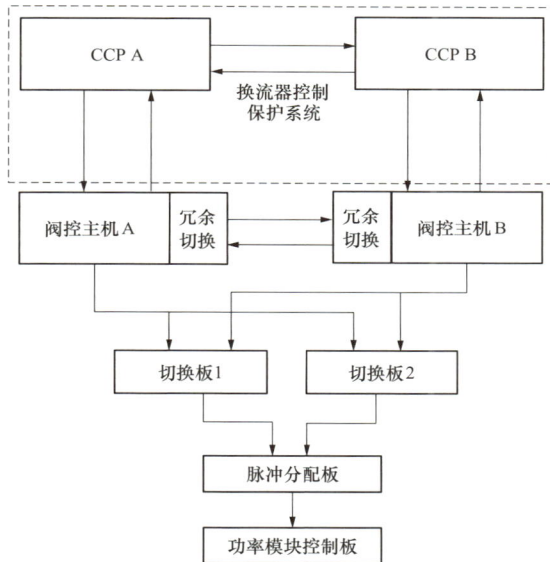

图 4-43　阀控系统交叉冗余切换方案

4.3.5.1　阀控主机与换流器控制保护系统垂直冗余

阀控主机与 CCP 间采用垂直冗余方案，即阀控与 CCP 的值班系统时刻保持一致。此种方案的特点如下：

（1）阀控主机系统的主备信号由 CCP 下发，单套阀控主机只能接收单套 CCP 下发的主备信号。

（2）当值班阀控主机发生故障后，该阀控系统首先上传阀控切换请求信号，CCP 收到阀控切换请求信号后将自身系统进行主备翻转，同时将新的主备命令下发给对应的阀控主机系统。

阀控主机系统中的冗余切换申请逻辑：当值班阀控主机中存在故障时，需要切换到备用阀控主机。该逻辑包含主备切换逻辑判断、向上层 CCP 发出切换请求、接收新的主备信号等步骤。

4.3.5.2 阀控主机与脉冲分配系统交叉冗余

阀控主机与下层脉冲分配机箱采用交叉冗余连接方案，可增强脉冲分配机箱的脉冲接收能力，提高阀控主机系统的利用率。此种方案的特点如下：

（1）脉冲分配机箱中设有两块切换板，可同时接收阀控主机 A/B 系统的脉冲数据。

（2）脉冲切换板通过对阀控主机系统的状态进行判断，并输出处于有效状态的脉冲数据到下层光纤分配板。默认使用脉冲切换板 1 的数据，当脉冲切换板 1 故障时，并且脉冲切换板 2 正常时，切换到脉冲切换板 2。

脉冲切换板卡冗余切换逻辑：当阀控主机 A、B 之间通信正常时，脉冲切换板直接使用从阀控系统发来的数据来判断主备。当阀控双系统间通信故障时，需要脉冲切换板判断主备，然后返回给阀控系统。默认使用脉冲切换板 1 的数据，当脉冲切换板 1 故障时，并且脉冲切换板 2 正常时，切换到脉冲切换板 2。

4.3.5.3 脉冲分配板与功率模块交叉冗余

阀控功率模块交叉控制，通过对每个功率模块增加冗余通信链路，能够满足单一功率模块通信故障、单一脉冲分配板通信异常情况下的正常运行要求，不会造成功率模块旁路及系统跳闸，在系统不停运的情况下，实现脉冲分配板在线更换，进一步提高了阀控冗余度，使 $N-1$ 冗余扩展到脉冲分配板和功率模块旁路。

（1）功率模块结对。相邻两个功率模块结对，组成交叉控制的一对功率模块，结对的功率模块之间增加一对光纤，实现对下行通信控制命令和上行通信返回状态的双重化。

（2）脉冲分配板结对。为了防止单一脉冲分配板故障造成的结对功率模块旁路，可采用脉冲分配板结对方法。

（3）功率模块交叉控制。在出现单个功率模块控制器上行和下行通信故障情况下，可通过其结对功率模块通信通道继续执行阀控命令，避免旁路。在单个脉冲分配板出现故障的情况下，可通过其结对脉冲分配板继续执行阀控命令，避免旁路。脉冲分配板支持热插拔，可在换流阀不停运的情况下进行在线更换。

采用以上冗余方案，阀控（含脉冲分配板）硬件具备 $N-1$ 冗余能力，在功率模块冗余范围内，阀控（含脉冲分配屏）硬件任何单一元件或板卡故障不影响阀控及换流阀的正常运行，且能够在换流阀不停运的情况下进行在线更换等故障处理。

4.3.5.4 三取二保护系统冗余配置

柔性直流输电工程阀控系统保护采用三取二的双冗余策略。每个阀主控屏的三个光纤通信板分别接收三个 MU 的桥臂电流输入，然后分别在各自对应的光纤通信板上进行桥臂过电流和桥臂电流上升率的保护判断，再由主控可编程逻辑门阵列进行如下三取二的保护判断：

（1）值班阀主控系统检测到任意两个合并单元输入的电流值或电流上升率超过对应保护限值，则进行保护出口。

（2）若某一路合并单元故障，则执行二取一的保护策略。

阀控系统保护功能三取二逻辑示意图如图 4-44 所示。

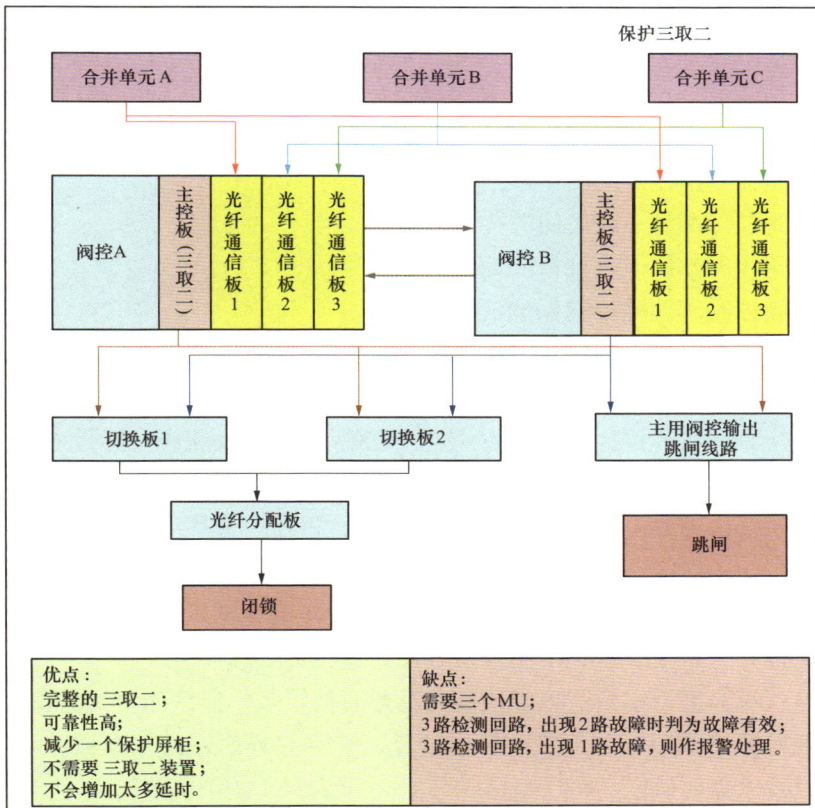

图 4-44 阀控系统保护功能三取二逻辑示意图

采用两台在控制上互为主备的阀控装置，每台阀控有三块光纤通信板分别接收来自三个 MU 的模拟量（桥臂电流）进行保护的判断，然后将判断结果各自通过背板总线传至主控板 FPGA。在主控板 FPGA 上实现保护的三取二逻辑。

对于出口闭锁的保护，脉冲分配机箱的切换板接收处于主用阀控的保护出口并执行出口闭锁动作。备用阀控的保护只上传 CCP，切换板不执行。

对于出口跳闸的保护，只有主用阀控屏输出跳闸出口。备用阀控的保护只上传 CCP，不输出跳闸出口。

这样既能保证保护的可靠性又不会额外增加链路延时，同时可以节省一套保护屏柜和三取二装置的成本。

4.4　换流阀故障预警和辨识定位技术

柔性直流输电换流阀设备复杂，因此，在进行柔性直流输电换流阀状态监测技术研究时，有必要设计一套能满足智能电网标准化要求的接口方案。

在柔性直流输电系统长时间满功率运行情况下，研究柔性直流输电换流阀的运行特性需要一定的运行数据和经验，需要充分分析换流阀的故障特性。阀控录波可记录的信息如下：

（1）阀控与极控之间的接口信号。

（2）阀控与测量系统之间的接口信号。

（3）阀控内部板卡、机箱的运行监视信号。

（4）阀控内部关键控制保护信号。

（5）所有功率模块的电容电压。

（6）所有功率模块的运行状态信息（包括旁路状态和故障状态）。

（7）换流阀实际执行的调制波（总投入模块数）、换流阀实际投入的全桥模块数。

（8）桥臂内模块电容电压最大值（全桥）、桥臂内模块电容电压最大值（半桥）、桥臂内模块电容电压最小值（全桥）、桥臂内模块电容电压最小值（半桥）、桥臂内模块电容电压平均值（全桥）、桥臂内模块电容电压平均值（半桥）。

（9）桥臂旁路模块数、解闭锁信号及其他相关状态信号。

柔性直流输电系统的故障理论研究已开展得较多，但是如何根据拓扑特点、运行工况及典型故障时特征量的发展过程，建立完善的评估标准和体系，仍有诸多关键技术需要研究。

在深入研究柔性直流输电换流阀的运行特性和故障特性基础上，对换流阀故障的发展过程做出详细的记录分析，从而提出柔性直流输电换流阀的故障预警机制，可提前采取措施，防止故障蔓延。并且可提醒运维人员加强关注处于亚健康状态的功率模块，为运维检修提供技术依据。

换流阀在线监测装置主要包括数据采集单元、数据处理单元、数据存储单元、监控后台等。换流阀在线监测装置系统架构示意图如图 4-45 所示。数据采集单元完成换流阀的运行参数实时采集,采样频率 20kHz,保持与阀控周期同步。在线监测系统通过多根吉赫兹级高速光纤接口连接阀控装置,保证将海量的数据实时发送到数据处理单元。数据处理单元完成对所采集数据的特征提取、状态诊断、存储格式转换等处理,依据后台命令将运行参数写入人机交互系统并显示输出。

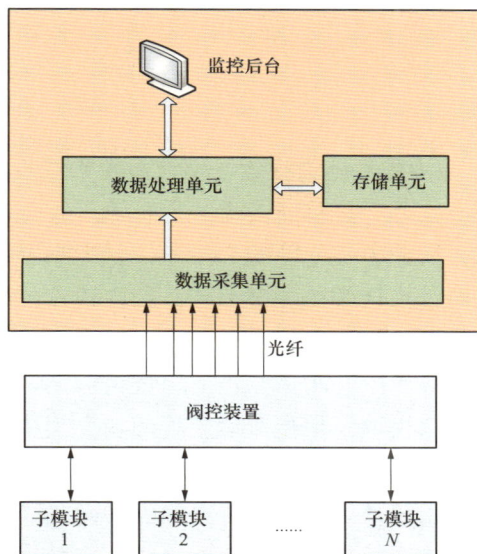

图 4-45 换流阀在线监测装置系统架构示意图

在线监测的内容如下:

(1)功率模块电容电压。

(2)功率模块运行状态信息。状态信息包括 IGBT 状态、晶闸管状态、旁路开关状态、当前换流阀运行模式(充电、预检、解锁、闭锁等)。

(3)功率模块运行故障信息。故障包括电容过电压、欠电压、IGBT 驱动故障、取能电源故障、通信故障、旁路开关拒动、旁路开关误动等。

(4)功率模块控制指令。控制指令包括正投入、负投入、切除、闭锁、旁路、晶闸管触发等。

5 换流阀典型故障分析与处理

自 2011 年以来，国内先后建设投运了南澳多端柔性直流输电示范工程、鲁西背靠背柔性直流输电工程、昆柳龙多端柔性直流工程等多个柔性直流输电工程。换流阀作为柔性直流输电工程的核心设备，是影响整个换流系统性能、运行方式、设备成本及运行损耗等的关键因素。国内建设的柔性直流输电工程，均采用模块化多电平式换流阀，其特点之一是以功率模块为最小可控单元，众多功率模块通过级联组成阀段、阀塔，进而组成换流阀，所以每个高压直流输电工程都存在大量的功率模块。根据在运工程的功率模块旁路率统计数据，换流阀典型故障主要集中在功率模块及其元部件。

此外，换流阀冷却系统是柔性直流输电换流阀必备的也是最重要的辅助系统，承担着换流阀的散热冷却功能。换流阀冷却系统分为内冷却系统和外冷却系统。内冷却系统是一个密闭的水循环系统，长期处于运转状态，一旦出现故障，通常情况下都需要直流系统停运处理。内冷却系统常见故障主要有阀塔渗漏水、过滤器堵塞、主泵渗漏水、止回阀损坏、主泵电机发热等。换流阀外冷却系统与内冷却系统相配合，在室外完成热量交换，以降低内冷却系统进阀温度。换流阀外冷却系统在运行中的常见故障有冷却塔风机故障、喷冷泵渗漏水、喷淋泵电机故障、冷却塔盘管结垢等。因此，熟悉掌握换流阀冷却系统常见故障的分析与处理对保障直流系统正常运行至关重要。本章将介绍柔性直流输电换流阀及换流阀冷却系统在调试和运行中出现的典型故障。

5.1 换流阀典型故障

柔性直流换流阀需要在线监测的数据量大，其中需监测的电气数据众多，既有电气量，又有水流量、环境参数等数据，既有换流阀本体数据也有阀冷系统、阀控系统的运行数据。对如此庞大的数据量如何进行筛选处理，找出真正需要的数据，并对其进行统计学分析，总结出故障规律，是换流阀可靠性研究的重点和难点。换流阀全、半桥功率模块主要元部件/板卡配置表见表 5-1。

表 5-1　　　　　换流阀全、半桥功率模块主要元部件/板卡配置表

位置	元部件/板卡	全桥数量	半桥数量
一次元部件	IGBT	4	2
	反并联二极管	4	2
	直流电容	1/2	1/2
	均压电阻	1	1
	旁路开关	1	1
	旁路保护晶闸管	1	1
二次电路板	取能电源	1	1
	主控板	1	1
	IGBT 驱动板	4	2
	电压、电流采集板	1	1

柔性直流输电换流阀功率模块故障类型包括 IGBT 故障、通信故障、取能电源故障、IGBT 驱动故障和旁路开关故障 5 大类。

从故障部位看，IGBT 和直流电容故障概率较低，主控板、IGBT 驱动板、取能电源的故障率相对较高。

对功率模块故障机理分析较多的有 IGBT、直流电容等一次元部件。功率模块一次元部件及其失效模式见表 5-2。

表 5-2　　　　　　功率模块一次元部件及其失效模式

位置	元部件	失效模式
功率模块	IGBT	开路、短路
	反并联二极管	开路、短路
	直流电容	容值异常、电容压力超限
	均压电阻	阻值异常
	旁路开关	误动、拒动
	旁路保护晶闸管	开路、短路

功率模块二次回路包括取能电源、IGBT 及旁路开关的驱动电路、控制电路及电容电压采集电路等。二次回路板卡由众多电子元器件组成，其故障概率高、故障类型多样，但自身具有一定的故障检测能力，能够反馈检测到的故障信息。

　　柔性直流换流阀功率模块作为独立的功能单元，需在阀塔高电位、强磁场环境下设置复杂的二次系统，电磁干扰抑制难度大，功率模块功能板卡需实现控制、保护、逻辑运算、状态监控与信息上送等多重功能，逻辑复杂，精准设计要求高，运行过程中暴露出一些问题。柔性直流换流阀功率模块典型故障处理逻辑见表 5-3。

表 5-3　　　　　　　　　柔性直流换流阀功率模块典型故障处理逻辑

序号	故障名称	检测逻辑	保护逻辑
1	电容过电压故障	检测电容电压，电容电压不小于设定值	闭锁模块，闭合旁路，上传故障
2	电容欠电压故障	检测电容电压，电容电压不大于设定值	闭锁模块，闭合旁路，上传故障
3	高压电源故障	检测高压电源输出电压，电源电压不大于设定值	闭锁模块，闭合旁路，上传故障
4	驱动故障	检测反馈信号，连续一段时间检测到反馈无光信号	闭锁模块，闭合旁路，上传故障
5	下行通信故障	SCE 板接收信号连续出现一定时间中断	闭锁模块，上传故障
6	旁路开关误动故障	连续一定时间检测到旁路开关已闭合，但未检测到功率模块故障	上传故障
7	旁路开关拒动故障	SCE 板发出旁路合闸信号，连续一定时间未检测到反馈触点闭合	闭锁模块，上传故障

5.1.1　IGBT 故障

　　IGBT 封装可分为焊接式及压接式封装。IGBT 的失效模式与其封装型式密切相关：焊接型 IGBT 失效主要表现为开路，在 1 个阀组换流阀的 6 个桥臂中，任意 1 个功率模块 IGBT 开路都会带来桥臂电流中断等严重后果，所以 IGBT 开路时需配合旁路开关吸合或晶闸管快速动作；压接型 IGBT 失效后会进入短路模式，单元失效但不影响换流阀整体运行，所以需要将单元从桥臂中及时旁路。IGBT 的寿命也遵循浴盆曲线，但在使用寿命内会因过电气应力、机械应力及环境（温度等）条件造成提前失效，因寿命终结失效开始时可表现为饱和压降增大。

5.1.1.1　故障原因

　　（1）过电流损坏。

　　1）锁定效应。IGBT 为复合器件，内部有一个寄生晶闸管，在规定的漏极电流范围内，NPN 的正偏压不足以使 NPN 晶体管导通，当漏极电流大到一定程度时，这个正偏压足以使 NPN 晶体管开通，进而使 NPN 或 PNP 晶体管处于饱和状态，于是寄生晶闸管开通，栅极失去了控制作用，便发生了锁定效应。IGBT 发生锁定效应后，集电极电流增大，造成了过高的功耗而导致器件损坏。

2）长时间过电流运行。IGBT 模块长时间过电流运行是指 IGBT 的运行指标达到或超出 RBSOA 所限定的电流安全边界（如选型失误、安全系数偏小等），出现这种情况时，电路必须能在电流到达 RBSOA 限定边界前立即关断器件，才能达到保护器件的目的。

3）短路超时（大于 10μs）。短路超时是指 IGBT 所承受的电流值达到或超出 SCSOA 所限定的最大边界，比如 4～5 倍额定电流时，必须在 10μs 之内关断 IGBT。如果此时 IGBT 所承受的最大电压也超过器件标称值，IGBT 必须在更短的时间内关断。

（2）过电压损坏。IGBT 在关断时，由于逆变电路中存在电感成分，关断瞬间产生尖峰电压，如果尖峰电压超过 IGBT 器件的最高峰值电压，将造成 IGBT 击穿损坏。IGBT 过电压损坏可分为集电极—栅极过电压、栅极—发射极过电压、高 du/dt 过电压等。

（3）过热损坏。过热损坏一般指使用中的 IGBT 模块的结温超过晶片的最大温度限定，通常用于工程的 IGBT 器件还是以 $T_{jmax} = 125℃$ 的 NPT 技术为主流，因此在 IGBT 模块应用中的结温应限制在该值以下。

5.1.1.2 案例分析

（1）问题描述。某工程阀组在解锁状态下，出现半桥模块 IGBT 短路故障报警，HMI 显示该模块旁路成功。

（2）原因分析。通过对数据分析，此次 IGBT 短路故障是在半桥模块上管导通时刻，发生了短路故障。此时驱动首先闭锁上管 IGBT，使得直通短路故障消除，然后再下发旁路开关旁路命令，使得模块可靠旁路。发生故障后，模块按照正常的保护逻辑将功率模块安全旁路，属于正常保护处理流程。

对异常 IGBT 进行如下分析：

1）第一步：追溯出厂数据均正常。

2）第二步：解开盖板内部子单元外观未见异常，电学测试显示一个 IGBT 子单元失效，进一步拆解发现，子单元的栅极位置烧损熏黑，加热子单元框后发现，烧损处芯片栅极附件场环边缘熔融碎裂。单个 IGBT 芯片失效情况如图 5-1 所示。

此次故障原因是 IGBT 存在早期失效，即 IGBT 芯片由于电压、电流或者热应力早期失效导致。

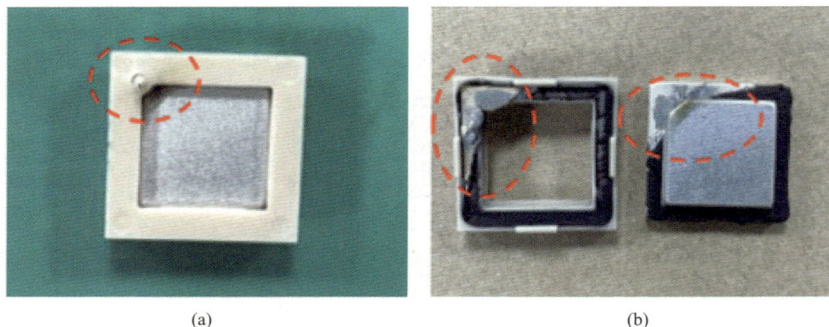

(a)   (b)

图 5-1　单个 IGBT 芯片失效情况

（a）失效子单元；（b）失效子单元拆解后

（3）处理措施。针对 IGBT 器件早期失效问题，一方面需 IGBT 器件厂家通过提升设计质量和工艺质量提高器件的可靠性；另一方面需在功率模块设计时对直通故障通过设计直通检测保护功能来提高功率模块的可靠性。

保护设计具体原理：正常工作下，IGBT 工作在饱和区，当发生短路故障时，IGBT 的集电极电流 I_C 增大，IGBT 将退出饱和区，进入线性区，U_{CE} 电压将快速上升，IGBT 典型工作曲线如图 5-2 所示。

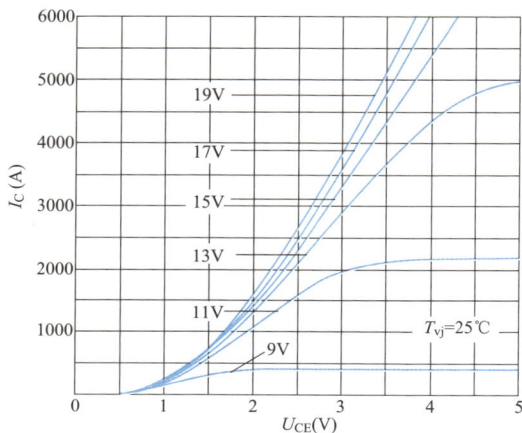

图 5-2　IGBT 典型工作曲线

功率模块控制电路原理图如图 5-3 所示，驱动板通过检测 IGBT 的退饱和电压 U_{CE}，判断 IGBT 是否发生过电流或短路；退饱和电压门槛通常选择在 10V 以上，保证检测的可靠性，防止保护误动。

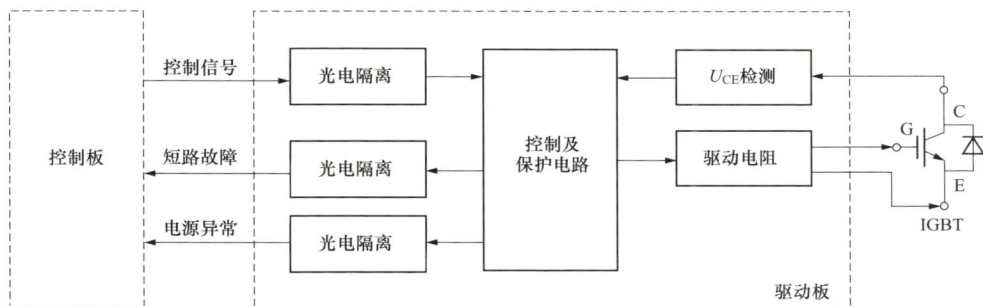

图 5-3 功率模块控制电路原理图

5.1.2 通信故障

换流阀系统中包含了大量通信环节，通信故障占换流阀故障中的比重较大。换流阀的通信回路包括换流阀功率模块侧的控制芯片、光纤发射器件、光纤、光纤接收器件、换流阀控制器侧控制芯片等部分，各部分出现异常均会造成通信异常。

通信问题主要包括上行通信问题和下行通信问题。功率模块光口故障定位表见表 5-4。上行通信问题的可能原因包括功率模块的上行发送光器件故障、光器件表面破裂、光器件表面有污渍及尾纤与光器件插接不牢等。下行通信问题的可能原因包括阀控装置的下行发送光器件故障、光器件表面有污渍及尾纤与光器件插接不牢等。

表 5-4　　　　　　　　　　　功率模块光口故障定位表

故障表现	故障板卡	故障区域	其他综合判断逻辑	故障定位
运行过程中上行光纤通信故障	功率模块控制板卡	发送光口	无其他故障	功率模块 TX 发送光口及驱动电源故障
		逻辑控制芯片	接收光口及其他逻辑异常	功率模块 FPGA 工作异常
		光口电源	接收光口异常、无其他故障	功率模块光口电源故障
		控制板卡电源	控制板卡完全无反馈	功率模块单元控制板卡 5V 电源供电异常
	取能电源板卡	取能电源	单元所有板卡均无反馈	取能电源故障
	无	光纤	通信故障时光口发光，但光纤出口无光	提示更换光纤测试
运行过程中下行光纤通信故障	功率模块控制板卡	接收光口	无其他故障	功率模块 RX 接收光口及接收电路故障
		逻辑控制芯片	发送光口及其他逻辑异常	功率模块 FPGA 工作异常

故障表现	故障板卡	故障区域	其他综合判断逻辑	故障定位
运行过程中下行光纤通信故障	功率模块控制板卡	光口电源	发送光口异常，无其他故障	功率模块光口电源故障
		控制板卡电源	控制板卡完全无反馈	功率模块单元控制板卡5V电源供电异常
	取能电源板卡	取能电源	单元所有板卡均无反馈	取能电源故障
	无	光纤	通信故障时光纤无接收光	提示更换光纤测试
运行过程中双向通信故障	功率模块控制板卡	发送、接收光口故障	无其他故障	功率模块收发口及电路或收发口电源故障
		逻辑控制芯片	其他逻辑异常	功率模块FPGA工作异常
		控制板卡电源	控制板卡完全无反馈	功率模块单元控制板卡5V电源供电异常
	取能电源板卡	取能电源	单元无反馈，无法旁路	取能电源故障
	无	光纤	通信故障时TX光口发光，但光纤出口无光，RX光纤无接收光	提示更换光纤测试

5.1.2.1 故障原因

（1）程序加载异常。柔性直流换流阀功率模块内主控板的控制芯片负责按照通信协议，驱动光纤发射器件发出经过编码的光纤通信信号，然后经光纤传递至光纤接收器件，再由阀控的板卡控制芯片进行解码。当控制芯片程序未加载成功，控制板卡无法正常运行，会引起通信异常的问题。

为解决该问题，宜采用集成程序存储器的控制芯片，或采用高可靠性且经过验证的程序和存储器。

（2）光纤通路阻断。光纤通路中包含光纤接口和光纤线两部分，典型的光纤接口和光纤线如图5-4所示。

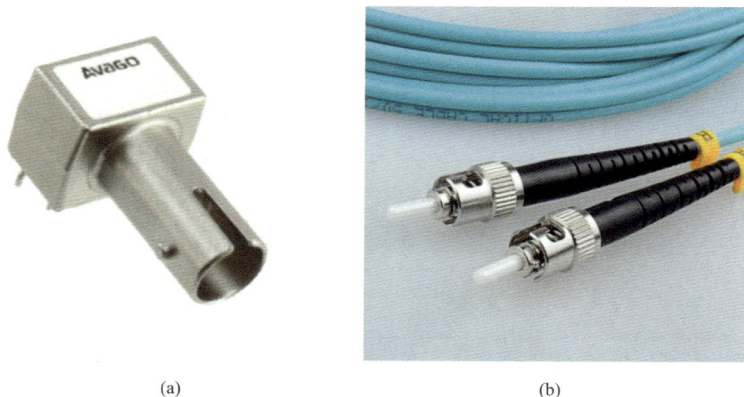

(a)   (b)

图5-4 典型的光纤接口和光纤线
（a）光纤接口；（b）光纤线

当光路被阻断时，光纤信号无法传输，会出现光纤通信问题。典型的故障原因包括光纤接口向上，因异物掉落阻塞光纤通路，以及因光纤线被挤压，阻塞光纤通路。

为解决该问题，宜将光纤接口布置为水平或向下，以避免异物掉落至光纤接口内，同时需要在结构设计阶段，考虑光纤安装方式和光纤布局路径，避免发生光纤线被结构件挤压的情况发生。

5.1.2.2　案例分析

（1）问题描述。换流阀阀控机箱中的脉冲分配板、光纤通信板及模块控制板上的光纤模块，在现场调试时出现有光弱不能正常通信的情况，导致功率模块及阀控通信出现异常。脉冲分配板光纤模块如图5-5所示。

（2）原因分析。现有脉冲分配板选用的光模块能承受的静电电压为500～1000V，静电耐压等级比较低，很容易因静电原因损坏。

将异常光模块送专业机构分析，得出以下结论：器件为过电应力损伤，结合器件的失效模式、解封形貌和过往的分析经验，最大可能是静电损伤。

（3）处理措施。针对静电问题，主要通过在生产、安装、调试等过程中，改善工艺来防止损伤光模块。具体措施如下：

图5-5　脉冲分配板光纤模块

1）插拔光纤的人员采取全面静电防护措施，穿戴防静电服装、防静电鞋、防静电手环（可靠接地），防静电等级不低于2级。

2）打胶工艺根据脉冲分配板的ST光模块离面板较近的特点，可以在脉冲分配板背面光模块引脚处涂抹防静电硅胶，硅胶的阻抗为10^8～$10^9\Omega$，硅胶完全覆盖光模块引脚，防止面板在装配过程和单板插接过程中人手直接触碰到光模块的引脚。

3）对脉冲分配板进行加强老化，试验温度为65℃，老化时间为480h以上，将有问题的光纤模块尽早筛选出。

5.1.3 取能电源故障

取能电源从换流阀功率模块直流电容取电，并将其转换为适合于控制板、驱动板及其他板卡所需的供电电源。通过取能电源，将高电压隔离后转换为二次侧板卡可使用的低供电电压，可以实现在功率模块的宽电容电压范围，给各板卡提供稳定的供电电压。

当取能电源内部器件工作异常时，会引起输出电压异常，导致其他板卡无法正常工作，如内部反馈光耦电路故障就可能引起电压异常升高或降低及供电持续或断续中断等。当出现输入电压异常、输出电压异常、内部电路工作异常时，故障信息会传送给功率模块控制板。取能电源问题包括启动回路故障、输出回路故障等。

5.1.3.1 故障原因

（1）取能电源内部器件搭接。取能电源内部包含较多的功率变换元器件，由于功率变换时会产生一定损耗，其中的半导体器件，如金属化物半导体场效应晶体管（metal oxide semiconductor field effect transistor，MOSFET）和二极管，一般会自带散热片，典型的功率变换 MOSFET 和二极管如图 5-6 所示。

(a)　　　　　　　　　　　　　　　　(b)

图 5-6　典型的功率变换 MOSFET 和二极管
（a）MOSFET；（b）二极管

在设计阶段，为降低杂散电感对功率变换回路的影响，对于配合使用的功率变换器件，一般会布置在距离较近的位置。这增加了元器件被外力磕碰后会搭接的风险。功率变换器件搭接实物图见图 5-7。

如图 5-7 所示，功率器件在被磕碰后会使散热器搭接，从而导致取能电源工作异常，报取能电源故障。

为解决该问题，在取能电源设计阶段宜适当增大功率变换器件之间的距离，并严格控制制造工艺，避免出现功率器件散热器搭接情况。

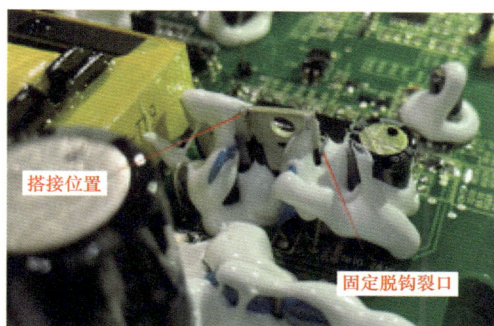

图 5-7 功率变换器件搭接实物图

（2）取能电源端口压敏器件失效。按照传统电源设计思路，一般会在输入端口设置压敏器件，以过滤输入出现的浪涌电压，防止损伤其他元器件。但取能电源的输入电源为换流阀功率模块电容器，且距离很近。由于功率模块电容器具有容值大、内阻低的特点，当出现电容电压异常波动升高时，普通的电源端口用的压敏器件无法吸收该能量，必然导致取能电源内部损坏。

为解决该问题，宜采取增大取能电源输入电压耐受上限的方法，增加取能电源的鲁棒性，避免在端口使用普通的压敏元器件。

（3）半导体器件尖峰电压裕量不足。在开发阶段，一般都会对功率变换电路中的 IGBT、MOSFET、二极管等半导体器件进行电压峰值测试，在该阶段的测试数据会比较充分，测试数据会经过较为充分的分析和评估，留出一定设计裕量，并确定最终设计参数。典型电路原理和 MOSFET 开关波形如图 5-8 所示。

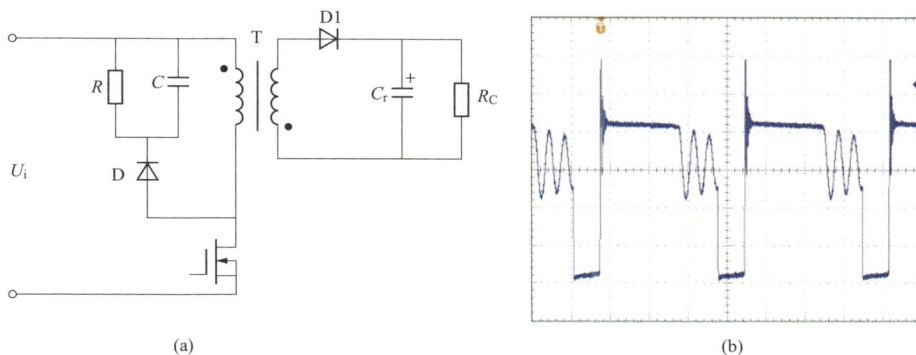

(a)　　　　　　　　　　　　　(b)

图 5-8 典型电路原理和 MOSFET 开关波形图

（a）电路原理图；（b）MOSFET 开关波形图

根据开关电源的功率变换原理，电压尖峰与变压器的漏感有较大关系，而在设计阶段转生产阶段时，变压器绕制人员和绕制设备可能会发生变化，由此引入的差异可能会使半导体元器件的电压尖峰出现明显变化，可能会造成设计阶段所预留的电压裕量明显减少，引起半导体器件功率损耗增加和寿命减少。

为解决该问题，需要在取能电源设计完成后，在试产阶段再次对功率变换的半导体器件波形进行再次测试，验证设计裕量是否充分。

取能电源输入电压比较高，内部包含较多分立元器件，并且包含较多定制的变压器、电感等磁性元件，上述因素均可能造成取能电源故障。

5.1.3.2 案例分析

（1）问题描述。某工程现场出现取能电源故障的功率模块返厂检查时发现取能电源板卡无法正常上电。返厂进行单板卡测试时，发现电源板卡上的输出滤波电容短路失效，该电容为片式多层瓷介电容器。将取能电源板的滤波电容更换后，取能电源板可以正常工作。

（2）原因分析。根据故障现象，初步判断取能电源板卡损坏的原因为电容短路失效。

1）外观检查。图5-9为电容外观高清图，取失效的电容样品，编号1号［见图5-9（a）］，另取6只同规格的库存产品，编号2～7号［见图5-9（b）～图5-9（g）］。1号样品电容的瓷体有裂纹和缺损，其余样品均未发现有裂纹、缺损等异常。

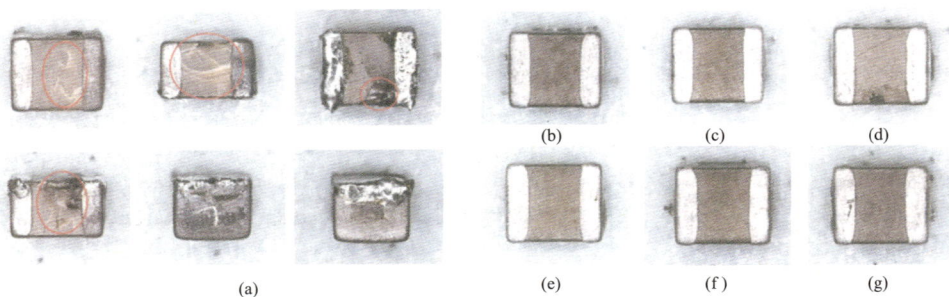

图5-9 电容外观高清图

（a）1号样品；（b）2号样品；（c）3号样品；（d）4号样品；（e）5号样品；（f）6号样品；（g）7号样品

2）破坏性物理分析。对1～5号电容样品进行破坏性物理分析研磨，电容研磨结果如图5-10所示，1号样品结果对应图5-10（a），2～5号样品结果对应图5-10（b）～图5-10（e）。

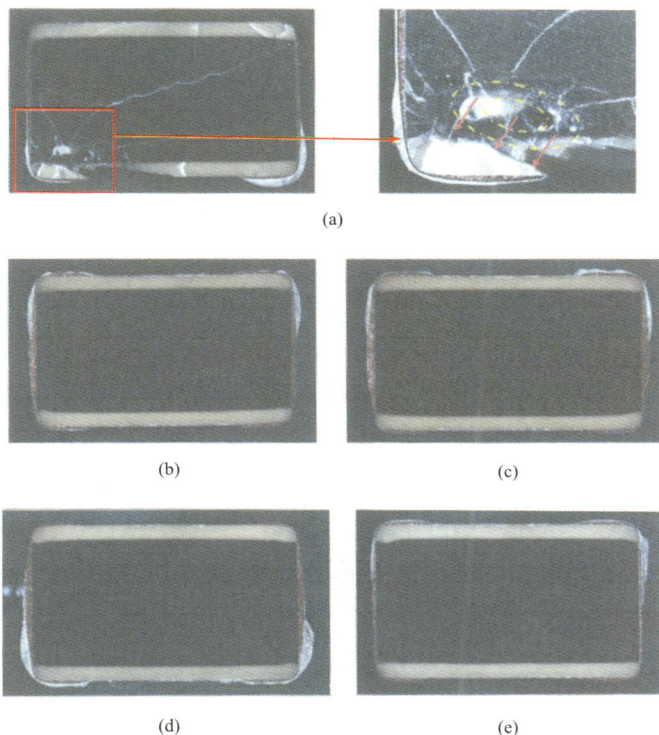

图 5-10 电容研磨全局图

（a）1 号样品研磨全局图；（b）2 号样品研磨全局图；（c）3 号样品研磨全局图；
（d）4 号样品研磨全局图；（e）5 号样品研磨全局图

从图 5-10 可以看出 1 号电容端电极下方与陶瓷体交界处区域的收口处存在机械应力作用，形成类似 45°的裂纹，1 号电容端电极下方发现一处击穿点及电极熔融区域，裂纹已延伸进电极交错区域。2～5 号电容内部均无空洞、分层、裂纹等异常。

（3）处理措施。通过对电容的外观检查和破坏性物理分析，并结合片式多层瓷介电容器典型失效模式进行技术比对和分析确认：1 号电容遭受外部机械应力作用，导致电容器端电极与陶瓷体交界区域的收口处形成裂纹，裂纹延伸进电极交错区域，造成电容器短路失效。

针对此类典型问题，采取的质量提升措施如下：

1）规范操作规范，保证包装良好，防止板卡在生产过程中发生机械碰撞。

2）增加板卡出厂前的高温老炼试验，并在老炼后重新进行性能测试。

5.1.4 驱动板故障

驱动板的作用是按控制命令开通或关断 IGBT，同时检测及反馈 IGBT 的状态。驱动板关键电路包括供电回路、隔离电路、保护电路，驱动板内部包括隔离电压的 DC/DC 电源、供外部光纤收发器使用的电气接口等，驱动板具有短路保护、有源钳位和电源电压监控等功能。若出现驱动故障，驱动板须及时关断器件以保护器件免受损坏。驱动板故障包括驱动板单个芯片失效、驱动的隔离光耦异常等。

5.1.4.1 故障原因

（1）隔离电路引入共模电流。当驱动板中存在易被共模电流干扰的电路，且共模电流达到较大幅值时，可能会引起驱动板误报故障，会在电路不平衡的情况下发生。当功率模块 IGBT 桥式电路的上管 E 极相对于功率模块的地电位存在突变的情况，该突变电压会造成驱动板的隔离电源两端流过共模电流，由于电压突变速率基本固定，共模电流主要由驱动板的隔离变压器的一、二次侧杂散电容决定。共模电流不会对电路产生影响，只有当共模电流转变成差模电流（或电压）时，才对电路产生影响。

为解决该问题，需要在电路设计方面考虑共模电流路径，尽量避开敏感电路，同时控制隔离变压器的杂散电容容量，降低共模电流的幅值。

（2）过电流保护误动作。由于 IGBT 本身导体阻抗较低，所检测出的电流信号较微弱，如过电流检测阈值或逻辑配置不当，较容易在启动阶段的电流快速变化工况下误触发过电流保护。在检测中应考虑设置死区避开这一阶段，防止引起驱动板误报故障。

（3）供电回路开路。驱动板包含高压隔离电源和驱动电路两部分，涉及电源接线的端子及与 IGBT 的连接端子。对于 IGBT 驱动线，一般会设计得比较牢固，不易出现问题，而对于电流仅为百毫安级的供电电源端子，可能会存在风险。图 5-11 为驱动板电源端子。

一些驱动板电源故障就是由于装配时人员操作不当，因用力过大导致个别驱动板电源的输入端子损伤。经过由工厂至现场的长途运输的颠簸，导致驱动电源端子与电源线的连接松动，造成驱动板断电上报故障。

为解决该问题，驱动板宜采用集成高压功率单元的设计方案，并采用牢固的接线端子，同时控制在生产组装阶段的安装力矩。

图 5-11　驱动板电源端子

（4）驱动板供电电源欠电压。当驱动板供电电源不足以使驱动板正常供电时，模块会报驱动欠电压故障，此时模块闭锁，触发旁路开关。

5.1.4.2　案例分析

（1）问题描述。某工程功率模块上报驱动欠电压故障，经排查发现 IGBT 驱动板的供电回路及供电电压无异常，怀疑 IGBT 驱动板反馈信号存在异常。

（2）原因分析。IGBT 驱动欠电压反馈信号示意图如图 5-12 所示，图中 U_{VISO} 为驱动门极电压；U_{OUT} 为驱动反馈信号；IGBT 驱动板反馈信号脉宽（反馈无光时间）超过 200μs，则功率模块主控板识别为驱动（门极）欠电压故障。

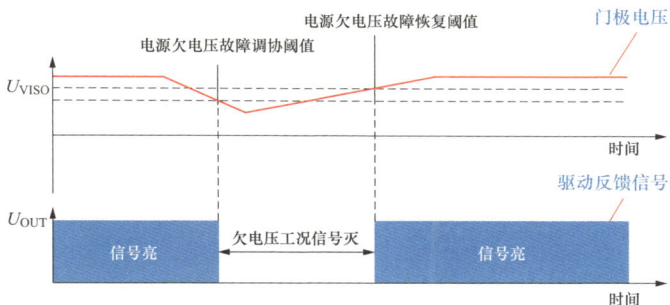

图 5-12　IGBT 驱动板欠电压反馈信号示意图

现场对故障板卡开展低压加压测试，功率模块无异常。

将故障板卡返回阀厂进一步开展测试，测试情况如下：驱动光模块端面成像检测正常，连续开通关断测试正常，驱动板高低温测试异常，在高温时（55℃）驱动板发射光模块无光，恢复室温（25℃）时反馈正常，由此确定驱动发射光模块及其回路存在问题。

对驱动光模块进行如下测试：对发射光模块开展 X 光扫描、光学及超声波扫描显微镜（c−mode scanning acoustic microscope，CSAM）检测。驱动板光模块检测图如图 5−13 所示。

(a)

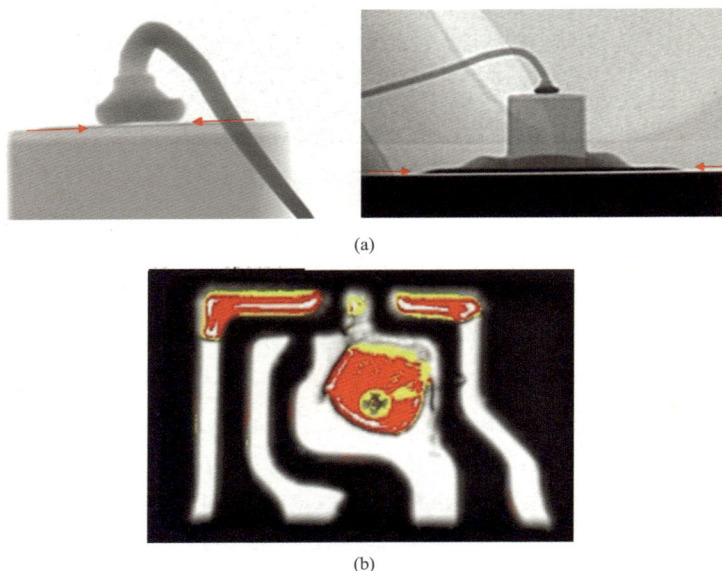

(b)

图 5−13　驱动板光模块检测图

（a）发射端光模块 X 光扫描；（b）光学和 CSAM 检测

通过对发射端光模块进行 X 光扫描，发现键垫与模具表面之间的间隙存在分层；通过光学和 CSAM 检查，在 LED 周围的 L/F 和 LED 顶部观察到两个单元的封装严重脱层。

通过分析，故障原因定位为该驱动板卡发射光模块在高温时内部存在分层导致电气失效，判定该问题为偶发个例，属于器件早期失效。

（3）处理措施。IGBT 驱动板在光模块焊接前，对全部的光模块进行 75℃/20h 的长期烘烤；IGBT 驱动板在老化测试后，进行 100% 的 70℃/60s 高温测试；IGBT 驱动板出厂前完成不良品的筛选。

5.1.5　旁路开关故障

旁路开关为功率模块交流输出口并联的高压开关，其常态为断开。当功率模块故障时，旁路开关吸合将故障模块旁路出桥臂，提高了换流阀工作稳定性及可靠性。旁路开关的寿命与动作开断电流及次数紧密相关，可在旁路开关吸合时，通过测量功率模块交流出口的电压来判断旁路开关的触点状态，在大电流下的电阻值越低越好，即压降越小越好。

旁路开关驱动电路的功能为接收单元控制板命令、驱动旁路开关吸合，当控制信号有效时，旁路开关驱动电路晶闸管开通，合闸线圈流过电流，使旁路开关主触点闭合，主触点动作又联动辅助触点动作，当旁路开关驱动电路收到辅助触点动作信息后上报单元控制板，确认旁路是否成功。

旁路开关的组成较复杂，可能出现误动和拒动的情况。旁路开关故障包括旁路开关的辅助触点异常、储能回路异常等。旁路开关驱动电路的故障原因也多种多样，如输出控制电路故障或旁路反馈状态故障等，其统一的对外表现是旁路开关不工作（旁路拒动）或旁路开关误触发（旁路误动）。

5.1.5.1 故障原因

（1）旁路开关误动。旁路开关误动问题分为两种情况，一种是在外界振动、撞击等影响下导致旁路开关主回路合闸，另一种是旁路开关主回路未合闸，但是辅助回路传回了错误的信号，误判为合闸。在实际运行时，以上两种情况都会导致功率模块旁路。

旁路开关分闸时，微动开关内的辅助触点断开；旁路开关合闸时，辅助触点闭合。若旁路开关的动合辅助触点闭合不到位，会导致功率模块误报"旁路开关误动"故障。因微动开关的外壳为热缩塑料，触点通过外壳定位且公共端与动断触点和动合触点的间隙较小，因此在焊接过程中，若焊接时间超过 3s 或烙铁温度高于 400℃，易导致触点歪斜，造成动断触点或动合触点与公共端似接非接状态。该类故障属于偶发个例，在旁路开关的出厂测试和功率模块例行试验阶段可检测出该问题。

导致旁路开关主回路误合闸的主要原因是在某些特定方向的冲击下，分闸保持力不足以维持分闸状态。辅助回路误报的原因主要为辅助开关质量问题、辅助触点间有异物。处理措施如下：

1）优化分闸保持力设计，在分闸保持力设计和计算时要充分考虑外界振动冲击产生的加速度。

2）加强原材料组部件的入厂检验，对关键元部件进行全检。

3）开展振动冲击试验验证，在出厂时对分闸保持力和辅助开关状态进行全检。

（2）旁路开关拒动。旁路开关合闸成功与否对保护功率模块安全至关重要，导致拒动的主要原因有旁路开关动作机构卡滞、电源失效、电气元部件故障等。处理措施如下：

1）优化旁路开关动作机构设计，避免因为来料误差造成装配形变，导致机构卡涩。

2）旁路开关触发电路采用双冗余设计，保证单一板卡上的元件故障不影响旁路开关合闸命令的执行。

（3）旁路开关大电流合闸。在某些极端故障工况下，旁路开关合闸时需要承担数百千安的电流，此电流会导致旁路开关的动静触头之间产生电磁斥力，从而导致旁路开关不能可靠合闸，不能可靠旁路功率模块。处理措施如下：

1）优化触头压力，增大触头压力可以有效抵消电磁斥力带来的影响，从而保证旁路开关在承受较大电磁斥力时依旧可以可靠合闸。

2）开展旁路开关大电流合闸型式试验，对极端故障情况下是否能够可靠合闸进行验证，可采用的试验回路如图 5－14 所示。

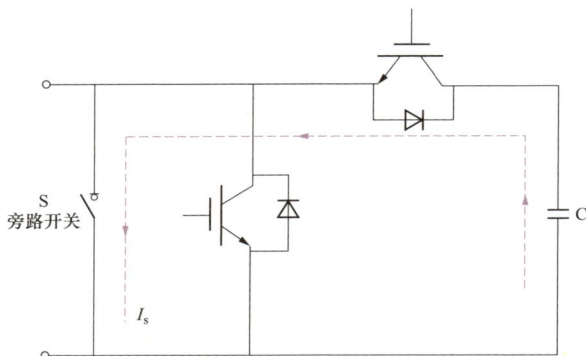

图 5－14 旁路开关大电流合闸型式试验回路

（4）旁路开关误击穿。旁路开关在现场测试中有击穿现象。经过分析，击穿现象与开距、触头平行度等有较大关系，旁路开关触头倾斜示意图如图 5－15 所示。处理措施如下：

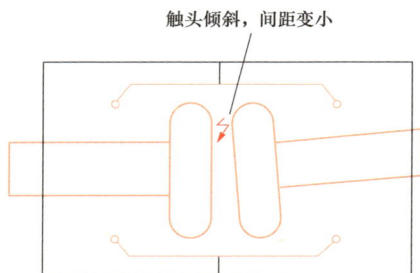

图 5－15 旁路开关触头倾斜示意图

1）绝缘优化措施，将旁路开关的开距增加，可采用开距不小于 2mm 的设计，增加真空灭弧室波纹管的长度。优化结构设计，在旁路开关轴向运动部分增加导向装置，增加同心度。

2）加强工艺质量管控，对真空灭弧室触头表面的毛刺杂质进行控制，通过老炼方式去除毛刺和杂质。同时增加检测手段，包括真空端口的交流耐压、直流耐压、方波耐压检测等。

5.1.5.2　案例分析

（1）问题描述。在某厂家功率模块老化测试过程中，陆续发现多例功率模块 IGBT 直通故障旁路现象。

（2）原因分析。经过抓取测试回路电压和电流波形，对故障数据进行分析，确认 IGBT 直通故障为旁路开关主触头间隙击穿短路导致。X 光检测旁路开关主触头开距不合格（如图 5－16 所示），当旁路开关主触头开距较小时，在高压、高 du/dt、高频工况下就会存在主触头间隙击穿风险。

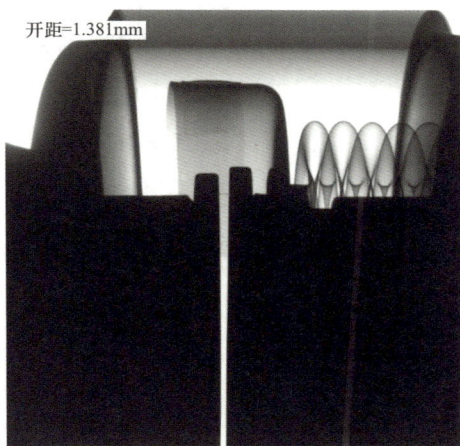

图 5－16　X 光检测旁路开关主触头开距不合格

（3）处理措施。

1）将旁路开关主触头开距调整为不小于 2mm。

2）优化旁路开关生产工艺，在旁路开关出厂前，在原有测试基础上，增加雷电冲击抽检、X 光抽检、du/dt 全检测试。

经过整改后，旁路开关主触头开距达到 2mm，X 光检测整改后的旁路开关主触头开距如图 5－17 所示。

5.1.6　其他故障

（1）二极管故障。二极管在功率模块内反向并联在 IGBT 上，因二极管为不可控器件且技术成熟，当选型正确时，相对故障率较低。二极管的失效模式也和其封装有关，压接型二极管在失效时常表现为短路模式。二极管的短路故障可通过测量两端电压进行检测。

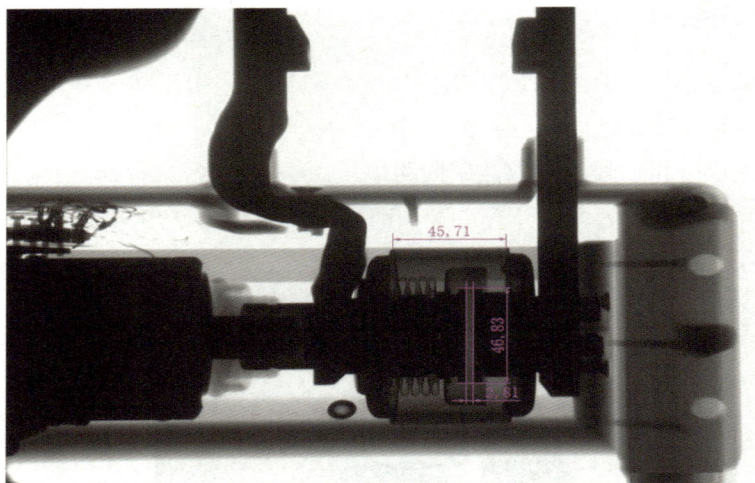

图 5-17　X 光检测整改后的旁路开关主触头开距

（2）直流电容故障。直流电容作为功率模块的重要储能元件，通常选用安装有气体压力传感器的金属氧化膜电容，当电容内部出现故障，电容器的内部气压会增加，到达设定阈值压力后开关触点会闭合告警。金属氧化膜电容具有自愈特性，在使用过程中电容量会逐渐下降，当容值降低到一定值时子模块电压稳态波动变大、直流系统动态响应速度变差，这会给系统的运行带来影响。所以在使用时通过检测电容压力开关状态和容值，可对电容故障情况进行监视。

（3）均压电阻故障。均压电阻并联在功率模块电容两边，是一种高压、大功率电阻，如果配合系统参数进行选型，只要参数正确、散热良好，则其故障率较低。电阻会因自身质量问题、电气应力及机械外力、化学反应及环境的影响而失效，表现为阻值的变化，通过检测阻值变化可判断电阻器是否有故障。

（4）旁路保护晶闸管故障。在某些情况下，根据工程需要会在功率模块中配置旁路保护晶闸管。旁路保护晶闸管的主要作用包括：① 与 IGBT 内置的二极管并联，分担换流阀故障时的短路电流。② 当系统发生极端故障触发旁路开关合闸时，晶闸管反向击穿形成备用的通流路径。在选用此晶闸管时通常会要求其具备双向长期通流的能力，并且有良好的散热措施。在选型正确的情况下，晶闸管鲜有故障发生，由于其是保护备用，并非功率模块必需的配置，所以在故障检测中通常不单独体现。

（5）主控板故障。功率模块控制电路板是功率模块的"大脑"，主要实现功率模块控制、保护、监测，以及与阀控的通信功能。控制电路板通常由主控器件及外围电路、I/O 电路、通信电路及驱动组成，有的可包含部分采集电路。因其元件众多，上报故障和对外表现的故障现象亦是多种多样的。控制电路的故障表现主要集中在供电异常、通信异常，较少出现采集异常及 I/O 异常等。

控制电路板因有逻辑处理电路，其控制部分可将功率模块的整体工作状态通过光纤通信上传给阀控，阀控对数据进行分析判断，根据是否能收到功率模块反馈、功率模块内部电压信息反馈、驱动电路信息反馈、I/O 输入信息反馈等，可得到表 5-5 所示的全、半桥功率模块故障上报类型。

表 5-5 全、半桥功率模块故障上报类型

序号	半桥功率模块故障上报类型	全桥功率模块故障上报类型
1	驱动 1 异常	驱动 1 异常
2	驱动 2 异常	驱动 2 异常
3	—	驱动 3 异常
4	—	驱动 4 异常
5	驱动频率超限	驱动频率超限
6	驱动死区超限	驱动死区超限
7	模块过电压	模块过电压
8	模块欠电压	模块欠电压
9	取能电源异常	取能电源异常
10	下行通信校验错	下行通信校验错
11	下行通信中断	下行通信中断
12	上行通信中断	上行通信中断
13	上行通信校验错	上行通信校验错
14	电容压力超限	电容压力超限
15	通信建立异常	通信建立异常
16	自检异常	自检异常

（6）采集电路故障。采集电路可采集功率模块电容电压、环境温度等模拟状态量，并通过信号调理电路、A/D 电路转换为数字量。采集变量准确度直接影响到功率模块的状态控制判断，所以采集电路通常采用高可靠电路、元件或备有冗余电路，一般故障概率较低。当其发生故障时可通过功率模块采集上传的变量校核出来，且可精确定位到故障电路。

5.2 换流阀冷却系统典型故障

5.2.1 旋转设备故障

5.2.1.1 电动机故障

（1）故障描述。主泵电动机、喷淋泵电动机、冷却塔风机电动机运行中出现异响、发热、振动过大等现象。

（2）原因分析。电动机轴承损坏会导致电动机运转异常，出现异响、发热、振动过大的现象；电动机缺相运行也会出现异响；主泵电动机和水泵连接安装的同轴度偏差过大会导致振动过大；电动机运转中振动导致接线盒出线端子连接螺栓松动引起接线盒发热；电动机绕组匝间短路也会导致电动机三相电流不平衡和电动机发热。

（3）处理措施。选择材质优良的轴承；提高主泵的安装工艺水平，安装完成后测量电动机和水泵连接的同轴度，确保满足偏差要求；按规程开展检修工作。

5.2.1.2 风机故障

（1）故障描述。冷却塔风机运转过程中出现异常声响且振动过大、皮带断裂或松动。

（2）原因分析。风机轴承失效；皮带失效断裂；皮带和皮带轮的张紧力松动。

（3）处理措施。更换材质优良的轴承，按规程给轴承添加润滑脂。更换皮带，调整电机底座调节螺栓。

5.2.1.3 水泵故障

（1）故障描述。水泵运行中出现发热、渗漏水、渗漏油等。

（2）原因分析。主泵发热主要是由于轴承失效所致；主泵渗漏水主要是由于机械密封失效所致。主泵渗漏油主要是由于油封失效或油杯安装密封不严。

（3）处理措施。更换轴承；更换机械密封；更换油封；提高安装工艺水平。

5.2.2 止回阀故障

（1）故障描述。止回阀止回时发出异常噪声；备用泵出现反转。

（2）原因分析。止回阀内部的弹簧断裂；销轴变形、断裂，双瓣密封面损伤；喷淋泵出口止回阀可能因结垢严重导致止回功能失效。

（3）处理措施。更换止回阀；对结垢严重的止回阀，除垢后可回装使用。

5.2.3　加热器故障

（1）故障描述。加热器工作时有异响、烧焦味、电流异常等。

（2）原因分析。接线端子松动或者虚接，绝缘不良。

（3）处理措施。接线端子重新连接并紧固；若出现接线柱断裂、烧毁等，则需更换电加热器。

5.2.4　阀冷系统渗漏水故障

（1）阀塔渗漏水。

1）故障描述。换流阀正常运行时，发现阀塔渗漏水或出现漏水告警信号。

2）原因分析。阀塔漏水点一般位于均压电极连接处、功率模块进出水管连接处。均压电极处渗漏水主要是由于电极结垢导致密封不严，功率模块进出水管连接处渗漏水主要是由于安装工艺问题或密封圈损坏。

3）处理措施。选择材质良好的均压电极和密封圈；新工程投运前，按要求开展换流阀内冷却系统压力试验，全面开展阀塔水管接头力矩校核，并做好标记。工程投运后，按规程要求开展检修工作，更换密封垫圈。

（2）主泵渗漏水。

1）故障描述。主泵运行过程中，发现主泵底部渗漏水。

2）原因分析。主泵渗漏水主要是由于主泵内部机械密封失效所致，机械密封失效通常是由于主泵长时间运转导致机械密封动静环接触面磨损，密封不严导致渗漏水；此外，由于更换机械密封时安装不到位，也会导致主泵渗漏水。

3）处理措施。更换材质良好的机械密封（最好与主泵原配机械密封一致），提高机械密封安装工艺水平。

（3）管道渗漏水。

1）故障描述。换流阀冷却系统运行过程中，出现管道渗漏水。

2）原因分析。换流阀冷却系统有压力、流量、电导率等监测仪表，监测仪表引出管与主管道采用焊接，系统运行时由于振动，主管与引出管之间的焊缝容易出现渗漏水；管道法兰连接处由于安装或密封圈问题也会导致渗漏水。

3）处理措施。尽可能避免在现场进行管道焊接，阀冷系统厂家要确保焊接质量，出厂前进行探伤检测；按照规程开展检修工作。

5.2.5　过滤器堵塞故障

（1）故障描述。系统运行期间主管道过滤器前后段的压差值过大；去离子回路补水慢、流量低。

（2）原因分析。主管道过滤器堵塞；去离子回路过滤器堵塞。

（3）处理措施。更换新过滤器，或用高压水枪冲洗过滤器滤芯后再进行回装；提高安装工艺水平。

5.2.6　内冷却系统压力低故障

（1）故障描述。换流阀内冷却系统运行时压力低，严重时导致直流闭锁。

（2）原因分析。换流阀内冷却系统管道进入空气，通常是重新注水时作业不规范，导致空气进入管道；主泵故障，功率有限。

（3）处理措施。如果管道进入空气，需要开展自动和手动排气工作；如果主泵功率有问题，需要查找主泵功率下降的原因，再针对性地采取措施。

6 阀控系统典型故障分析与处理

阀控系统是控制换流阀的核心和"大脑"，为提高系统可靠性，阀控系统通常采用双冗余配置，即配置两套完全相同的阀控系统，分别为主运阀控系统和热备用阀控系统。当主运阀控系统本身故障，则切换为备用阀控系统继续工作，故障阀控系统退出运行，以保证系统正常运行。

6.1 阀控系统典型故障

阀控系统本身故障后通常有闭锁跳闸和系统切换两种处理方式。当两套阀控系统均故障时，闭锁换流阀并发出跳闸请求，可以有效保护换流阀。对于切换类故障，建议选择合适的时间进行处理。阀控系统典型故障分类如表 6-1 所示。

表 6-1　　　　　　　　　　阀控系统典型故障分类

序号	故障类型	出口方式
1	板卡类故障	切换
2	通信类故障	切换
3	电源类故障	切换/告警
4	控制系统风扇故障	告警
5	换流阀水冷泄漏	告警
6	阀控快速保护故障	切换/轻微故障
7	功率模块旁路超限故障	闭锁跳闸
8	阀控切换失败故障	闭锁跳闸
9	阀控系统无主运故障	闭锁跳闸
10	换流阀暂时闭锁故障	闭锁跳闸
11	换流阀过电流、过电压故障	暂时性闭锁/闭锁跳闸

6.1.1　板卡故障

阀控系统本身大部分故障出口方式为切换，由阀控系统向上级极控系统发出请求切换信号，在设定时间内由极控系统完成主运阀控系统和备用阀控系统之间的切换过程，阀控系统与极控系统之间通信采用单通道，1 对 1 的通信方式，极控系统与阀控系统冗余切换示意图如图 6−1 所示，阀控 A 只与极控控制保护 A 通信，阀控 B 只与极控控制保护 B 通信，阀控 A 与 B 之间相互通信，保持同步。两套阀控系统之间切换为绑定切换，即阀控系统的切换跟随极控系统控制切换，阀控系统在有故障发生需要切换时会向极控系统发出切换请求，跟随极控系统控制一同切换。

系统正常运行时，处于备用状态的阀控同步跟踪主运阀控的运行状态，便于两套阀控系统之间的无缝冗余切换，包括顺控的运行状态、标识位，旁路信息，保护投退使能以及环流抑制信息等。

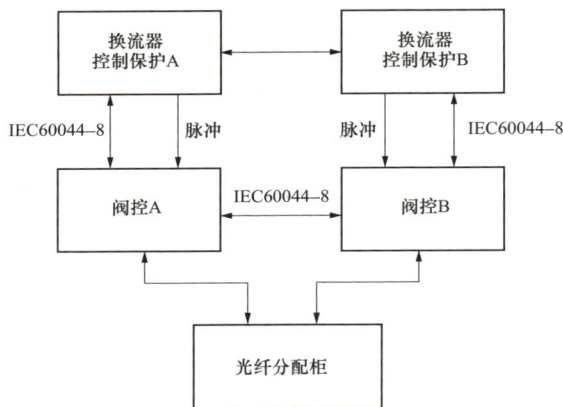

图 6−1　极控系统与阀控系统冗余切换示意图

板卡故障切换逻辑框图如图 6−2 所示。若出现扩展箱板卡背板通信错误或主控箱板卡背板通信错误，经过延时置位板卡故障请求切换标识，并上送阀控系统请求切换给换流器控制保护系统（CCP 或 PCP）。

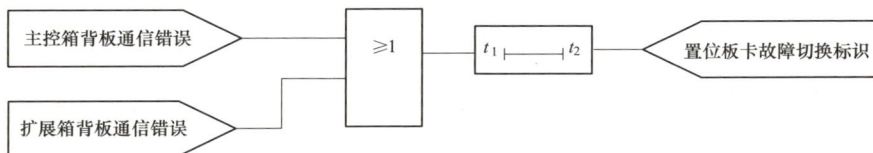

图 6−2　板卡故障切换逻辑框图

扩展箱背板通信错误由扩展箱扩展板检测并发送到主控箱，主控箱背板通信错误由主控箱判断，若出现通信故障延时超过定值，置位切换请求。

6.1.2　通信故障

6.1.2.1　阀控和 PCP 通信故障

阀控和 PCP 通信故障切换逻辑框图如图 6-3 所示，阀控与 PCP 通信的三根光纤中出现任何一根光纤数据接收错误，或接收数据的循环冗余校验（cyclic redundancy check，CRC）错误，或接收数据的循环计数错误时，经过延时置位阀控与 PCP 通信故障请求切换标识，并上送阀控请求切换给 PCP。

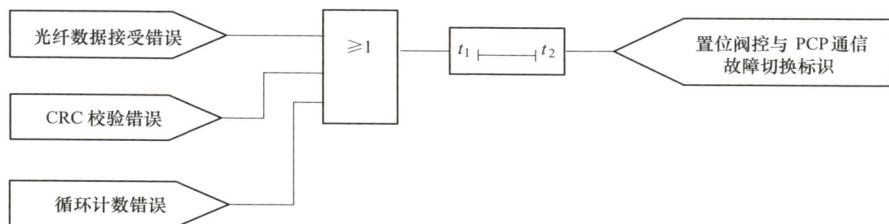

图 6-3　阀控和 PCP 通信故障切换逻辑框图

光纤数据接收错误是由于 PCP 通信的板卡检测长时间未接收到光纤数据，CRC 校验错误是由于 PCP 通信的板卡检测到接收的数据出现 CRC 校验错误，循环计数错误是由于 PCP 通信的板卡检测 PCP 发给阀控上周期的循环计数与本周期差值不等于 1，若出现通信故障延时 200μs 置位切换请求。

6.1.2.2　阀控和 MU 通信故障

阀控和 MU 通信故障切换逻辑框图如图 6-4 所示。阀控主控制板与 MU 通

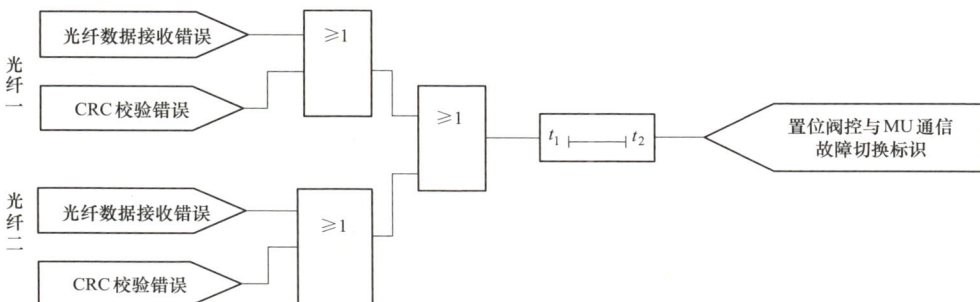

图 6-4　阀控和 MU 通信故障切换逻辑框图

信，当通信中出现数据接收错误，或接收数据的 CRC 校验错误，经过延时置位阀控与 MU 通信故障请求切换标识，并上送阀控请求切换给 PCP。

6.1.2.3　MU 采样信号品质异常

阀控系统主控制子板与 MU 通信，若任意一个 MU 采样通道检测有品质异常标识，经过延时置位 MU 信号品质异常切换标识，并上送阀控请求切换给 PCP。

MU 采样信号品质异常切换逻辑框图如图 6-5 所示，通道信号品质异常为 MU 发送的品质异常标识，若检测到任意一个 MU 通道有品质异常标识，延时 300μs 置位切换请求。

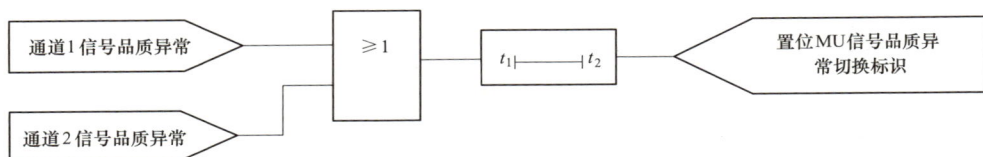

图 6-5　MU 采样信号品质异常切换逻辑框图

6.1.2.4　主控箱与脉冲分配箱通信错误

根据阀控下发的循环数和脉冲箱反馈的循环数，经过减法计算取其绝对值并与设定值比较，超过设定值后，经过延时置位运算板与脉冲箱通信故障切换标识，并上送阀控请求切换给 PCP。

阀控主控箱与脉冲分配箱通信错误切换逻辑框图如图 6-6 所示，阀控下发的循环数为阀控主控箱自加循环数经运算箱下发到脉冲分配箱的循环数，脉冲箱反馈的循环数为脉冲分配箱接收到的阀控下发的循环数再经运算箱反馈给阀控主控箱的循环数，二者之差的绝对值超过设定值，则出现阀控主控箱与脉冲分配箱通信错误，延时同时满足保护的动作持续时间，则发出请求切换。

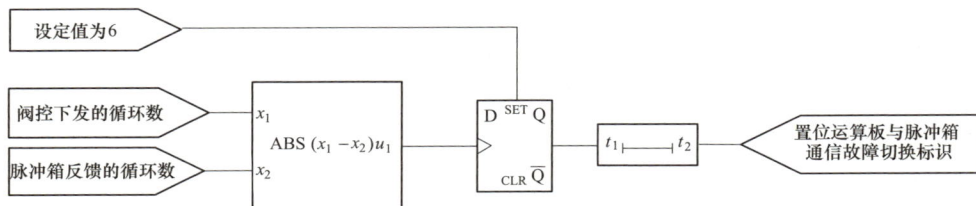

图 6-6　阀控主控箱与脉冲分配箱通信错误切换逻辑框图

6.1.2.5　阀控值班信号错误

若阀控为非主非备状态，而 PCP 下发至阀控的值班状态不是非主非备状态，主套阀控的值班信号光纤接收到阀控非主非备状态的值班信号命令时，阀控会上报值班信号异常，经过延时置位值班信号异常切换标识，完成请求切换。

阀控值班信号错误切换逻辑框图如图 6-7 所示，阀控非主非备状态为值班信号光纤接收到的 PCP 的值班信号状态，PCP 值班状态为 PCP 下发至阀控的值班状态，若出现值班信号异常标识，则延时 300μs 请求切换。

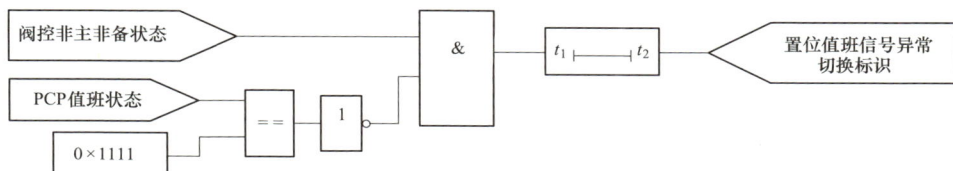

图 6-7　阀控值班信号错误切换逻辑框图

6.1.2.6　主控箱和扩展箱通信故障

阀主控柜中，扩展箱与主控箱经高速光纤连接，该光纤传输扩展箱所有板卡故障信息和数据。当主控箱检测扩展箱返回数据出现校验错误或通信故障时，持续时间超过延时保护定值时，则发出请求切换。

6.1.3　电源故障

6.1.3.1　主控箱或扩展箱双电源掉电

阀控掉电切换逻辑框图如图 6-8 所示，阀控屏中扩展箱或主控箱的两路电源同时掉电，则置位阀控双电源掉电切换标识，并上送阀控请求切换给 PCP。

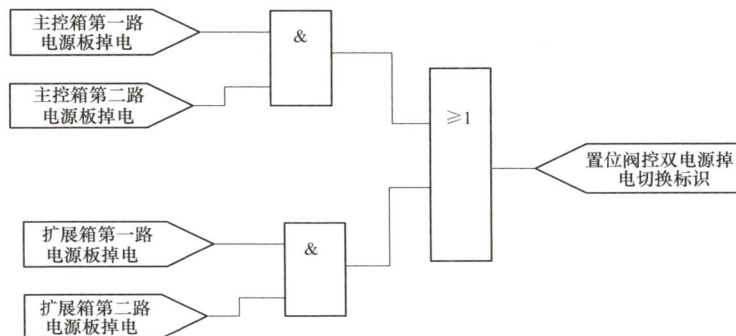

图 6-8　阀控掉电切换逻辑框图

6.1.3.2 脉冲箱双电源掉电

脉冲箱双电源掉电切换逻辑框图如图 6-9 所示，根据运算板反馈信息中关于每个脉冲箱中电源板的掉电情况判断，如果任一脉冲箱发生双电源掉电，则立即置位切换请求标识位。

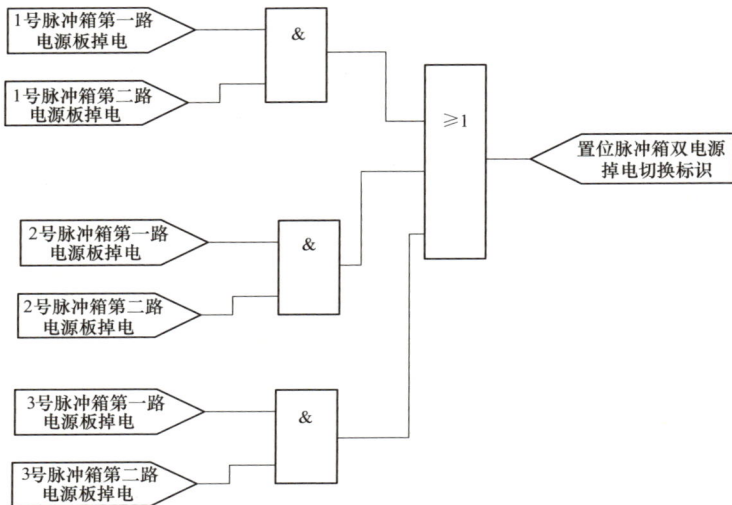

图 6-9　脉冲箱双电源掉电切换逻辑框图

6.1.3.3 脉冲箱电源总线无冗余

（1）冗余设计原则。阀控系统冗余设计原则按照"板卡电子元件故障可通过板卡隔离，板卡故障可通过装置隔离，装置及主回路故障可通过屏柜冗余设计隔离"进行，具体设计原则如下：

1）板卡电子元件冗余原则。对单一故障可能导致出口跳闸的板卡电子元件，应在板卡上配置电子元件冗余，避免板卡上存在唯一汇集点，避免板卡上存在冗余电路共用部分，满足板卡电子元件故障通过板卡隔离的要求。

2）板卡冗余原则。对单一故障可能导致出口跳闸的板卡，如保护板、电源板、切换板，应在装置内配置板卡冗余，板卡故障通过板卡冗余切换实现装置隔离。

3）柜体冗余原则。阀控主控屏应设置柜体冗余，控制链路上任一装置（含控制保护装置）故障可通过屏柜冗余切换隔离故障。

（2）案例分析。

1）问题描述。某工程在阀控脉冲柜脉冲箱中，有两个冗余的 12V 供电电源板，两个板卡的输出在背板上并联到一起，即背板上只有一套 12V 电源总线，脉冲箱内各板卡均从此 12V 电源总线上取电。

2）原因分析。脉冲箱 12V 电源总线示意图如图 6-10 所示。

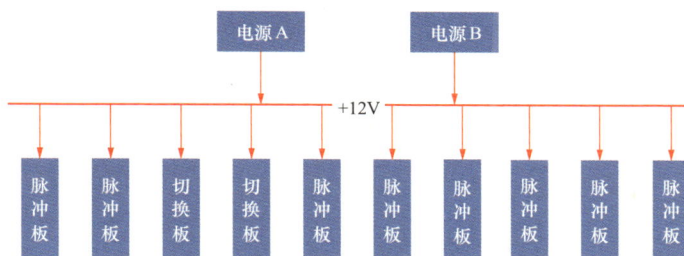

图 6-10　脉冲箱 12V 电源总线示意图

脉冲分配箱 12V 供电网络示意图如图 6-11 所示。脉冲板、背插板 12V 转 5V 电源 12V 侧电容发生短路故障时，将导致脉冲箱背板电源 12V 短路，引起系统跳闸，对应图 6-11 中故障点 F1、F2。

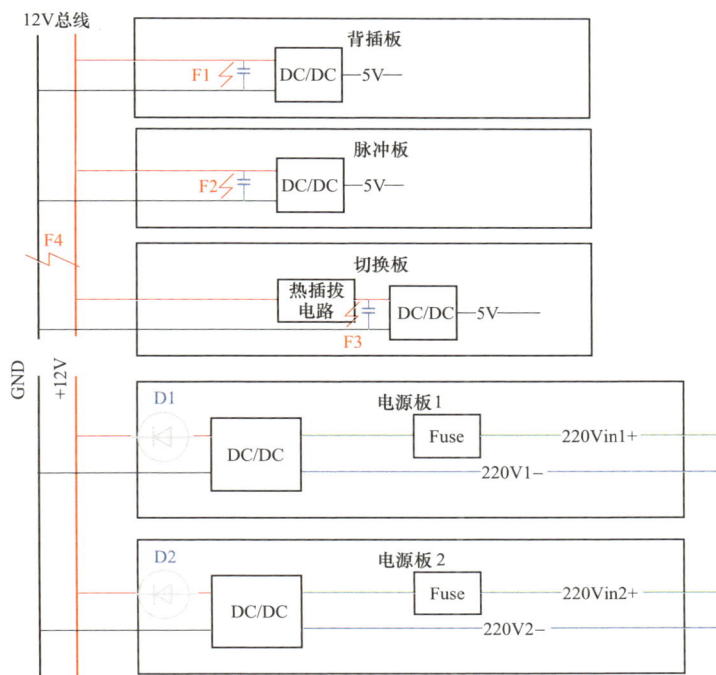

图 6-11　脉冲分配箱 12V 供电网络示意图

注：图中 Fuse 代表熔断器；GND 代表中性线；220Vin1+代表 220V 输入 1 正；220Vin2+代表 220V 输入 2 正。

切换板热插拔电路中的 TVS 发生短路故障时，将导致脉冲箱故障，引起系统跳闸，对应图 6-11 中故障点 F3。

若因电容短路引起背板供电总线短路故障时，将导致脉冲箱故障，引起系统跳闸，对应图 6-11 中故障点 F4。

3）处理措施。增加一套 12V 电源总线，整改后脉冲分配箱 12V 供电网络示意图如图 6-12 所示。

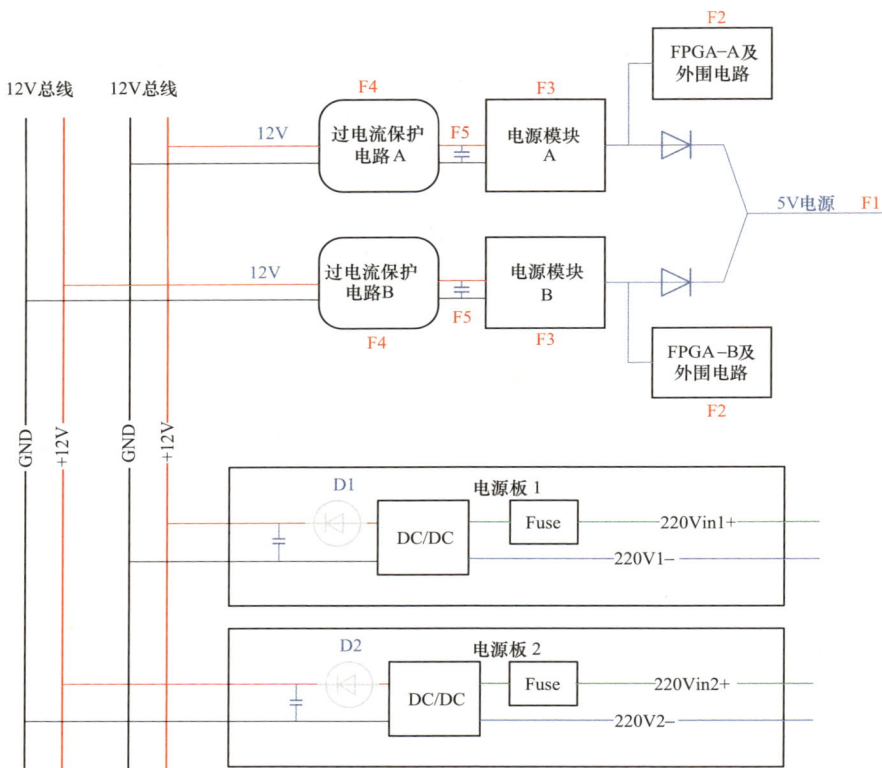

图 6-12　整改后脉冲分配箱 12V 供电网络示意图

注　图中 Fuse 代表熔断器；GND 代表中性线；220Vin1+代表 220V 输入 1 正；220Vin2+代表 220V 输入 2 正。

6.1.4　阀控快速保护故障

阀控系统快速保护采用三取二方式，阀控快速保护功能板卡连接框图如图 6-13 所示，三块保护计算板卡分别接入三套 MU 信号进行保护逻辑判断，保护输出板根据三个保护计算板的信号进行三取二运算。保护输出板卡和阀控系统 6 个桥臂的控制板卡（6 个运算板）之间通过光纤连接，保护输出板会输出 6

个光脉冲信号，每个信号连接一个运算板，运算板接收到保护动作信号会执行该桥臂的闭锁动作，并将该情况上报阀主控制器（DSP 控制器）。

保护输出板接收来自 3 个保护计算板的串行通信数据，接收完毕之后进行CRC 校验，校验通过的数据将会覆盖旧数据，校验失败的数据将会被丢弃，当保护输出板连续出现数据校验错误或未接收到数据时，则会产生保护计算板通信故障，向极控系统发出请求切换信号。

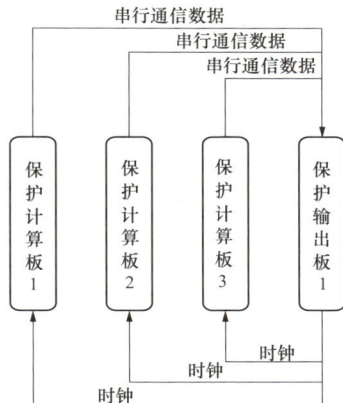

图 6-13　阀控快速保护功能板卡连接框图

保护计算板接收 MU 采样的桥臂电流信号，当 1 块或 2 块保护计算板与 MU间出现通信故障则向极控系统发出轻微故障信息，若三块保护计算板均出现通信故障或板卡故障则向极控系统发出请求切换信号。

6.1.5　功率模块旁路超限故障

功率模块旁路超限逻辑框图如图 6-14 所示，换流阀运行过程中功率模块出现故障时，功率模块控制板会向阀控发送旁路请求，阀控控制器统计任意一个桥臂已旁路子模块数量与现请求旁路数量之和大于保护设定值，立即置位旁路超限标识位，闭锁换流阀，并出口跳闸，同时向换流器控制保护上报阀控跳闸请求。

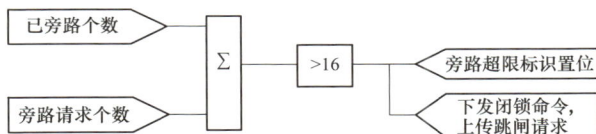

图 6-14　功率模块旁路超限逻辑框图

6.1.6　阀控切换失败故障

为防止系统在设备故障并无法正常切换的条件下持续运行，设置切换失败故障保护。该保护属于慢速保护，检测到切换失败故障后，下发闭锁命令，并出口跳闸，同时向换流器控制保护上报阀控跳闸请求。图 6-15 为阀控切换失败故障逻辑框图。

207

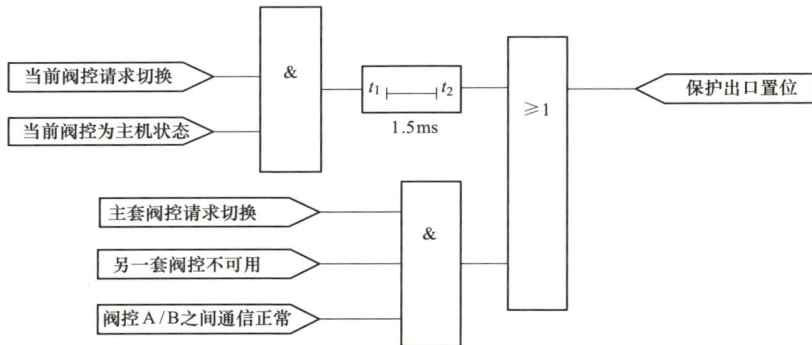

图 6-15　阀控切换失败故障逻辑框图

6.1.7　阀控无主运故障

为防止单元控制系统在双备状态下持续解锁运行，设置了双备故障保护。该保护属于慢速保护，检测到双备故障后，下发闭锁命令，并出口跳闸。

双备故障保护逻辑框图如图 6-16 所示，双备故障保护以当前阀控为值班状态、另一套阀控值班状态为逻辑判断条件。当检测到当前阀控为非主机状态，且另一套阀控也为非主机状态，延时 1.5ms，置双备故障标识位，下发闭锁命令，并出口跳闸，同时向换流器控制保护上报阀控请求跳闸。

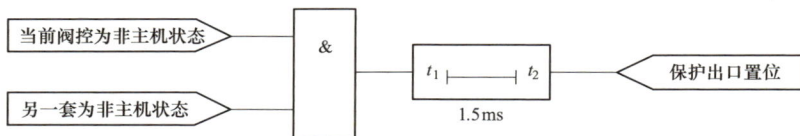

图 6-16　双备故障保护逻辑框图

6.2　换流阀暂时性闭锁故障

当阀控快速保护系统检测到换流阀桥臂电流大于过电流暂时性闭锁保护定值，且连续三个采样点，暂时闭锁换流阀。在电流小于恢复定值，且持续一定时间后重新解锁换流阀，用以提高系统抗干扰和暂态故障穿越能力。暂时性闭锁保护逻辑框图如图 6-17 所示。

当系统发生永久性故障时，可能触发多次重复暂时性闭锁和暂时性闭锁超时故障。为避免换流阀从解锁到闭锁再解锁的持续频繁切换，造成设备损坏，设置了暂时闭锁故障，包括重复暂时性闭锁故障和暂时性闭锁超时故障，该类保护属于慢速保护。

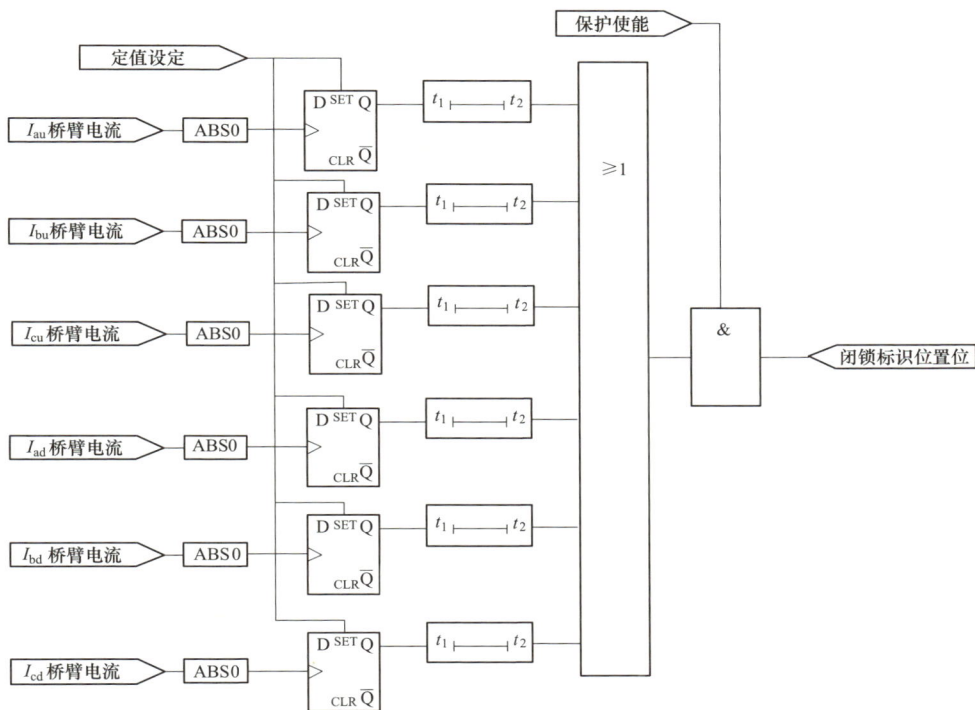

图 6-17　暂时性闭锁保护逻辑框图

6.2.1　重复暂时性闭锁故障

重复暂时性闭锁故障保护逻辑框图如图 6-18 所示，当系统检测到重复暂时性闭锁故障后，下发闭锁命令，并出口跳闸。

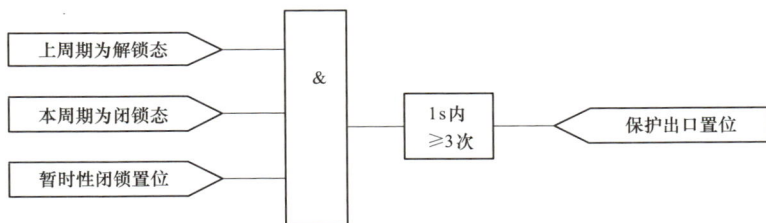

图 6-18　重复暂时性闭锁故障保护逻辑框图

6.2.2　暂时性闭锁超时故障

暂时性闭锁超时故障保护逻辑框图如图 6-19 所示，该保护以当前暂时性闭锁状态和暂时性闭锁持续时间为逻辑判断条件。当检测到暂时性闭锁标识位持续 30ms，至持续暂时性闭锁故障标识位，下发闭锁命令，并出口跳闸，同时向换流器控制保护上报阀控跳闸请求。

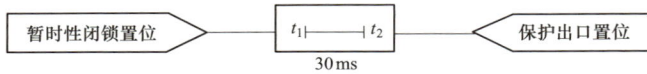

图 6-19　暂时性闭锁超时故障保护逻辑框图

6.3　换流阀过电流和过电压故障

换流阀过电流、过电压故障设置有阀过电流速断保护、桥臂电流上升率保护、桥臂电压和过电压保护，换流阀故障种类及其保护所用测点信号如图 6-20 所示。

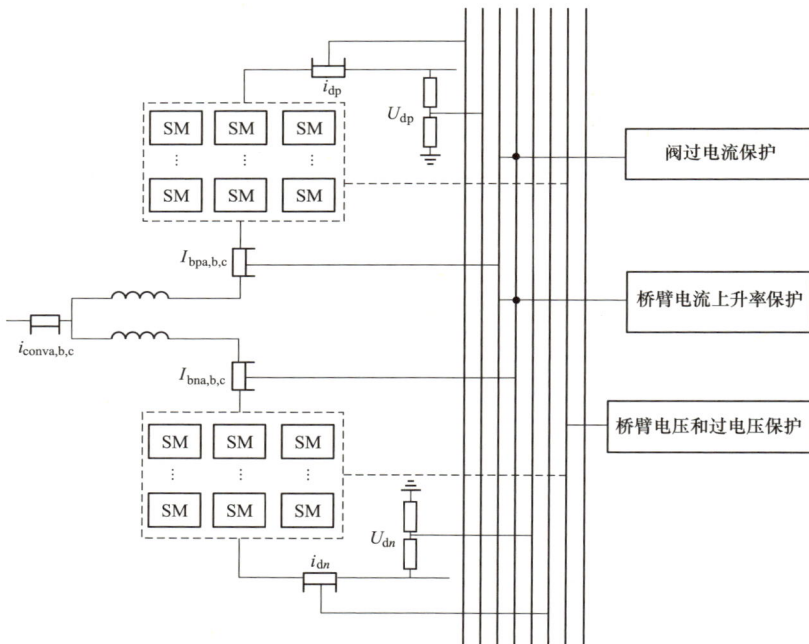

图 6-20　换流阀故障种类及其保护所用测点信号

图 6-20 中阀过电流保护、电流上升率保护，用于保护最严重的换流阀阀区交直流母线短路故障及阀内故障；桥臂电压和过电压保护用于近端交流系统短路故障等引起的直流过电压的后备保护，以及保护换流阀控制失控的情况。

6.3.1 全桥模块电容电压平均值过电压故障

当检测到任一桥臂全桥电容电压平均值超过设定值，并满足延时时间，闭锁换流阀并出口跳闸。全桥桥臂电容电压平均值过电压保护逻辑框图如图 6-21 所示。

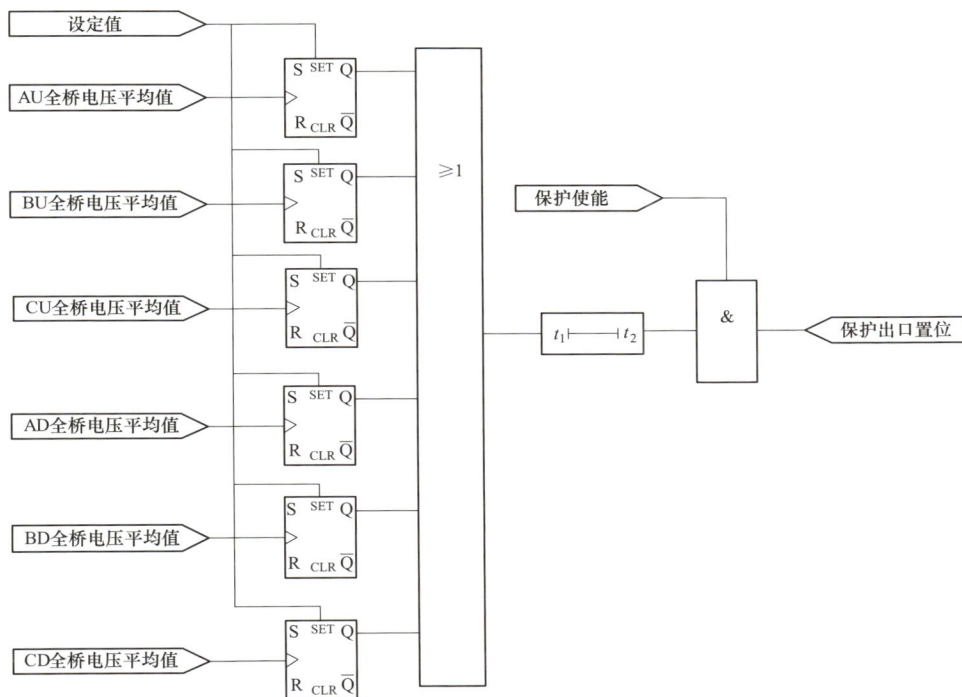

图 6-21　全桥桥臂电容电压平均值过电压保护逻辑框图

6.3.2 半桥模块电容电压平均值过电压故障

当检测到任一桥臂半桥电容电压平均值超过定值，并满足延时时间，闭锁换流阀并出口跳闸。半桥桥臂电容电压平均值过电压保护逻辑框图如图 6-22 所示。

6.3.3 桥臂电流过电流故障

当检测到桥臂电流瞬时值严重过电流，电流值大于过电流速断定值，且持续满足延时定值，则闭锁换流阀并出口跳闸。过电流速断保护逻辑框图如图 6-23 所示。

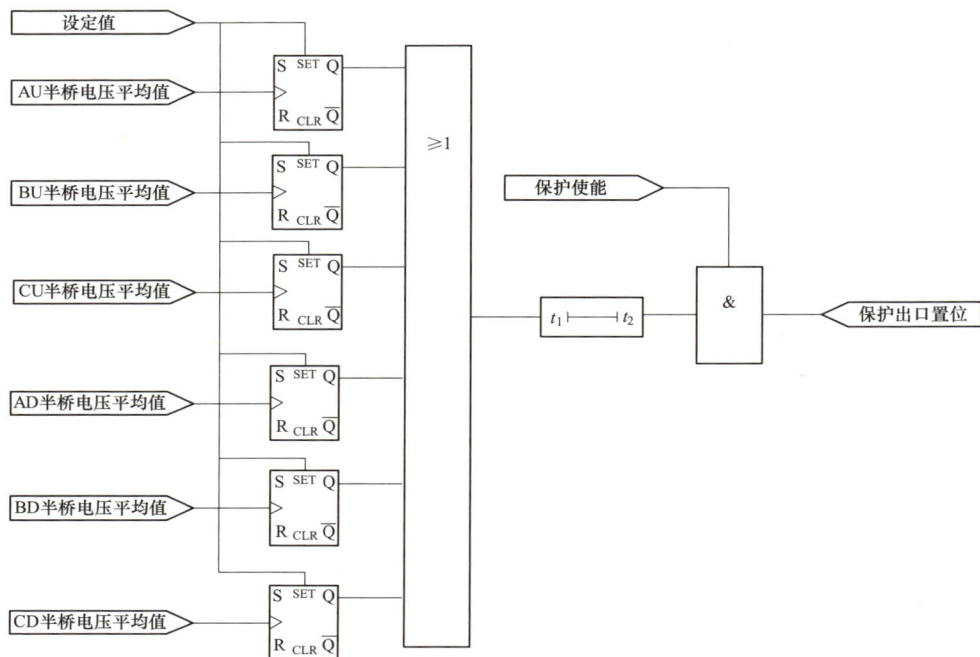

图 6-22　半桥桥臂电容电压平均值过电压保护逻辑框图

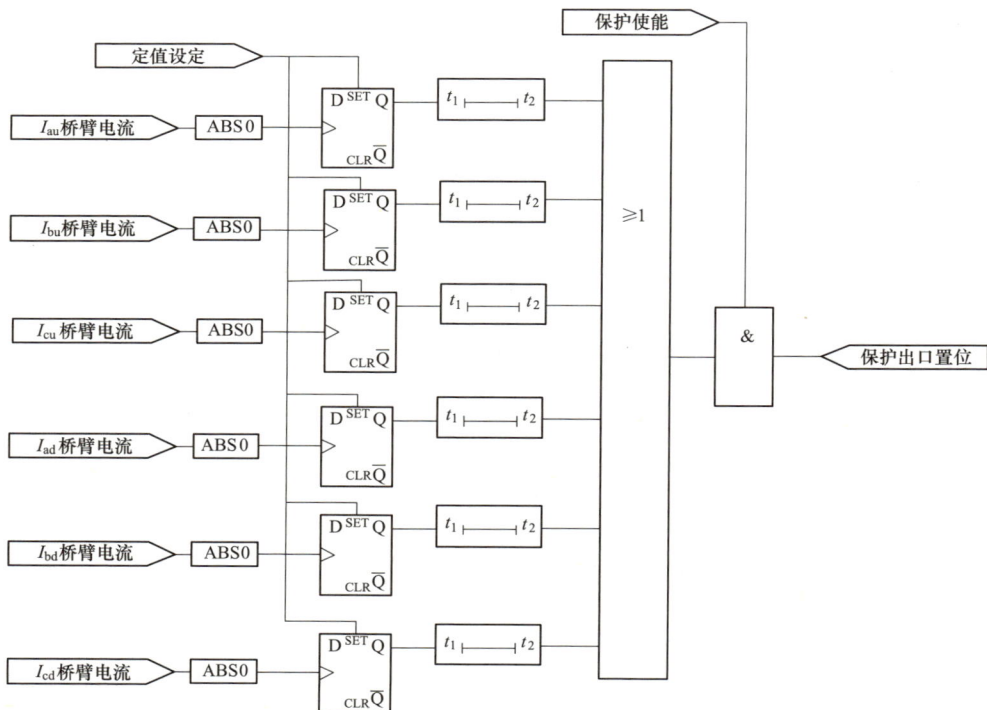

图 6-23　过电流速断保护逻辑框图

6.3.4 桥臂电流 di/dt 超限故障

判断桥臂电流 di/dt 保护检测的前提条件是该桥臂电流大于启动阈值，通常启动阈值接近桥臂电流额定值。为防止保护误动作，当桥臂电流大于 di/dt 保护定值，对桥臂电流连续 5 个采样点进行 di/dt 计算，计算出 4 个电流上升率中有 3 个电流上升率大于保护定值，则阀控闭锁换流阀、出口跳闸。桥臂电流 di/dt 保护逻辑框图如图 6−24 所示。

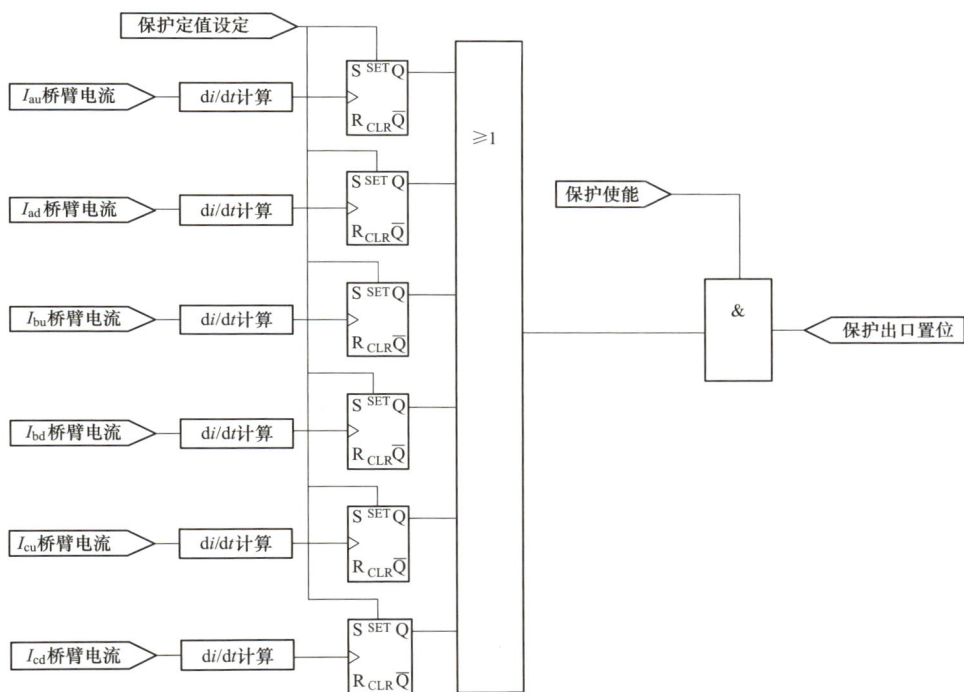

图 6−24 桥臂电流 di/dt 保护逻辑框图

6.4 换流阀高端阀组充电失败故障

昆柳龙多端柔性直流工程受端换流站采用对称高、低端阀组串联的系统接线，每个阀组由全半桥子模块混合式模块化多电平换流器构成。在现场调试中发现，在换流阀低端阀组充电后，换流阀高端阀组充电前已带电，高端阀组直流侧承受一定的负电压，承受负电压期间，高端阀组全桥子模块电容充电，而半桥子模块电容未被充电。若全桥子模块电容电压充得较高，一方面持续时间长会造成子模块电压发散，另一方面也会在高端阀组充电时因半桥子模块无法取能或取能不足造成充电失败。

6.4.1　问题描述

图 6-25 为昆柳龙多端柔性直流工程系统结构图。图中广东 VSC 换流站经长直流线路与云南侧 LCC 和广西侧 VSC 换流站相连，考虑长架空直流线路为同塔线路，正负极之间存在较大等效阻抗，因此在正负极母线带电后，正负极之间必然存在一定的漏电流。该等效阻抗大小与线路长度和等效面积等多种因素相关。

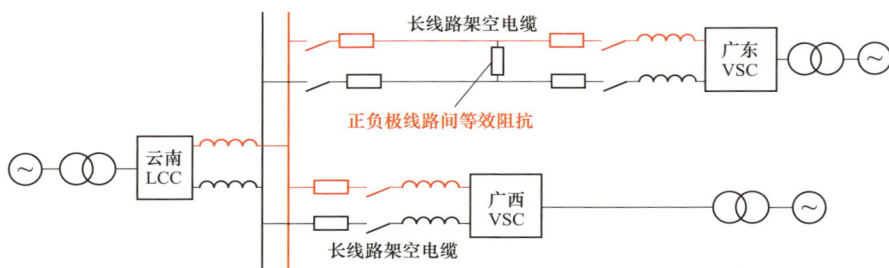

图 6-25　昆柳龙多端柔性直流工程系统结构图

当换流阀负极双阀组和正极低端阀组充电后，感应电压和直流侧漏电流通路如图 6-26 所示。

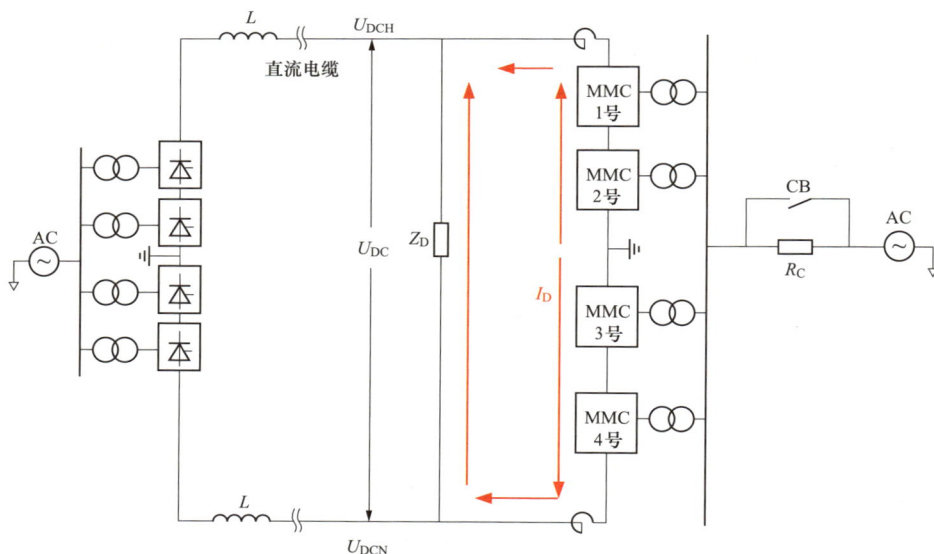

图 6-26　感应电压和直流侧漏电流通路

R_C—预充电电阻；CB—旁路开关；U_{DCH}—直流母线正级；U_{DCN}—直流母线负级；
Z_D—直流正负极母线等效电抗；I_D—直流正负极母线间漏电流

图 6-26 中正极阀组由 1 号和 2 号阀组串联，负极阀组由 3 号和 4 号阀组串联，每个阀组均为全桥 + 半桥混合拓扑结构，当负极阀组解锁后，负极母线对地电压 U_{DCN} 为 -800kV，考虑正负极母线之间存在等效阻抗 Z_D，则必然存在图 6-26 所示的漏电流 I_D，从而导致正极母线对地为负电压。

由于感应电压过高，并且感应电压通常为负极性，只对全桥充电，导致交流合闸前全桥模块电压已经过高，超过交流线电压峰值。交流合闸后，半桥子模块无法从交流侧充电至工作阈值，最终冗余数耗尽跳闸（半桥全部未得电）。

充电操作过程中负极阀组（3 号、4 号阀组）已经处于运行状态，负极直流母线对地电压为 -800kV，之后操作正极低端阀组（2 号阀组）交流充电，此时上述漏电流达到较恶劣工况，即正极高端 1 号阀组交流侧为断开状态，仅正负极母线间感应电压和漏电流对 1 号阀组充电，且充电电压为负值。1 号阀组在不控充电过程中，大量半桥模块无法达到正常工作电压，出现大量模块旁路故障，导致失去冗余跳闸。

6.4.2　原因分析

对于长距离特高压柔性直流输电工程，长距离直流线路正负极间存在感应电压，在单极阀组解锁后，另一极阀组存在感应电压充电问题。由于线路对地寄生参数导致后充电阀组合闸前存在感应电压现象，该感应电压可能会导致后充电的阀组充电失败。

由感应电压产生机理可知，后充电阀组合闸前阀组端口电压为负值，仅能对全桥模块充电，半桥模块未能充电。正极高端阀组 1 号交流断路器合闸后，其交流充电回路中全桥电压已经较高，导致交流侧无法充电。根据现场实际运行工况，1 号阀组交流断路器合闸时，全桥子模块已充电至平均值约 1600V，半桥电压为 0，而合闸后换流阀交流线电压峰值为 344kV，正极高端阀组交流断路器合闸后充电回路结构和模块电压示意图如图 6-27 所示，图中的充电回路中，全桥模块电压已达到 $1.6 \times 156 \times 2 = 499$（kV），明显高于交流充电回路中电源峰值 344kV，因此交流电网无法对回路中的全桥和半桥模块充电，该阶段半桥模块电压保持为 0V。并且在不控充电阶段，全桥子模块储能无法释放，交流侧合闸后，交流线电压峰值已无法再将全部半桥模块充电至正常工作电压。长时间维持该状态最终将导致桥臂内子模块电压逐渐发散，同样无法正常启动。

交流断路器合闸后，阀控系统接收极控系统下发的充电命令，执行交流充电流程，首先触发全桥模块 T4。触发后图 6-27 中的充电回路改变如图 6-28

所示，由于全桥模块 T4 触发后，等效于半桥模块，因此交流充电回路中仅单个桥臂的全、半桥模块参与充电，使桥臂中全桥和半桥模块电压同时升高，最终与交流线电压峰值 340kV 相平衡，经简单计算，最终全桥和半桥电压均上升约 400V，接近半桥子模块取能电源工作极限，不可控充电过程中电容电压存在偏差，实际运行中大量半桥模块无法达到正常工作电压，出现大量模块故障，导致跳闸。

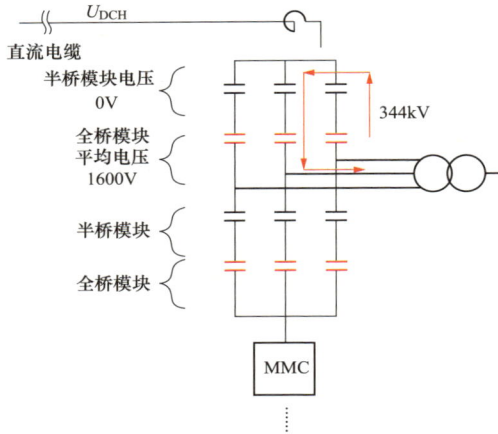

图 6-27　正极高端阀组交流断路器合闸后充电回路结构和模块电压示意图

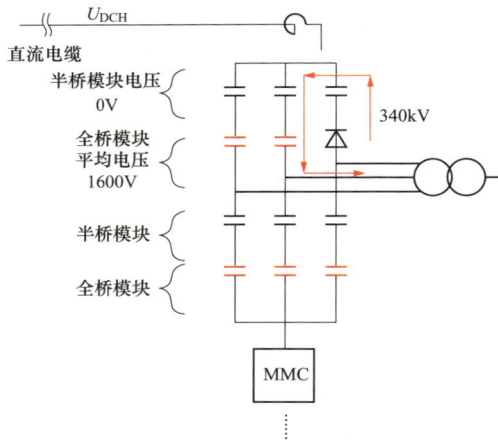

图 6-28　正极高端阀组交流断路器合闸并触发全桥 T4 后
充电回路和模块电压示意图

全桥被感应电压充电及极 1 高端阀组交流断路器合闸过程如图 6-29 所示，极 1 高端阀组跳闸波形如图 6-30 所示。

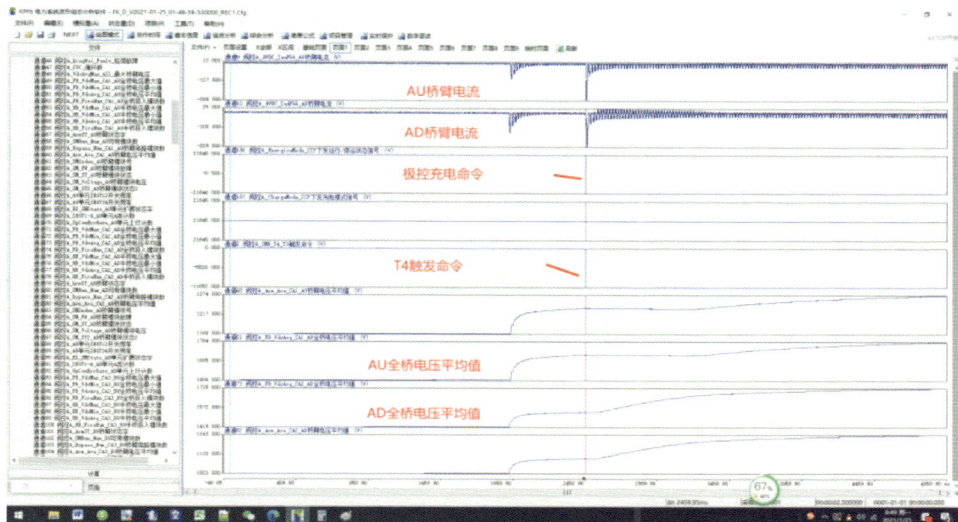

图 6-29　全桥被感应电压充电及极 1 高端阀组交流断路器合闸过程

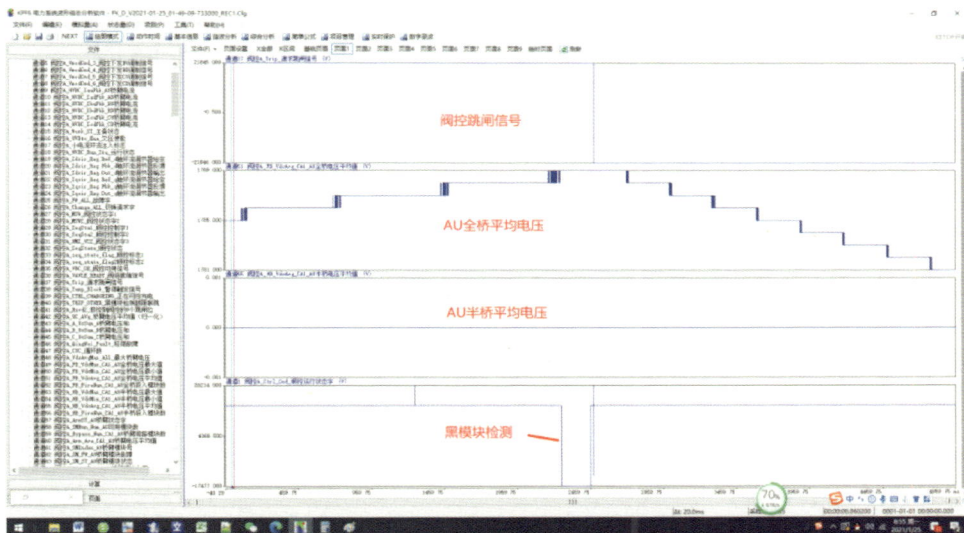

图 6-30　极 1 高端阀组跳闸波形

6.4.3　处理措施

柔性直流换流站低端阀组充电后，高端阀组、直流线路、昆北换流站直流滤波器等会对低端阀组在直流侧产生的电压进行分压，造成高端阀组直流侧承受一定负压；当另一极带电时，该负压的幅值会因极间线路感应进一步增大。

在高端阀组承受负压期间，其全桥子模块电容充电，而半桥子模块电容不充电。若全桥子模块电容电压充得较高，一方面持续时间过长可能会出现发散，另一方面高端阀组在"不可控充电"操作后可能会出现半桥取能不足造成充电失败。系统调试期间，通过监测高端阀组负压大小及缩短高/低端阀组充电操作的间隔时间来应对上述问题；此外，换流阀从不可控充电尽早进入可控充电状态也能防止子模块电容电压发散。结合上述情况，在柔性直流高/低端阀组充电过程，采用增加"极充电"顺控来实现一步顺控操作，可避免运行人员手动操作带来的时间不确定性问题。

附录 A　昆柳龙多端柔性直流工程概况及换流阀基本参数

近年来，柔性直流输电的特点和技术优势逐渐凸显，市场需求越来越多，柔性直流输电工程建设发展迅速，进一步带动了柔性直流输电技术特别是换流阀与阀控系统技术的迅速发展。国内已有多个柔性直流输电工程投入运行，最高直流电压等级达到±800kV，目前还有多个柔性直流输电工程处于建设或规划阶段。现已投运的昆柳龙多端柔性直流工程是世界上首个直流电压等级最高、输送容量最大的柔性直流输电工程。下面简单介绍昆柳龙多端柔性直流工程概况及换流阀基本参数。

A.1　工程介绍

昆柳龙多端柔性直流工程于 2020 年 12 月建成投运。该工程的一次系统接线如图 A.1 所示，直流系统电压等级为±800kV，输送容量为 8000MW。工程采用特高压三端混合直流输电技术，其中：云南送端昆北换流站为常规直流，容量为 8000MW；广西受端柳北换流站为柔性直流，容量为 3000MW；广东受端龙门换流站为柔性直流，容量为 5000MW；直流线路全长 1452km。

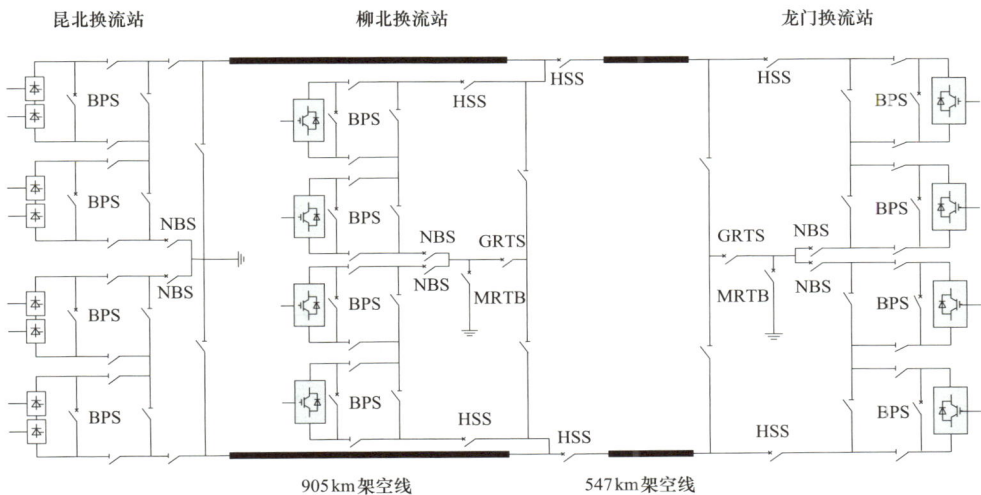

图 A.1　昆柳龙多端柔性直流工程的一次系统接线图

BPS—旁路开关；NBS—中性母线开关；HSS—直流高速开关；
MRTB—金属回线转换开关；GRTS—大地回线转换开关

昆柳龙多端柔性直流工程作为当今世界输变电领域技术最复杂、最先进的工程，解决了直流线路故障自清除、单一功率模块故障导致直流系统闭锁、多端混合直流系统协调控制等世界级难题，完成多项首台套设备研制和应用，创造了 19 项世界第一，进一步扩大了我国在特高压领域的领先优势。工程的建成投运不仅对未来可再生能源基地的开发与可再生能源并网提供了强有力的技术支撑，还为提升我国能源技术装备全球竞争力创造了有利条件。

该工程龙门换流站换流阀如图 A.2 所示。

图 A.2　昆柳龙多端柔性直流工程龙门换流站换流阀

A.2　换流阀基本参数

昆柳龙多端柔性直流工程换流阀基本参数如表 A.1 所示。

表 A.1　　　　　　　昆柳龙多端柔性直流工程换流阀基本参数

项目	基本参数	
	柳北换流站	龙门换流站
MMC 额定容量（MVA）	3000	5000
子模块	全半桥模块	全半桥模块
桥臂子模块数	216	216
子模块电容值（mF）	12	18
子模块 IGBT 参数	4500V/2000A 压接型	4500V/3000A 压接型

参 考 文 献

[1] 徐政，薛英林，张哲任. 大容量架空线柔性直流输电关键技术及前景展望 [J]. 中国电机工程学报. 2014，34（29）：5051−5062.

[2] 饶宏，许树楷，周月宾，等. 特高压柔性直流主回路方案研究 [J]. 南方电网技术，2017，11（07）：1−4.

[3] 汤广福，贺之渊，庞辉. 柔性直流输电工程技术研究、应用及发展 [J]. 电力系统自动化，2013，37（15）：3−14.

[4] 刘泽洪，郭贤珊. 高压大容量柔性直流换流阀可靠性提升关键技术研究与工程应用 [J]. 电网技术，2020，44（09）：3604−3613.

[5] 徐政，屠卿瑞，管敏渊，等. 柔性直流输电系统 [M]. 北京：机械工业出版社，2013.

[6] 段军，谢晔源，朱铭炼，等. 模块化多电平换流阀子模块旁路方案设计 [J]. 电力工程技术，2020，39（04）：207−213.

[7] 侯婷，饶宏，许树楷，等. 基于 MMC 的柔性直流输电换流阀型式试验方案 [J]. 电力建设，2014，35（12）：61−66.

[8] 罗湘，汤广福，查鲲鹏，等. 电压源换流器高压直流输电换流阀的试验方法 [J]. 电网技术，2010，34（05）：25−29.

[9] 刘壮，胡治龙，同聪维，等. MMC 型电压源换流器阀运行试验研究 [J]. 高压电器，2018，54（09）：154−159.

[10] 吴亚楠，吕天光，汤广福，等. 模块化多电平 VSC−HVDC 换流阀的运行试验方法 [J]. 中国电机工程学报，2012，32（30）：8−15.

[11] 徐彬，王平，李子欣，等. 模块化多电平换流器阀段运行试验方法研究 [J]. 电工电能新技术，2016，35（07）：24−30.

[12] MAGG T G, MANCHEN M, KRIGE E, et al. Caprivi link HVDC interconnector: comparison between energized system testing and real-time simulator testing [C]. Paris: CIGRE Session, 2012.

[13] 宋强，杨文博，李笑倩，等. 集成直流断路器功能的模块化多电平换流器 [J]. 中国电机工程学报，2017，37（20）：6004−6013.

[14] 罗永捷，李耀华，李子欣，等. 全桥型 MMC−HVDC 直流短路故障穿越控制保护策略 [J]. 中国电机工程学报，2016，36（07）：1933−1943.

[15] 吴婧，姚良忠，王志冰，等. 直流电网 MMC 拓扑及其直流故障电流阻断方法研究 [J]. 中国电机工程学报，2015，35（11）：2681−2694.

[16] 蒋纯冰，王鑫，赵成勇. 混合型 MMC 全桥子模块的配置比例优化设计 [J]. 华北电力大学学报：自然科学版，2020，47（04）：10 – 18.

[17] 杨明发，谢志德. MMC – HVDC 混合旁路直流故障保护及重合闸控制策略 [J]. 高电压技术，2019，45（02）：564 – 570.

[18] 敬华兵，年晓红，龚芬. MMC 子模块元件短路故障机理及其新型保护策略 [J]. 电工技术学报，2015，30（03）：21 – 27.

[19] 金锐，于坤山，张朋，等. IGBT 器件的发展现状以及在智能电网中的应用 [J]. 智能电网，2013，1（02）：11 – 16.

[20] 孔明，邱宇峰，贺之渊，等. 模块化多电平式柔性直流输电换流器的预充电控制策略 [J]. 电网技术，2011，35（11）：67 – 73.

[21] 宣佳卓，平明丽，杨美娟，等. 混合式 MMC 直流侧短路工况下充电策略研究 [J]. 电测与仪表，2021，58（05）：137 – 143.

[22] 梅勇，史尤杰，周剑，等. 特高压柔性直流阀组投入过程中混合型 MMC 启动充电策略 [J]. 电力系统自动化，2018，42（24）：113 – 119.

[23] SOLAS E, ABAD G, BARRENA J A，et al. Modular multilevel converter with different submodule concepts – part I: Capacitor voltage balancing method[J]. IEEE Transactions on Industrial Electronics, 2013, 60（10），4525 – 4535.

[24] 侯延琦，刘崇茹，王宇，等. 柔性直流输电系统高频振荡抑制策略研究 [J]. 中国电机工程学报，2021，41（11）：3741 – 3751.

[25] 李琦. IGBT 失效分析技术 [D]. 杭州：浙江大学，2015.

[26] 侯婷，姬煜轲，李岩，等. 利用板卡功耗诊断柔性直流输电功率模块故障的装置[J]. 南方电网技术，2021，15（07）：19 – 25.

[27] 李旭，何礼高，马彦林，等. 大功率 IGBT 光纤驱动电路的故障保护与复位 [J]. 电力电子技术，2010，44（11）：47 – 49.

[28] 胡煜，陈俊，邹常跃，等. 特高压柔性直流阀控系统链路延时分析与测试研究 [J]. 全球能源互联网，2020，3（02）：190 – 198.

[29] 郭贤珊，李探，李高望，等. 张北柔性直流电网换流阀故障穿越策略与保护定值优化 [J]. 电力系统自动化，2018，42（24）：196 – 202.

[30] 王江天，王兴国，马静，等. 双极 MMC – HVDC 系统故障限流及换流器快速重启策略研究 [J]. 中国电机工程学报，2017，37（S1）：21 – 29.

[31] 赵西贝，许建中，卢铁兵，等. 采用架空线的 MMC – HVDC 单极接地过电压分析 [J]. 电力系统自动化，2018，42（07）：44 – 49.

[32] 杨晓峰，赵永涛，张书浩，等. ±800kV 昆柳龙直流线路感应电特性的仿真研究[J]. 高压电器，2021，57（09）：66 – 71.

索　引